本书由江苏师范大学哲学社会科学优秀学术著作出版基金资助。

江苏师范大学哲学社会科学文库

符号与心体

潘天波 著

中国社会科学出版社

图书在版编目（CIP）数据

符号与心体/潘天波著 .—北京：中国社会科学出版社，2015.12
ISBN 978-7-5161-6803-5

Ⅰ.①符… Ⅱ.①潘… Ⅲ.①符号论—美学 Ⅳ.①B83-069

中国版本图书馆 CIP 数据核字（2015）第 192160 号

出 版 人	赵剑英
责任编辑	卢小生
特约编辑	林　木
责任校对	周晓东
责任印制	王　超

出　　版	中国社会科学出版社
社　　址	北京鼓楼西大街甲 158 号
邮　　编	100720
网　　址	http://www.csspw.cn
发 行 部	010-84083685
门 市 部	010-84029450
经　　销	新华书店及其他书店
印刷装订	北京君升印刷有限公司
版　　次	2015 年 12 月第 1 版
印　　次	2015 年 12 月第 1 次印刷
开　　本	710×1000　1/16
印　　张	14.5
插　　页	2
字　　数	245 千字
定　　价	55.00 元

凡购买中国社会科学出版社图书，如有质量问题请与本社营销中心联系调换
电话：010-84083683
版权所有　侵权必究

在创新语境中努力引领先锋学术
（总序）

任 平[*]

  2013 年江苏师范大学文库即将问世，校社科处的同志建议以原序为基础略做修改，我欣然同意。文库虽三年，但她作为江苏师大学术的创新之声，已名播于世。任何真正的创新学术都是时代精神的精华、文明的活的灵魂。大学是传承文明、创新思想、引领社会的文化先锋，江苏师大更肩负着培育大批"学高身正"的师德精英的重责，因此，植根于逾两千年悠久历史的两汉文化沃土，在全球化思想撞击、文明对话的语境中，与科学发展的创新时代同行，我们的人文学科应当是高端的，我们的学者应当是优秀的，我们的学术视阈应当是先锋的，我们的研究成果应当是创新的。作为这一切综合结果的文化表达，本文库每年择精品力作数种而成集出版，更应当具有独特的学术风格和高雅的学术品位，有用理论穿透时代、思想表达人生的大境界和大情怀。

  我真诚地希望本文库能够成为江苏师大底蕴深厚、学养深沉的人文传统的学术象征。江苏师大是苏北大地上第一所本科大学，文理兼容，犹文见长。学校 1956 年创始于江苏无锡，1958 年迁址徐州，1959 年招收本科生，为苏北大地最高学府。60 年代初，全国高校布局调整，敬爱的周恩来总理指示："徐州地区地域辽阔，要有大学。"学校不仅因此得以保留，而且以此为强大的精神动力得到迅速发展。在 50 多年办学历史上，学校人才辈出，群星灿烂，先后涌现出著名的汉语言学家廖序东教授，著名诗

---

  [*] 任平，江苏师范大学校长。

人、中国现代文学研究专家吴奔星教授，戏剧家、中国古代文学史家王进珊教授，中国古代文学研究专家吴汝煜教授，教育家刘百川教授，心理学家张焕庭教授，历史学家臧云浦教授等一批国内外知名人文学者。50多年来，全校师生秉承先辈们创立的"崇德厚学、励志敏行"的校训，发扬"厚重笃实，艰苦创业"的校园精神，经过不懈努力，江苏师大成为省重点建设的高水平大学。2012年，经过教育部批准，学校更名并开启了江苏师范大学的新征程。作为全国首批硕士学位授予单位、全国首批有资格接收外国留学生的高校，目前有87个本科专业，覆盖十大学科门类。有26个一级学科硕士点和150多个二级学科硕士点，并具有教育、体育、对外汉语、翻译等5个专业学位授予权和以同等学力申请硕士学位授予权，以优异建设水平通过江苏省博士学位立项建设单位验收。学校拥有一期4个省优势学科和9个重点学科。语言研究所、淮海发展研究院、汉文化研究院等成为省人文社会科学重点研究基地；以文化创意为特色的省级大学科技园通过省级验收并积极申报国家大学科技园；包括国家社科基金重大、重点项目在内的一批国家级项目数量大幅度增长，获得教育部和江苏省哲学社会科学优秀成果一等奖多项。拥有院士、长江学者、千人计划、杰出青年基金获得者等一批高端人才。现有在校研究生近3000人，普通全日制本科生26000余人。学校与美国、英国、日本、韩国、澳大利亚、俄罗斯、白俄罗斯、乌兹别克斯坦等国的20余所高校建立了校际友好合作关系，以举办国际课程实验班和互认学分等方式开展中外合作办学，接收17个国家和地区的留学生来校学习。学校在美国、澳大利亚建立了两个孔子学院。半个世纪以来，学校已向社会输送了十万余名毕业生，一大批做出突出成就的江苏师范大学校友活跃在政治、经济、文化、科技、教育等各个领域。今日江苏师大呈现人文学科、社会学科交相辉映，基础研究、文化产业双向繁荣的良好格局。扎根于这一文化沃土，本着推出理论精品、塑造学术品牌的精神，文库将在多层次、多向度上集中表现和反映学校的人文精神与学术成就，展示师大学者风采。本文库的宗旨之一：既是我校学者研究成果自然表达的平台，更是读者理解我校学科和学术状况的一个重要窗口。

努力与时代同行、穿透时代问题、表征时代情感、成为时代精神的精华，是本文库选编的基本努力方向。大学不仅需要文化传承，更需要创新学术，用心灵感悟现实，用思想击中时代。任何思想都应当成为时代的思想，任何学术都应当寻找自己时代的出场语境。我们的时代是全球资本、科技、经济和文化激烈竞争的时代，是我国大力实施科学发展、创新发展、走向中国新现代化的时代，更是中华民族走向伟大复兴、推动更加公正、生态和安全的全球秩序建立和完善的时代。从以工业资本为主导走向以知识资本为主导，新旧全球化时代历史图景的大转换需要我们去深度描述和理论反思；在全球化背景下，中国遭遇时空倒错，前现代、现代和后现代共时出场，因而中国现代性命运既不同于欧美和本土"五四"时期的经典现代性，也不同于后现代，甚至不同于吉登斯、贝克和哈贝马斯所说的西方（反思）的新现代性，而是中国新现代性。在这一阶段，中国模式的新阶段新特征就不同于"华盛顿共识"、"欧洲共识"甚至"圣地亚哥共识"，而是以科学发展、创新发展、生态发展、和谐发展、和平发展为主要特征的新发展道路。深度阐释这一道路、这一模式的世界意义，需要整个世界学界共同努力，当然，需要本土大学的学者的加倍努力。中国正站在历史的大转折点上，向前追溯，五千年中国史、百余年近现代史、六十余年共和国史和三十余年改革开放史的无数经验教训需要再总结、再反思；深析社会，多元利益、差异社会、种种矛盾需要我们去科学把握；未来展望，有众多前景和蓝图需要我们有选择地绘就。历史、当代、未来将多维地展开我们的研究思绪、批判地反思各种问题，建设性地提出若干创新理论和方案，文库无疑应当成为当代人的文化智库、未来人的精神家园。

我也希望：文库在全球文明对话、思想撞击的开放语境中努力成为创新学术的平台。开放的中国不仅让物象的世界走进中国、物象的中国走向世界，而且也以"海纳百川、有容乃大"的宽阔胸襟让文化的世界走进中国，让中国精神走向世界。今天，在新全球化时代，在新科技革命和知识经济强力推动下，全球核心竞争领域已经逐步从物质生产力的角逐渐次转向文化力的比拼。民族的文化精神与核心价值从竞争的边缘走向中心。发现、培育和完善一个民族、一个国家、一个地区的优秀的思想观念、文化精神和价值体系，成为各个民族、国家和地区自立、自强、自为于世界民族之林的重要路径和精神保障。文化力是一种软实力，更是一种持久影响世界的力量或权力（power）。本文库弘扬的中国汉代精神与文化，就是培育、弘扬这种有深厚民族文化底蕴、对世界有巨大穿透力和影响力的本土文化。

新全球化具有"全球结构的本土化"（glaocalization）效应。就全球来看，发展模式、道路始终与一种精神文化内在关联。昨天的发展模式必然在今天展现出它的文化价值维度，而今天的文化价值体系必然成为明天的发展模式。因此，发展模式的博弈和比拼，说到底就必然包含着价值取向的对话和思想的撞击。20世纪90年代以来，世界上出现了三种发展模式，分别发生在拉美国家、俄罗斯与中国，具体的道路均不相同，结果也大不一样。以新自由主义为理论基础的"华盛顿共识"是新自由主义价值观支撑下的发展模式，它给拉美和俄罗斯的改革带来了严重后果，替代性发展价值观层出不穷。2008年爆发的全球金融危机更证明了这一模式的破产。1998年4月，在智利首都圣地亚哥举行的美洲国家首脑会议，明确提出了以"圣地亚哥共识"替代"华盛顿共识"的主张。但是，"拉美社会主义"至今依然还没有把南美洲从"拉美陷阱"中完全拔出。从欧洲社会民主主义价值理论出发的"欧洲价值观"，在强调经济增长的同时，倡导人权、环保、社会保障和公平分配；但是，这一价值并没有成为抵御全球金融危机的有效防火墙。改革开放以来，中国是世界上经济增长最快的国家。因此，约瑟夫·斯蒂格利茨指出，中国经济发展形成"中国模式"，堪称很好的经济学教材。[①] 美国高盛公司高级顾问、清华大学兼职教授乔舒亚·库珀·拉莫（Joshua Cooper Ramo）在2004年5月发表的论文中，把中国改革开放的经验概括为"北京共识"。通过这种发展模式，人们看到了中国崛起的力量源泉。[②] 不管后金融危机时代作为"G2"之一的中国如何，人们不可否认"中国经验"实质上就是中国作为一个发展中国家在新全球化背景下实现现代化的一种战略选择，它必然包含着中华民族自主的社会主义核心价值——和合发展的共同体主义。而它的文化脉络和源泉，就是"中国精神"这一理想境界和精神价值，与努力创造自己风范的汉文化精神有着不解之缘。文库陆续推出的相关著作，将在认真挖掘中华民族文化精神、与世界各种文化对话中努力秉持一种影响全球的文化力，为中国文化走向世界增添一个窗口。

文库也是扶持青年学者成长的阶梯。出版专著是一个青年人文学者学术思想出场的主要方式之一，也是他学问人生的主要符码。学者与著作，

[①] 《香港商报》2003年9月18日。
[②] 《参考消息》2004年6月10日。

不仅是作者与作品、思想与文本的关系，而且是有机互动、相互造就的关系。学者不是天生的，都有一个学术思想成长的过程。而在成长过程中，都得到过来自许许多多资助出版作品机构的支持、鼓励、帮助甚至提携和推崇，"一举成名天下知"。大学培育自己的青年理论团队，打造学术创新平台，需要有这样一种文库。从我的学术人生经历可以体会：每个青年深铭于心、没齿难忘的，肯定是当年那些敢于提携后学、热荐新人，出版作为一个稚嫩学子无名小辈处女作的著作的出版社和文库；慧眼识才，资助出版奠定青年学者一生学术路向的成名作，以及具有前沿学术眼光、发表能够影响甚至引领学界学术发展的创新之作。我相信，文库应当热情地帮助那些读书种子破土发芽，细心地呵护他们茁壮成长，极力地推崇他们长成参天大树。文库不断发力助威，在他们的学问人生中，成为学术成长的人梯，学人贴心的圣坛，学者心中的精神家园。

是为序。

2011年2月28日原序
2013年11月5日修改

"心体符号论"的开创

——代序言

李健夫

一直以来，现代美学哲学及其相关学科的科学化研究进展缓慢。因为，我们对古典哲学美学的批判与超越非常艰难，根本原因在于传统哲学的思维方法至今具有强大的滞后力，如坚固的蚕茧困扰着无法破壳的幼蚕。这种传统思维的力量已然成为一种习惯，顽固占据并禁锢着人们的头脑，并在不知不觉中将人们的思维逼近日常定式。所以，我们看到现代西方不少学人尽管努力造出一些新名词（西人称为概念或范式）或从日常语言中拈出某一词语，加以意义扩充而欲盖万汇，就成为一种新学问。但其思维方法或方式还是传统的形式化思维，或者说是概念化思维，这就决定了人们的思维难以映示现实的整体真实。而人类的现实生存，人类生存的整体运行推进，人类生存与发展的整体升进，亦即人类社会整体的文明发展，又非常急迫地呼求它所需要的指导思想。这在明眼人看来，既是人类现实的需要，又是人类现代历史发展的需要。可是，这样的需要迟迟未能兑现。我们认为，这需要的就是真正的现代美学。它需要人们站到现代文明发展的历史高度，亦即美学高度上，以科学性与主体性相同一的思维方法探索人类生存发展的整体世界，从而提炼出人类生存发展的基本规律，并进一步将它理论化。在这一方向上，近年来，潘天波博士正勤奋探究，推出了一系列论著，现在又推出一新作。

向我们呈现的著作《符号与心体》，是潘天波博士在数年研究现代美学、漆器艺术和设计理论过程中一直思考的一个基础理论问题的论述文本。实质是现代美学原理体系中的某一原理问题的展开探究。早在小潘攻读美学硕士期间，他就已经对"现代美学原理"（科学主体论美学）产生浓厚兴趣，投入全副精力研究"审美意识语言"这一内心语言问题，并撰写了关于"心理语言"研究的优秀硕士学位论文，并赢得同行专家赞许。"心理语言"的思考研究是他多年积思的重要问题,现在博士毕业任教,将这些年学习的设计理论、漆艺理论和符号理论同现代美学的"审美意识论"结合起来,侧重从符号与心体关系角度做理论形态的基础性论述。对"心理语言"的说法做了深层次的置换,即将"心理"换为"心体","语言"换为"符号"。全书对"符号说"做了系统阐释,对"心体"一词的内涵也做了界定。在此基础上,重点论述"心体符号"的基本特征、操作规则与内部修辞,最后在心体符号的应用中描绘"心体符号"的现代性应用图景,从而试图建立一种新兴的学科——"心体符号学"。

综观全书,作者的思维是具有逻辑力量的。西方人拈出"符号"一词,将它的意义做广延性覆盖,并形成影响较大的"符号论"。这一高度抽象,一方面便于以一总多,并增生了许多新的思维与话语空间;另一方面也必然带来潜在性理论危机。因为西方人乐于制作的概念,越抽象就越具概括性;而往往忽略了另一面,越抽象就越空泛,越具概括性就越是远离人生现实。那么,如何拉近"符号"与人生现实的距离,使之适用于人类现实生存发展?本书作者看到外在"符号"源于"心体"的事实,于是重点透视"心体符号",探究"心体符号"的隐秘。从过去的外部研究转入心体内部研究,这不用说是符号研究的一种有益尝试与理论深化。作者此前论著多是漆艺理论和设计理论的外部探究,而这本书转向"心体符号"的研究,这是他思想的重要拓展;相对于以前的心理语言研究来说,这本书展现的思考可谓有较大的理论提升。

从古至今,人类的生存发展是历史的永恒主线,也是一切思想文化发生的根源。但人的生存发展中又有更深的内在机制,这就是人的"心机"。西方人称为心理、心灵;中国人过去称为心性,熊十力强调心性的实体意义,"以其主乎吾身,则说为心体"。这里说的"心体"意思是它具有整体性、相对独立性和自主性,可谓身躯之主宰。潘天波博士借用此说,做了通俗解说,认为,"心体为生命的本体,精神的源头",也就是"符号生命的本体"。这样,"符号"与"心体"就结成相互依存的家族关系,符号就回到它原初的生发关系之中。而后提出"心体符号"的术语,并对其存在状态做了实证性分析说明。这样的研究就是回到人生本位的科学研究上,亦即科学性与主体性相统一思考的研究。意思是说,立足于主体的心体符号研究是符合心理事实的或科学的,主体性与科学性两方面的同一思考，这就取得了思维与对象研究的合理性。显然，这是作者研究思维方法与思维质量的明显升进。

在符号与心体统一的关系中探索思考，作者摆脱了纯粹的抽象符号论，使之成为心体生发而又充实心体的符号，即"心体符号"，这是获得了生命血肉的符号。在这一意义上展开研究，就是不同于前人的超越性研究。接下来的主要问题就是心体与符号的具体关系探讨，这应是全书重点。而"心体结构是符号研究的根本，因为一切符号的诞生与建构都在这个内在的'加工厂'里行使自己的使命。"在第三章中，作者重点研究"心体符号"的存在性质、发生动力、空间运动等问题；第四章主要阐释了心体符号的生发机制，即内部修辞，这两章是本书的核心部分。作者的研究深透而精细，透视到"心体符号"的内在隐秘。作为人类思想和行为的内在根源，心体也是一切文化的设计制作密室，若不打开看清其原委，外部人文事物研究说明再多，也达不到对其真实的整体掌握，不过就是在一座房子外围打转的门外汉而已。作者从门外进入门内，照亮了黑屋门内的一线或一面。作者向人们敞亮了黑屋中的心体符号一面，这是一次重要的理论发现。但人点灯进入黑屋之中，初始只能照亮行径路线上的一面，还不可能将黑屋中的一切全方位显现。人的内心在未知状态时就像一座黑屋或称"黑箱"。这表明以后还有更多研究发现的任务，这需要不断努力去完成。

在方法论层面，作者利用科学主体论美学的思想，加深了对"心体符号"的阐释，并赋予了符号新的内涵，即美学内涵。就目前研究而言，这是对符号论的一种超越。符号不再是空洞的代码，而是人的审美经验充实其内的载体。作者认为，"心体符号的基本单位是'意象'或'审美意象'"。这就赋予了心体符号以实体性内涵，也就肯定了心体符号的实体性。这样就超越了过去艺术符号论的"情感符号说"，为艺术符号确立了真实本质。这明显是对艺术符号做出的一种新探索。另外，作者将西方符号论与中国心体说、意象论结合起来，作为统一体来研究，这也是有益的尝试。作者立足于心体事实，心体与符号的美学结合研究，可谓"妙合无垠"。在方法论上，这正是现代美学倡导的研究方法。可以说，这是作者使用科学的整体方法——科学主体论方法的一种尝试。当然，这是一种具有很大包容性的思维方法，它自然地融通其他科学的思维方法，但是绝对排斥独断论和机械论。

在研究空间上，有几点建议提供参考。首先，我认为，对西方学术应有批判借鉴，应站到现代美学或现代社会文明发展的思想高度去综观审视。西方学术的发展是以批判为前提的。当然，批判应当合理。自然合理性是批判和更新的基本原则。理论符合人类生存发展的自然合理性，那就是可以实证的，而不仅仅是以理互证。人类的一切研究必须回到人类生存发展自然合理性的正道，才有真正的科学人文价值。其次，本书的"心体"研究还有很大研究空间，人的大脑功能是极为强大而多样的。凡是心动意运都可以包括于心体之中，在心意世界里还有很大的开拓空间。这在《现代美学原理》一书中有所展示，我们将内心世界比作无边无际的汪洋大海。只是对意识建构中的"符号"和"语言"没有做重点研究，仅仅从审美意识表现的物态媒介功能上做一些说明。因为，符号和语言是由内心运动的生存经验或意识以及更高层的审美经验与审美意识的外指表现冲动作用于躯体而生发出来的。再次，关于"符号"、"语言"和心象（包括印象和意象）在心意中呈现的运动以及相互作用关系，各自的内在动力、功能与修辞等，都可以进一步展开研究。心内存在不是一种静态，而是作为人生内在本质的整体运动性的存在。这可能联系到人生存在观的大改变，即需要超越前人的"存在论"。当然要借鉴马克思《手稿》中"存在论"的合理方面。最后，在今天的研究高度上，实验心理研究在西方涌现许多成果，要善于利用这些成果来证明心体符号的实证性，关键是站到人生整体高度做科学性与主体性统一的思考。此外就是要善于援用日常生活现象来证明。只要面向社会现实人生，再深潜的心理活动隐秘都可以做出实证分析。

总体上看，"心体符号"的提出在当今符号研究领域具有开创性。成果的理论价值和现实意义是多方面的，这里不可能全部列出。但是任何成果都不可能十全十美，都需要进一步深化研究。学术研究就像在正道上走路，只能一步一步向前，一项成果就是一步路。来日方长，真学术还有更长的未知道路要走。这是学术的生命所在，也是真正的学术发展。

是为代序。

2015 年 3 月 10 日于昆明

目 录

绪 论 ··· 1
    第一节　问题：心体之惑 ··· 2
    第二节　范围：心体空间符号 ······································ 8
    第三节　方法：美学观察 ·· 12

第一章　领域背景 ··· 21
    第一节　现象："顽固的符号" ··································· 21
    第二节　本质：符号的危机 ······································· 24
    第三节　历史：心体符号论 ······································· 27

第二章　理论纲领 ··· 34
    第一节　维柯："真实—事实"原则 ······························ 34
    第二节　结构主义：心体的结构 ································· 37
    第三节　维果茨基："内部言语说" ······························ 40
    第四节　卡西尔：符号与文化 ···································· 46
    第五节　勒温："现实的为有影响的" ··························· 48
    第六节　福西永：形式的生命 ···································· 50
    第七节　迪利：外部世界的准谬误 ······························ 53

第三章　符号心体操作 ··· 56
    第一节　结构特征 ··· 56
    第二节　发生动力 ··· 60
    第三节　建构手续 ··· 69
    第四节　空间运动 ··· 75

第四章　心体符号修辞 …… 84

第一节　单位与类型 …… 84
第二节　能指与所指 …… 87
第三节　修辞与语法 …… 90
第四节　测度与模态 …… 96

第五章　符号化心体：应用图景 …… 102

第一节　"伟大的心灵"与"象" …… 102
第二节　意与象之约 …… 112
第三节　标志符号的美学意图 …… 122
第四节　影像符号的象征暴力及知识重组 …… 133
第五节　文化传媒符号的政治偏向 …… 152
第六节　传感论美学：心体符号的当代理论假设 …… 161
第七节　书法符号"气味"说 …… 171
第八节　设计能指符号的狂欢 …… 177
第九节　哲学《红楼梦》的空间符号 …… 184
第十节　情感符号作为课堂教学的 IRs …… 193

第六章　结语：现代性与心体符号 …… 206

参考文献 …… 214
后　记 …… 218

绪 论

如果我们能用其他形式足以表达、交际或阐释这个奇妙的世界，那么符号研究就不会如此兴师动众了。人类如果没有符号，我们的身份就只能降低到像低级动物一样在森林里鸣叫，或最多用色彩装饰自己的身体。在符号维度上，人与动物有毫无疑问的区别：我们有符号思维与符号活动，而动物符号行为是本能的。对于社会性而言，符号的确如同氧气与水一般，它们都是人类生存最为重要的伴侣。没有符号，我们的存在是不可思议的。我们确实是符号的动物，因为我们不仅有符号行为的冲动，也有符号思维与符号创造的能力。

人类总是不断地创造文化与历史。永不停息地设计符号是我们的需要。这些符号有图形、数字、公式、书法、广告、影像、音符、色彩、语言、形体、手势、代码、标志、建筑、广场、城池、花园、坟墓、奖牌……凡是有我们活动所及的空间，空间就被符号占满。比如实体"灯"，在现象学那里，它是"漫长等待的符号"。① 莫里斯·梅洛-庞蒂②（Maurice Merleau-Ponty, 1908—1961）指出："如果我们把一个原文——我们的语言也许是它的译本或编码本——的概念逐出我们的灵魂，那么我们将看到，完整的表达是无意义的。"③ 人们在符号中实现了自己的命名与文化的意义。从居室符号到身体符号，从经济符号到文化符号，从

---

① "灯是漫长等待的符号"，语出《空间的诗学》（上海译文出版社2009年版），该著作为法国哲学家加斯东·巴什拉（Gaston Bachelard）的作品，作者从现象学视角对（建筑）空间进行独到的诗学分析。巴什拉的作品还有《梦想的诗学》《水与梦：论物质的想象》《火的精神分析》《科学精神的形成》等。"诗学想象理论"与"科学认识论"是巴什拉哲学的两大板块，他的科学认识论思想与诗学批评理论对法国以及欧美哲学与文艺学有重要影响。

② 莫里斯·梅洛-庞蒂,（Maurice Merleau-Ponty, 1908—1961），法国存在主义的杰出代表。他在存在主义盛行年代与萨特（Jean-Paul Sartre, 1905—1980）齐名。庞蒂的哲学著作《知觉现象学》和萨特的《存在与虚无》一起被视作法国现象学运动的奠基之作。

③ ［法］莫里斯·梅洛-庞蒂：《符号》，姜志辉译，商务印书馆2005年版，第51页。

国家身份符号到政治立场符号，从时间符号到空间符号，从计算机符号到传媒符号……处处都有符号的生命足迹与身影，符号是我们最亲密的朋友。

但无论如何，我们对如此重要的符号研究远远要逊色于哲学、美学、化学或医学等学科，它仍然保持着比较落后或至多处于初级研究阶段。任凭20世纪以来，符号学在语言学、建筑学、传播学、广告学、社会学、设计学、美学、美术学等其他领域有无限"移植"与"扩张"的态势。当然，其中的原因是多方面的。比如，在综合性大学很少开设符号学以及符号学的核心课程，这是影响符号学发展与研究进程的重要原因之一；另外，符号学所涉及的心理学议题常被"无实证性特征"束之高阁。可以说，符号学从它诞生的那一刻起，它的研究对象及其方法一直困扰着学术人的神经。

为此，本书研究伊始，拟选择"问题：心体之惑"、"范围：心体空间符号"与"方法：美学观察"作为开场白。这些议题涉及本书研究的缘起、内容与方法。

第一节　问题：心体之惑

通常意义上的"心灵"之"心"，它是指心灵之"体"——身体里的一个器官；"灵"则是指心灵之"用"——生命场或能量场域。所以，心灵并非一定是大脑或心脏，也非灵魂或思想。本书研究的是心之"体"——由过去经验与意识构成的内在心象体——是外部符号生成的发源处。因此，本书写作采用"心体"[①]，而不是"心灵"。

[①] 心体，本属道教用语，指心与体。"心体"之说本源中国。古人云："心体光明，暗室中有青天。"（参见宋长河主编《菜根谭大全集》，外文出版社2012年版，第88页）这里的"心体"就是内在的能量场域是指一种具有智慧、良心的心性之体。《菜根谭》又曰："心体莹然，本来不失。"（见上书第233页）在阳明理学看来，"心之本体即是性，性即是理。"（《传习录》上第81条）"心体"或"心之本体"是朱熹常用的概念。另外，相关心体论研究者还有王畿、熊十力、牟宗三等。在心体论维度上透视审美及其现代性，尤西林的《心体与时间：20世纪中国美学与现代性》具有代表性。总之，在哲学、佛学、理学、美学等维度上，"心体论"是最为活跃的学术题域。"心体"，或为"性"，或为"理"，或为"道"，或为"意象"，或为审美意识……这些研究的共性在于均将"心体"视为一种本体性存在。在符号学领域，心体是内在的本源，是构成外在符号的根基，并具有一定的价值或意义取向。因此，在主体性上，心体是一种能量场；在价值取向上，心体是一种意义域。

心体与身体相对。俗语说，"心宽体胖"，说明心与体是一组互为关联的范式。《礼记·缁衣》曰："民以君为心，君以民为体。"中国儒家式的"君心民体"昭示心必附体、心体合一。心还是万有之源。熊十力（1885—1968）云："心体即性体之异名。以其为宇宙万有之源，则说为性体。以其主乎吾身，则说为心体。"① 换言之，对于吾身而言，心体乃是生命的本体，精神的源头。对于符号而言，"心体"就是符号生命的本体，或意识的心象，或思想的源头。

在医学领域，"心"的范式有不同内涵。在古代，《黄帝内经》曰："心者，君主之官。"说明"心"在五脏中具有很高的地位，它统率脏腑，是人的生命活动的主导者。尔后，"心"的范式逐渐扩展引入其他学科。如荀子的认知之心，孟子的道德是非之心，佛家的空觉之心，宋明儒学的心性之心，等等。可以推见，"心"的范式已经牵涉知识论、道德论、伦理论与宗教论等诸多领域。现代医学则认为，人的心理活动是大脑对外界客观事物的反映，也就是说，"心"是"脑"的代名词。现代计算机芯片技术以及传感器技术的发展，昭示大脑的心理活动可以物质化，在各种能量的转换中实现视觉化或符号化。对于视觉化的符号认知，需要"体"用完成，如感觉、触觉、嗅觉、肤觉等由心而体的感知觉。

在文艺领域，一部诗学就是一部向读者敞开的心体空间，或是一部记录物象或事象的心体史诗。《乐记·乐本篇》曰："人心之动，物使之然也。"② 中国诗学可谓是"心"与"体"的交响曲。文艺家特别重视"触物生情"，强调"心为物之君"。诗人用物象抒发心情，凭物象寄托心体理想，传达心体语言。一般而言，任何物质语言外壳都是沉默的，但其意符空间中的物象是能说话的，因为符号具有意义的"唤起"功能。莫里斯·梅洛-庞蒂这样说道："语言具有它的意义，正如一个脚印表示一个身体的运动和力。"③ 或者说，心体的运动与力量见之于与之对应的物象符号。同时，心体思想具有时空的穿透力，艺术符号语言总是运动着的。莫里斯·梅洛-庞蒂还指出："当语言完全占据我们的灵魂，不为处在运动中的一种思想留出一点位置时，随着我们投入到语言中，语言超越

---

① 熊十力：《新唯识论》（语体文本）。参见熊十力《熊十力全集》第三卷，湖北教育出版社2001年版，第173页。
② 吉联抗译注，阴法鲁校订：《乐记》，音乐出版社1962年版，第1页。
③ [法]莫里斯·梅洛-庞蒂：《符号》，姜志辉译，商务印书馆2005年版，第52页。

'符号'走向意义。"这或许就是心体符号创造的全部意义。唐朝画家张璪（约735—785）所说的"外师造化，中得心源"①的创作理念，可谓道出心体与创作的关系真谛——外部符号之"造化"，全得于"心"源。

在哲学领域，人除了物质形骸之外，还有诸如知识、理性、智慧、性灵、精神、趣味、意志、情感等非物质范式，它们都是心体里的高级抽象符号形态，而浊界的符号体系皆源于心体中的这些抽象形态。符号是有生命的，它是心体的生命体认形态；符号也是心体与浊界达成的契约形式，因为心体是心的所在空间，浊界是纯物质的外在世界。外在世界体系是由符号构成的，而符号又是心体空间业相②的结果。浊界符号是心体通过心灵内语言神经系统约定而成，在言语之前，心体语言是潜伏于心体空间的符号。抑或说，心体空间中的业相是一种符号——心体符号。心体空间是一套严密的心体符号体系，并执行自己的运行修辞逻辑与心体语法，外界符号的设计或图语只不过是心体空间的一种行为活动。我们肉眼看到的符号仅仅是心体空间大海中的一滴业相之水，空间中的物质符号不过是变化中的心体空间里时间观念的对应体。

在科学领域，心体是一个复杂的宇宙，其内部有各种符号系统、感知系统、情感系统、意象系统、理想系统、宗教系统、审美系统、传感系统、信息系统、数学系统、图画系统等，各个系统非常复杂，以致过去被人们称为"不可道之域"。但在信息技术空间，心体中的感知与审美等系统都能等同于数学的或几何的数值，甚或能准确测量它的物理的或化学的传感信号量。换言之，心体信息能够通过先进的传感技术及计算机技术编织符号、释放符号与传播符号。③ 计算机科学把心体的物理量或生化量转化成可测的数据信号量，可测数据信号再通过声、色、光、磁等参数实现信息的数据化传通，这些参数的品质与技术最终又是通过心体的"验收"与"评判"。正是有了这个基础，我们才可以说符号心体理论研究是可行的。

---

① "外师造化，中得心源"，语出唐代画家张璪。他提出的"外师造化"艺术创作理论是中国美学史上的代表性观点。其中"造化"即外在现实自然，"心源"指内在自然或心体感悟。

② 业相，佛教术语。在佛法那里，业相就是一种可以造作的能量。在佛家那里，"净化业相"即"消业"。参见戈国龙《灵性的奥秘》，中央编译出版社2011年版，第160页。

③ 诸如集成电路（1957）、微处理器（1971）、基因拼接技术（1973）、微电脑（1975）等传媒信息工具的横空出世就是心理科学研究的杰出成果。当代计算科学的发展与进步离不开心理科学研究的进步与发展，虚拟技术越来越凸显对心理空间科学的依赖与敬畏。

我们正陷入一个审美符号泛滥的时代，或干脆将这个时代命名为"符号感性时代"。试问：我们为何能下这般危险的结论呢？

众所皆知，这是一个符号创新的时代。全球的文化、技术、时尚、产品等符号对象的降生在时间链条上的距离基本处于显微镜下的微小状态，如此快速的文化生活节奏是创新思维所带来的。但我们不要忘记，"创新"还意味着不断地在破坏原始的规则与测度，它直接导致的后果是：这是一个没有恒久规则与测度的新社会。那么，我们又依仗什么来维持现有社会的现状呢？于是心体中的"感性"趁机而入，比如审美成为社会的通行货币。维柯（Giovanni Battista Vico，1668－1744）发现的人类诗性"想象之共相"在今天开始复活，时代的发展也兑现了尼采（Friedrich Wilhelm Nietzsche，1844－1900）"虚无主义"的预言。只要我们环顾周围的诸多文化现象，如审美文化、符号经济、文化产业、感性工学、触摸视屏、信息建筑、身体美学、传媒文化、广告艺术，等等，它们无不昭示：21 世纪的文化科技研究将以心体与感性为中心，以心体与感性达成的一致性为目标，比如像触摸电视、触摸计算机、（手触摸式）温控盲人杯等可触摸技术就是实现了人的心体与感觉的一致性。如果说现代社会以前，人类科学是人身体外部官能的延伸，那么，后现代社会的科学则是人类心体的向外拓展，特别是计算机科学，它就是人类大脑心理的科学化呈现。可以预言，人类未来的科学技术革新无非在人的心体与感性之间调停上取得我们期望的成果。由此可以窥见，未来的心体符号学将是一门十足的"显学"。

本书基于中西心体语言符号研究的现实背景，结合符号的心体真实及其发展进程，探究符号心体的生命之道：心理、设计与文化。心理是符号的生命体征；设计是符号的生命活动；文化是符号的生命价值。

什么是"符号"？是意义？还是文化？在当代，视觉符号何以成为消费的奇观与盛宴？审美符号为何似迅猛的海水淹没人类生活的每一个空间？文化符号又为什么成为商品上的商品逐渐取代商品物质价值而成为目的？对于一个从事艺术的人来说，符号真是太熟悉不过的朋友，但它又是如此的陌生。因为，我们每天都在与符号打交道，我们也一刻不停地在从事着符号的创作与设计，但若要进入符号心理哲学研究，这又不是一件很轻松的事情。为什么要进行符号的哲学研究呢？原因很简单，因为我们要探究符号凭借心体中的什么来创作？比如我们体验到的外在世界的符号是否与心体的经验或意识符号相等值？艺术符号创作如何由心体逼近真实？心体的符号有机逻辑又是什么？符号设计如何进行？心体符号与文化记忆之间有何种关联？诸如此类的问题，抑或这些困惑构成了近年来我一直思考的题域——心体的符号与符号化心体。

　　实际上，有关符号的心体困惑古已有之，并不新奇。或者说，人类受符号牵累的心体是久远的。早在古希腊罗马时代，西方先哲如柏拉图、亚里士多德、圣·奥古斯丁等都把"符号"纳入哲学之门。在这之后的研究从未间断，一直到20世纪，真正意义上的符号学研究在瑞士语言学家索绪尔和美国符号学家皮尔士那里终于奠基。现代人打开符号研究之门后，符号学研究一度形成"百家争鸣"的态势："神话结构"学派（列维·斯特劳斯）、"结构主义"学派（特伦斯·霍克斯）、"后结构主义"学派（J. 德里达）、"美国符号"学派（C. H. 莫里斯）、"苏联符号"学派（J. 劳特曼）、罗曼·雅各布森、布拉格学派、社会符号学（M. A. K. 韩礼德）、文化符号学（E. 卡西尔）、艺术符号学（苏珊·朗格），等等。从20世纪以来的符号学研究态势看，符号学研究从早期的语言学与哲学视点已然向心理学、艺术学、社会学、生物学、文学、历史学、神话学等众多领域扩张与演进。特别是卡西尔的"文化符号"概念继承了"语言学转向"（维柯）、"语义学转向"（赫尔德）和"民族学转向"（卢梭）三大文化哲学精髓，他敏锐地看到了符号化行为是人类生活中最富代表性的特征，提出了新的"符号学转向"理论。卡西尔的文化符号学哲学为符号学在艺术与设计中的运用提供了合法性与合理性的依据。

　　随着工业化与信息化时代的来临，设计几乎成为符号的设计，消费产品本身变得不再那么直接，而我们执着于消费产品上的符号，抑或文化与美的消费愈加受到人们青睐。于是，美成为销售的钥匙，审美化符号变成一种新型的通行于全球市场的货币。从此，全球市场上符号形象的"通货膨胀"，抑或符号文化霸权在消费者面前耀武扬威地粉墨登场，尤其是影像艺术的"碎片"化泛滥。后现代设计中的符号美学与设计为何这般野蛮、猖獗，横行于世？只因符号（sign）与设计（design）本身在词源上就有亲缘的关系。当然，全球商业市场之符号经济的来临有其复杂的社会背景与文化基础。在此，资本经济市场不是我们要讨论的话题，我们只关心符号与文化及其设计之间的因缘、因然与因果的心体规约与美学动机。

实际上，早在16世纪，意大利艺术史家乔治奥·瓦萨利（Giorgio Vasari，1511-1574）就认为，"设计是建筑、绘画和雕塑之父"。换言之，设计在艺术生产中的地位是显赫的。20世纪，马克斯·本泽（Max Banse）就注意到符号学与艺术设计的关系，它认为符号有本体符号（如漆器器皿本身）与对应符号（如漆器器皿上的纹饰设计）之别。他在《符号与设计——符号学美学》中阐释了艺术产品设计在符号学上的语义学与语构学之维度。英国建筑批评家查尔斯·詹克斯（Charles Jencks）在《符号、象征与建筑》中认为：建筑符号在能指与所指的关系中生成自己的意义，这意味着符号学开始应用于建筑设计。在这其间，美国语言学家N.乔姆斯基（N. Chomsky）的"转换生成语法"为符号学理论应用于艺术设计提供了理论先声，之后的意大利建筑学家塞维在《现代建筑语言》（1972）里阐释建筑形式的语构学理论。查尔斯·詹克斯随后发表著名的建筑语义学理论专著《后现代建筑语言》（1977），德国人茵格·克略克在《产品设计》（1981）则从语构、语义与语用三个视角系统分析产品符号学基本原理。另外，国内学者以天津社科院研究员徐恒醇的《设计符号学》（2008）具代表性。从以上的艺术符号学研究状况看，传统符号学理论已经渗透到艺术设计、产品设计、建筑设计等诸多艺术领域。或者说，符号学无疑启发人们对设计、产品、环境、建筑、广告、电影、标识、音乐、市场、旅游、生态、计算机、信息等诸多领域的研究方法论的新思考，符号学也因此改变了20世纪以来的人们对视觉世界的认知，尤其是哲学家与艺术家们使用符号学理论干预理论符号学。比如法国哲学家罗兰·巴特（Roland Barthes）依赖符号学来分析摄影艺术，意大利哲学家埃科使用符号学去阐释建筑等。

当代设计学借助理论符号学已经将自己从物质产品设计转向文化产品设计，不仅产品符号与数学美学等值，也涉及设计符号经济与符号产业。因此，符号成为一种承载文化、美学与经济的制度性产物，它用独特的感性"形象"向世界展示自己具有文化传递、美学交流与经济增值等真实功能。在空间领域，具有文化与美学性质的"信息建筑"或"信息产品"昭示出一切空间就是一个文化符号；在时间领域，我们在时间碎片中消费符号文化，使得符号成为一种历史文化的消遣与暂时的快感；在意识形态领域，文化符号凌驾于一切之上，包括身份、经济、权力，毋宁说艺术、标志、设计等。总之，符号形象的"通货膨胀"已经占领感性时代的每一个阵营。借此,后现代符号学研究的人们开始在躁动的符号文化现象中去寻觅心体的原乡。比如,美国分析哲学家约翰·塞尔先后出版《词语与意义:言语行为理论研究》(1978)、《心、脑与科学》(1987)、《心灵、语言和社会:实在世界中的哲学》(1998)等,约翰·塞尔是当代西方在心体符号语言研究方面的杰出代表,其理论具有一定的科学基础与科学方法。20世纪90年代初劳特曼的《心灵宇宙:文化的符号学研究》(布隆明:印第安纳大学出版社1991年版)也开启心体符号学研究之路,等等。

新技术革命浪潮将人类带入一个前所未有的符号经济时代,我们在"图像与形式的神话"(罗兰·巴特)中已然发现符号的"无意识结构"(福柯)探究必将是今天或未来符号学研究的一条重要进路。因为,后现代符号的设计与它的社会作为"欲望的对象"(福蒂)与"野性的思维"(列维·斯特劳斯)产物的背后蕴藏着一个巨大的宇宙:人类的心体。其实,心体空间就是一个符号世界,在如此虚无又真实的实在领域里,我们要探究它困难是可想而知的。但一直以来,我在思考这样的题域:心体符号是如何逼近艺术真实的。

带着以上问题,我开始在心灵、语言、文化、设计等"符号之道"领域展开了一次别样的"心体探险"。这部著作就是"探险"后带回来的若干蒙太奇式的"风景片"。这部著作作为探险的"心理景观",自然是片段的、零散的,它具有探索性与引导性,还有很多研究空间未涉足。

第二节　范围:心体空间符号

当听到"符号"一词时,每个人都会知晓或至少以为知道它意指何意。这个词也不断地被医生、心理学家、语言学家、哲学家、美学家、设计师以及普通人说出来给另外一些人,这些人也无休止地创造出新的符号来传给另外一些人。因此,外部世界的符号在不断地运动、增加或消亡,以至于眼花缭乱地生活在我们的周围——被符号包裹的世界。

在此,我们要提请注意,我是说,符号"生活在"我们的社会周围,而不是别的。那么,这样一来,我们就能说,符号是有生命体的,毋宁说它的形式体。只要人类的生命不停息,符号的心体生命运动也将永远存在。或者说,一些人在给另外一些人符号时,他们彼此似乎理解并达成了这样的默契：嗯，这样的"符号"好，我们彼此以后就这么用。然而，我们果真都理解对方了吗？这些经过我们约定俗成的符号会"永垂不朽"吗？我们为什么使用这样的"符号"呢？它的心体之源是什么？这些问题似乎很平常，但又不是那么简单，我们当认真去研究它——进入心体的驻地。

第一次世界大战爆发前夕，以瑞士语言学家索绪尔（Ferdinand de Saussure，1857-1913）与美国实用主义哲学家皮尔斯（Charles Sanders Peirce，1839-1914）为代表，他们不约而同地主张建立"一门研究社会中符号的生命的科学"，或"符号的形式学术"。在这之后，符号研究一直成为人们追求的学问。但任何符号研究也只能是实在世界中的一个微小的点而已，因为作为真实存在的符号不过是事实符号世界天空中的一颗星辰。也就是说，人类创造的符号速度愈加迅猛，就越加感到真实符号世界的渺小。这个世界真是奇妙，当我们的研究触角延伸到更远的广阔的宇宙时，我们越发察觉这个世界的浩大无穷，我们也因此越发感觉人类自我的渺小。不过，人类符号行为试图与宇宙世界取得一致的梦想之火一直在心体里燃烧，如果说外部世界的自然符号是无穷的，人类创造真实符号也不会停息，那么，研究符号抑或对符号阐释自然也是无穷的，甚或是不可能的。但有一条进路是可取的：符号的心体之旅。也就是说，外在符号的无穷性，我们不能触碰，但我们内在的心体结构是可以探寻的。传统学界认为，心体或意识域是看不见的，它是不可研究的。但现代科学的发展证明：不可见的空间科学正是后现代学术研究的中心议题，如虚拟技术，实际上就是心体技术。

心体结构是符号研究的根本，因为一切符号的诞生与建构都是在这个内在的"加工厂"里行使自己的使命。我们试图把目光投放在内在心体的探讨，因为外在符号研究总是习惯于建立一个宏大的体系，但任何符号体系的建立，就等于昭示该体系的死亡——体系愈加完备，死亡越加快速。从这个意义上说，本书可以说是我们试图沿着"心体之路"登攀符号语言与符号设计的山峰——崇山峻岭中的一座小丘而已。对于哲学家来说，心体哲学应当是第一哲学；对于语言学家来说，心体符号学是首先要攻克的。诸如结构主义语言学、分析语言学、现象语言学等，它们都是以心理现象为研究核心。因此，我们在分析语言、符号、知识、意识、美学、社会学、经济学、设计学等问题以及许多其他问题，心体抑或精神现象分析是最有效的。至少在我们这里，我们是通过实践心理分析的方法对符号及其设计做一番初步的研究。

　　一般而言，对任何一个范式的研究，首先是对这个范式的历史进行简要的梳理（见《第一章》），"符号"这个范式从一开始，就在危机中行进。说它危机，是因为从诞生的那一刻，其含义就不断地变化着。同时，任何一个"范式"是不会自动死亡的，它总是在"进化"中前进，"符号"自不例外，尤其是"心体符号"这个范式。因此，"符号"的基本形而上学（见《第二章》）理论诞生了：诗性符号（维柯）、结构主义符号（索绪尔）、后结构主义符号（德里达）、思维或心理符号（维果茨基）、文化哲学符号（卡西尔）、符号的生命（福永西）、符号是真实的（迪利）……形形色色符号理论的出现是注定的。但正如维柯与约翰·迪利所担心的那样，如果真实符号是唯一正确的存在，那么真实符号之外的事实世界符号都必将是一种准谬误。在此，心体符号是怎样逼近真实以及这样的符号是如何工作的（见《第三章》与《第四章》），将是本书关注的重要题域。此外，考虑论证得以支撑心体、符号与设计是如何紧密地"工作"，本书用符号设计的个案研究做有效的辅佐，从而来证明心体符号的合法性与合理性（见《第五章》）。这里虽然有"六经注我"的嫌疑，但这样至少不会让读者惊讶符号之美的心体与文化根源的合法性。在此，还将谈论符号的标志、影像、传媒、书法、设计、文化与传媒等"时髦"话题（见《第五章》）。这一引证论题的开场，将首先探讨符号的社会结构与民主政治，特别能在古罗马的"伟大的心灵"美学思想的诞生中探寻心体符号的社会化，并进一步从中国美学中的典型范式"象"中探究心体符号存在的社会与文化国别性的特征，随后当把目光转到后现代设计之中，就会发现这个时代的建筑设计符号近乎在"狂欢"，从影视文化产业符号的运作与包装，到工业产品符号形式的设计与艺术化，符号形式被尽情地"戏说"与"解构"。特别是影像符号"形式"成为一种欢快的"碎片"组合，艺术符号"整体"已经变得没有意义，解读符号文本的"意义"也被"削平"，同时，产品符号的文化历史意义也被"断裂"，产品对"形式"的"经典背诵"已走向无度"戏说"的平面立场，符号形象的"通货膨胀"似乎到了危机或死亡的边缘，传媒符合成为新的"殖民善地"。另外，本书最后还将分析"情感"作为心体符号的核心要素在课堂教学中的应用。在"互动仪式链"（IRs）理论框架下，课堂教学是一种微观的互动仪式（IR）。在师生互为主体性的情感关注中，课堂教学以集体情境而非个体为仪式原点，它着力塑造班集体成员之间的相互关注及其情感连带语境，以期在教学仪式中体验到集体成员的身份感与团结感，并能较好发挥情感在心理功能与神经机制上的双重作用，从而有效提高课堂学习绩效及其社会情感能量。IRs 被引入课堂教学的探究能引领我们把教育行为迈向更为广阔的社会学领域，也昭示微观教育行为与宏观社会行为之间具有被人信赖的共享区间。

至此，在阐释符号在民主政治、设计标志、审美经济、文化哲学、后现代传媒、艺术设计及其课堂教学中的应用之后，结束我们的符号研究之旅。

特别要说明的是，本书研究的"心体符号"属于"广义符号学"[①]范畴。比如皮尔斯的符号学理论，他从逻辑学（研究人的思维活动的人文学科）视角创建符号学原理。再如莫里斯的符号学理论，他从实用主义与逻辑实证主义相结合的哲学方法论，去探究符号学原理。换言之，从逻辑学或哲学的立场去研究符号学，这是适用于其他一切符号现象的。比如语言符号、设计符号、空间符号、文化符号等逻辑与哲学，皆可纳入"广义符号学"研究范畴。

为清晰起见，本书写作框架见图 1。

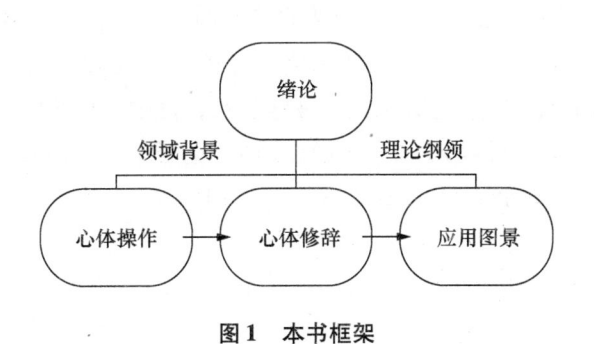

图 1　本书框架

[①] 有关"广义符号学"理论及其在设计中的应用，详见［德］本泽（Bense, Max），［德］瓦尔特（Walther, Elisabeth）著，徐恒醇编译：《广义符号学及其在设计中的应用》（中国社会科学出版社 1992 年版）。另外，徐恒醇在《设计符号学》中指出："皮尔斯是与索绪尔齐名的符号学先驱，但是他是从逻辑学研究中提出了创建符号学的原理，所以这一符号学体系被称作广义符号学，因为它适用于各种符号现象。……在哲学方面，他是现代数学逻辑的最重要代表，是广义符号学奠基人和实用主义哲学的先驱。"（徐恒醇：《设计符号学》，清华大学出版社 2008 年版，第 39 页）

第三节 方法：美学观察

正确的研究方法是科学思维与实践活动的产物，它对科学行动（如写作）有至关重要的作用。因此，有必要花费时间去阐释关于本书研究的方法论问题。因为，对符号心体研究，实际上是一个符号心理学的问题，也是一个符号心理哲学的问题。但从根本上说，这是一个符号美学的问题。为此，我将探寻一下美学是如何"言说"的——"思"与"证"。前者是心体之思，后者是心路求解过程。阐释与清晰这个问题之后，我们才能对符号心体研究的"言说"方法有一个初步轮廓。

"思"与"证"是美学（心理学、哲学）中重大的方法论范畴。"思"与"证"既是起点，又是过程。如何"思"？从"上"往"下""思"，还是从"下"往"上""思"？如何求"证"？是实证，还是史证？谁在"思"？"思"的对象是什么？为谁"证"？"证"应该遵循何种法则？这一系列问题关涉美学学科，尤其是符号（心理学）美学研究的重大方法论问题，不解决这些问题，研究就会犯错误，甚至步入形而上学。

由"理"而"思"是西方美学的最大的方法论进路。综观西方古典美学，一条"理"的"思""证"之路豁然呈现在我们的脚下：形而上学滥觞于柏拉图，理性主义涌现于文艺复兴，德国古典美学兴盛一时，黑格尔理性美学登峰造极。他们强调理性，偏重思辨精神。由"理"证"实"是西方古典美学的一条进路；由"理"责"实"是他们的一种求"证"之法。前者，唯"理"证"实"，使美学走向"玄学"；后者，重"理"轻"实"，使美学走向"专治"。于是，一直以来，"玄学"和"专治"笼罩着西方美学的天空。

美学终究不能活在哲学思辨中，躺在"自上而下"的玄想里。19世纪中后期，德国费希纳革"自上而下"之命，开辟一条"自下而上"的"思""证"之路。因此，由"实"到"理"成为西方现代美学的一条新"思"路；由"理"求"实"成为一种新"证"法。这种"思""证"之路给西方美学研究带来"新面貌"。一瞬间，西方近代心理学、美学舞台异常活跃。但西方现代美学仍在"思""证"路上蹒跚而走不出"思""证"困境。科学主义遮蔽"思"之主体，一味强调"科学"；人文主义却避开"自然",一味强调"一切科学都是人本的展开"。科学主义和人文主义两股思潮一时争持不下,而且其自身也存在诸多矛盾与对立,实证主义试图反对神学与形而上学的思辨哲学,却用"三段论"(孔德的"知识的理论阶段":神学阶段→形而上学阶段→实证阶段)来"实证",用"抽象"去反对"抽象",用"思"去解构"思",自己却成了另一个"思";马赫主义的基本思想是"物是感觉的复合",即"世界都是我的感觉"。他们把世界的要素都归结为"感觉",感觉是自我的感觉,要素也是自我的要素,这种"一元论宇宙结构"还是"形上之思"……再看看尼采,强力意志和超越精神在人生的道路上走向了绝境,最后连自己的生存都成了问题,孤独、抑郁而精神分裂,其理论之"思"与生存之"证"严重冲突。显然,西方现代美学只能在科学与人本中徘徊,传统与现代中对抗,现实与人生中矛盾,灵与肉中挣扎,理性与非理性中纠缠,工具与超越中扯裂。徘徊、对抗、矛盾、挣扎、纠缠、扯裂构成近代西方美学音符。

西方近现代美学在徘徊、对抗、矛盾、挣扎、纠缠、扯裂中困惑,但正是这样的困境使西方出现了形形色色的美学主义。人本、相对、多元、解释、无本成了他们寻"思"之路;遮蔽、悬置、还原、转向成为他们求"证"之法;无我、无中心、无结构、无本质是他们"思""证"之理想。方法论困境导致西方从古典到现代的美学产生混乱(即无法则),这种"无政府主义"美学遭遇从一开始就注定了。那么,美学的"思""证"之路应该遵循何种法则才能走出困境?抑或说,我们应该遵循怎样的"思""证"之法则呢?

首先,"思"与"证"的对象法则是"人证"。一种研究对象确定一种学科形态,确立一种研究对象,也就意味确立了对该学科的一种对话与阐释的方式。因此,另一种研究对象也就确立了"思""证"之路。一切学科皆为人学,美学也不例外。"思"与"证"的对象法则当然首推"人证","人证"就是人生、人性和生命之"证"。人是现实的、社会的、历史的,所以,"人证"又是现实之"证",社会之"证",历史之"证"。否则,美学行程再走到怎样的形上之巅(如黑格尔),还是独断论。人类所能做的一切,最终是"人本身",人之外无非是现象而已。那么如何"证"?"往下证",还是"往上证"?"往下证"是一条求证的便捷之路,人性的狭隘性和片面性恰好迎合这条便捷之道;"往上证"是一条求证的艰辛之路,这是人性的超越性和求实性的必经之途。不仅要注意求"证"

方向,还要注意求"证"方式或内容。"证"可有史证和实证。史证是经验,有伪证与确证之分;实证有事实考证和意识验证之别。因此史证并非一定是有用的经验,实证也并非在现实中验证或实验。人的大脑是一个天然实验室。丹纳说:"规律建立在两种证据之上,一种以经验为证,另一种以推理为证。"① 经验即为"事实"或"史实",推理即为说明或验证。这句话较能说明"证"的法则和范畴,其法则和范畴必然是人之法则和范畴。当代美学"思""证"之法必然回归到"人本身","人证"是美学的唯一出路,无人的美学也不能叫美学。

其次,"思"与"证"的意识法则:开放、主动与自由。任何科学的"思""证"之路必然是开放性的意识模态,具有包容性,历史进步性,要与时俱进。因为,方法既是我们研究的指向性和原则性,又是封闭自我、制约自我的形式因和结构因,不科学的方法往往是我们"思""证"的绊脚石,玄学和机械论方法就对现代人思想意识观念产生明显的束缚和误导作用。只有开放性的心理结构,才能保证开放性的"思""证"之法,才能保证求"证"之法的高起点、大尺度与宽胸襟,否则"思"之自我专治必然排斥自我内在的完美精神。因此,"思""证"要朝着人类发展的方向去建构,开放自己的心理结构,打破传统封闭心理。封闭之"思"只能自我遮蔽、倒退、摧毁和死亡;开放才能生存、发展、参与和超越。如果"思""证"站不到人类历史的高度上,你就没有资格去说话,说了也不是美学本身的期许,只能是玄学、庸俗美学或把美学搞成其他无用学科。现代美学必须要主动地去适应人的生存,积极地去发展对文化的反思,我们的精神不应成为生存的障碍。开放、主动、自由的心理结构是人性之觉醒,这样才能达到自由之"思",才能为我们求"证"之路创设宽松的环境。同时,只有开放、主动、自由的意识模态才能产生科学、批判和反思的美学态度。拥有正确的美学态度又反过来影响美学方法的建构,正确的方法就是来自正确的思维意识模式。雅典著名哲学家苏格拉底说得好,未经反思的生活不值得拥有。曾子也曰:"吾日三省吾身,为人谋而不忠乎?"做学问与做人是一个道理,"意识"的立场,就是"反思"或"日三省"。

再次,"思"与"证"结构法则:"同素异构"。结构是美学的重大问

---

① [法]丹纳:《艺术哲学》,傅雷译,安徽文艺出版社1991年版,第70页。

题，结构与元素是相关联的，世界是我的意识中的多元素信息体。因此，我是信息的我，世界的我，人类的我。我的丰富就是世界的丰富，世界的丰富必将成为我未来的丰富。因为"个我"的"思"与对世界信息的把握程度相关，获得信息并不意味获得知识，只有经过大脑心体整合才是自己的知识。信息的堆积与信息的整合是不能等同的。因此，"我思"既是"自我之思"，又是"非我之思"；既是"历史之思"，又是"人类之思"。这种"同素异构"之"思"在美学上是有用的，拿审美意识来说，它也要遵循这条法则。感知、情感、想象和理解是一切意识之共有要素，审美意识也不例外，关键是由意识的方向和目标来决定。例如宗教意识是在"感知→想象"上求"证"；功利意识是在"感知→理解"上求"证"；伦理意识是在"感知→情感"上求"证"。但审美意识具有自己独特的"形构"法则：想象将感知、情感和理解融合为一体。由此看出，"素"是相同的，"构"是关键，只不过，"构"之法有别而已，"构"就是"整合"。美学要从人类历史高度即科学的整体高度去"思"，去"构"，去"整合"。但"整合"首要的是"整合人"，这是"构"的本质规定。

最后，"思"和"证"的关系法则：整体关系。人的存在即关系的存在，美学的研究方法不仅关涉思维对象、思维模式和思维结构，还关涉"思""证"与人以及世界的"关系"。传统美学之"思"，没有在人与世界的关系上求"证"，自然在走弯路或错路。关系是主体之"思"的展开与生活的开拓，一种关系就是一种生存层面，这种生存层面就决定着"思"的结构模态和求"证"的方法。马克思的美学与历史高度上的关系就是我们"思""证"的最高关系，落实到美学上就是美学理论主体与世界的整体关系。主体与世界建立整体关系后，主体才能与世界整体对话，主体之"思"才能平等地与世界言说，相互间才能产生视界交融，对话的平等机制是求"证"的现实基础。对话是一种交流机制，主体与世界的对话也就是主体意识的内部结构（即"思"）与世界外部的调控制衡（即"证"）。美学理论主体之"思"并非是抽象的存在，因为主体之"思"也是历史的、具体的，主体之"思"对审美意识的求"证"之路，实际上以中介的形式传导社会历史的规定和要求。那么，美学的"思""证"之路的关系又是一种动态形式的存在，这必然要求我们的主体之"思"与求"证"必须要把静态考察与动态考察紧密结合起来。因此，美学的"思""证"之路不在形而上，也不在形而下，而是在形之中。

只有遵循"思""证"的结构法则、意识法则、对象法则和关系法则，才有可能使美学研究走上科学方法和人本研究之路。人（主体）、科学的关系是"思""证"的对象与尺度要求；开放、整合和整体是"思""证"的结构与历史要求。美学方法必然是科学与主体高度上的历史思维，这也是最高的思维方法，尤其是科学整体方法具有历史的覆盖性，一切人文学科和自然学科不过是人类思维领域的向外延展，因此，美学的方法必然覆盖一切人文学科和自然学科。科学与主体相统一的方法尺度就是美学的尺度，美学的尺度是一切科学的最高尺度。"尺度"就是一种指标或高度，科学尺度与主体尺度的统一构成美学的尺度，由主体到科学，再由科学到主体，两者在互动中达到历史高度上的统一。美学高度永远没有终点，具有终极性，否则美学就将走向死亡。主体的高度是历史的高度，又是美学的高度。这样说来马克思所讲的美学的高度与历史的高度是一回事，美学的高度就是历史的高度，否则美学就达不到历史的高度，历史的高度支持着美学的高度，美学的高度包容着历史的高度。科学发展具有广延性，离开科学的发展，主体的高度就会失去主体性的发展依据。主体在提升，科学在推进，历史在发展，主体达到高度超越高，说明美学的方法必然是科学与主体相统一的方法。

在"思"和"证"困境中，我们认识到科学的"思""证"法则具有重要的学科建设意义，它具体表现在学科方法论意义、学科定位意义和学科建构意义。

第一，"思""证"法则具有学科方法论意义。美学研究的科学方法是美学学科体系建立的基础。因为，方法总是研究的关键，它具有指向性。研究方法的正确与否是决定研究能否朝着正确的科学道路前进的关键。现代美学要超越现有的各种方法，自然科学的系统方法论与人文科学现象方法论必然要走向整合，只有这样才能使科学主义方法和人文主义方法走向整合。因此，现代美学呼唤科学"思""证"之路，呼唤体现人生价值探询之法。"人证"；"开放、主动、自由"；"同素异构"；"科学整体关系"四原则告诉我们，现代美学研究方法在于科学的整体方法。尤其是在"形之中"还原审美意识这一美学研究核心，探求其整体的发生和运转机制。因为，美学就是人的审美学。那么，"人的审美"就有两个基本规定：一是人；二是审美。只有人才有主体意识，只有人才有审美意识需要，这样，"人的审美"的两个基本规定就有一个核心：审美意识。正如"哲学不应当从自身开始，而应当从它的反面，从非哲学开始"。同样，我们探求审美意识应该从"非审美意识"入手，用科学的整体方法论将审美意识发生"还原"到最清晰化的人类集体无意识的深层界面上来透视，才能从根本上剖析审美意识的发生史和运转机理。这是现代美学研究不能回避的问题。

第二，"思""证"法则具有学科定位意义。"思"和"证"解决了研究对象和方法后，只要遵循"人证"；"开放、主动、自由"；"同素异构"；"科学整体关系"四原则，我们就能还美学本来面目，即"还美学以人生本位，还美学以科学本位，还美学以历史发展本位，让美学成为人类生活和具体人生设计并臻于完满健全实现的科学，成为对社会人生发展创造有价值的科学"。[①] 传统美学学科定位不清，概念混乱，结构模糊，"见物不见人，见人不见情"。它们不关注生命的完满建构，不叩问人性健全实现，不追寻人生价值充分展现。结果，把美学弄成一门"伪科学"或"无人美学"。因为它们离开了人来讲美学，抽象地把美、审美关系或审美经验作为研究的出发点，它们的冷落和死亡是注定的。后实践美学试图突破社会实践的局限，用搁置实践的办法，把人拉回到美学的殿堂，主张从生命、人性和爱来研究美学，想从"见物不见人"的"阿喀琉斯之踵"中走出，但又把人变成了一个抽象的"单面人"。实践本体论美学"依托这种新实践观（实践本体的两个尺度，实践主体的双重关系，实践—改造世界总体系统的复杂结构），我们就可以获得更广阔的美学理论新视野，这就是超越于认识论、价值论、形式论、生命本体论层面的实践本体论新视野"。[②] 实践本体论新视野确实超越了传统实践美学和后实践美学的种种缺陷，但其美学研究起点和核心范式仍然模糊不清，在解构的同时也无形中肢解了自身，美学或传统美学为何走向死亡？究其原因，"思"想的起点定位错了，求"证"的方法选择偏了。

第三，"思""证"法则具有学科建构意义。"人证"；"开放、主动、自由"；"同素异构"；"科学整体关系"四原则的结合点是人的"主体性"。找到了主体性，就是找到了"思"和"证"结合点，我们才能有"思""证"的方向和目标。"在后现代主义看来，无论是科学主义还是人本主义，现代主义哲学观念的特征都体现为对基础、权威、统一的迷恋，

[①] 李健夫：《美学思想发展主流》，中国社会科学出版社2001年版，第20页。
[②] 陶伯华：《美学前沿》，中国人民大学出版社2003年版，第27页。

视主体性为基础和中心。"① 因此,"思"和"证"的结合点在于人的"主体性"。主体性的人和人的主体性都是整体,人的整体性决定"思""证"的整体性,任何决裂"思""证"的办法都是行不通的,科学的人文的美学求"证"之"思"必然是主体性的科学整体。同时,主体性的本身也具有建构性,这样就保证了"思""证"自我法则的整体运行,我们只有遵循"思""证"的结构法则、意识模态法则、对象法则和关系法则,才能使现代美学获得智慧和生命,才能建构属于人的主体性的科学,才能使现代美学走向科学人文之路。另外,主体性也是美学学科建构的人生价值参照系。"思"是"心体的实在",是主体性的全部根基和完整心理的全部内涵。"思"本身是意识的实体,或非物质的实体,是复杂的思维活动;也非单一的、绝对的因素体,而是精神活动的整体。"证"必须是"人证","人证"是一切科学的必由之路。美学是人的审美科学,必然走科学整体的"思""证"之路。美学的"思""证"之路不在形而上,也不在形而下,而是在形之中。"思""证"必然要遵循结构法则、意识法则、对象法则和关系法则。这是美学自身发展的必然,也是符号美学研究必须遵循的法则。

一个学科的方法论总是建立在"人"这个最为基本的要求之上。符号学作为"人"的心体之实在,必然要建立在人的意识、关系、结构及其对象上。换言之,我们要研究的是人的符号,无人的符号不在我们研究的范畴之列。"人的符号"与"无人的符号"之区别是明显的。比如当代空间符号设计,大有"无人空间"之弊端,孤傲的建筑群是由冰冷的混凝土的累加而成,它们无视历史的期许或审判,在城市空间中虚张声势,也根本没有环境、边界与人群的设计。一些城市的"人民广场",也只是个符号称谓而已,也只是特殊日子的"人民广场",这些建筑符号就是"无人符号"。为担当起符号是人类文化哲学的真正核心,我们应当摒弃"无人符号"的设计。在方法论上,更应当建立科学的人学方法论去统摄符号思维与符号活动,包括符号研究本身。因为,我发现写作其实也是一种符号思维与创建活动,即心体活动。

那么,美学观察到底是一种怎样的方法呢?简言之,它是一种感知的、整体的、科学的与哲学的研究方法。

首先,美学观察是一种感知研究方法。感知是审美的门户,它可以直

---

① 车铭洲:《现代西方哲学思潮概论》,高等教育出版社2001年版,第49—50页。

观对象，借助情感，并作用于观察者的记忆知识，从而反复做想象性的思考，最后做到理解对象。这就是说，感知研究法具有直观性、情感性、想象性与理解性等多维特质。比如当代媒介符号，在一定程度上，它已然步入审美符号化时代。媒介的符号包装、媒介的传播设计、媒介的情感输出、媒介的商品运作以及媒介的经济策划都离不开美，就连信息本身，也成为具有数学量化的美。这一方面是媒介化社会在整体审美经济发展中的需要，也是人类崇高感的使然，更是媒介步入魅乡的必然。审美宇宙是人类最大的理想，包括媒介。因此，媒介的审美符号化需要我们在观察这一现象的时候，采取感知研究方法。

其次，美学观察是一种整体研究方法。整体并非是单一的总和，整体是立体的、多维的与变化的统一。整体研究方法是美学研究方法的有效种类，它采用历时与共时的综合视角观察对象，既有历时时间的观察，又有共时空间的观察。它也采用静止的与动态的多维视角观察对象，既有线性的平面观察，也有多维的立体观察；它还采用历史的与逻辑的统一视角观察对象，既有历史的演进观察，也有逻辑的理论归纳。符号的美学观察就是一种整体的研究方法论。

再次，美学观察是一种科学研究方法。科学是相对于玄学而言的，科学观察法是系统的、经验的与技术的研究方法。所谓"系统"，是指观察具有一定的顺序、结构与测度，并非是凌乱的、随意的与主观的研究方法；所谓"经验"，是指研究者是根据一定的知识积累与历史经验，采取有方向的、有价值的研究方法；所谓"技术"，是采用符合对象特点的技术路线，而非主观臆想的、武断的研究方法。符号本身就是一种技术性创造，它需要技术论作为研究的指导方法。

最后，美学观察是一种哲学研究方法。美学观察的第一阶段是感知观察，第二阶段是整体观察，第三阶段是科学观察，最高阶段则是哲学观察。所谓"哲学观察"，它是前三阶段的观察之后，用理性的思维与语言，阐释感知到的知识，并借助整体观察与科学观察，把最有效的理论组织起来，建构一个相对封闭的理论体系。如果说，感知观察有一定的偏颇，整体观察补充了这些偏颇，而科学观察则进一步为整体观察提供合法性，最后哲学观察完成所有观察交给它的任务。

美学观察不仅是一个序列的、逐渐上升的方法论（见图2），还是一种"科学整体观"①下的思维方法论。"感知观察"要建立在"现象"发生地之上,"整体观察"是建基于历史与逻辑的统一之上,"科学观察"是建基于研究对象的理性知识之上,"哲学观察"是美学观察的最高追求,具有统摄作用。相对于符号研究而言,这种"感知观察—整体观察—科学观察—哲学观察"②的技术方法研究路线具有一定的合理性。

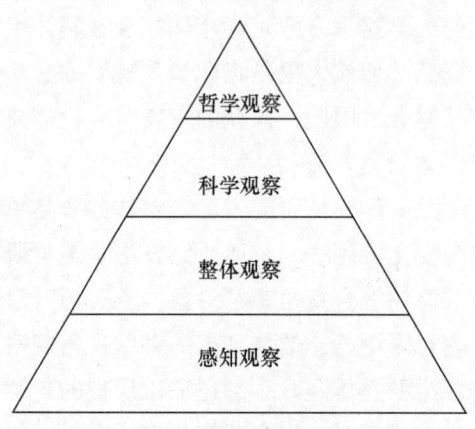

图2　美学观察图序

---

① 有关"科学整体观"的美学阐释详见美学家李健夫《现代美学原理》。李先生指出:马克思主义的整体观,即辩证唯物论和历史唯物论统一的观点和方法。整体,是对事物辩证统一、发展变化的总体认识。马克思在《〈政治经济学批判〉导言》中指出:"具体总体被作为思维总体、作为思维具体,事实上是思维的、理解的产物;……整体,当它在头脑中作为被思维整体而出现时,是思维着的头脑的产物"。用思想掌握具体总体,就是用"从抽象上升到具体的方法"使精神上的具体总体"再现出来"。(《马克思恩格斯选集》第二卷,人民出版社1975年版,第103—104页)整体的观点和方法,就是用辩证唯物论和历史唯物论相统一的观点和方法去掌握对象,从抽象分析上升到具体综合,力求形成"思维的、理解的产物"——"具体总体"或"思想总体"。其程序为:"分析—抽象—综合—具体整体"。辩证唯物论与历史唯物论相统一的整体观,包容着科学方法中的系统论。马克思主义整体观是为了辩证地、全面地、发展地掌握世界,系统论也是要整体地或系统地掌握对象。因此,系统论是对马克思主义整体观的具体补充,前者充实后者,后者包容前者,而并非是对立排斥或并立的关系。整体观是一种大世界观,它要求对于世界作整体的把握,要研究对象整体的组织机理,研究组织结构的存在模式、运动变化与更新的过程形态,研究对象自身的组织力和运动变化的动力。总之,它要从多方面、多维度来分析、研究对象,最后上升为总体,在最大程度上切近对象本体实际,从而比较正确地反映对象全貌。概要地说就是:实事求是,辩证分析,静动统一,掌握整体。(参见李健夫《现代美学原理:科学主体论美学体系》,中国社会科学出版社2002年版,第1—2页)

② "感知观察—整体观察—科学观察—哲学观察",这是一条人文社会科学研究方法之准绳。"感知观察"是用视知觉对现象或物象的初步认知;"整体观察"是系统论思维的表现;"科学观察"是利用科学思想或工具整理与记录感知观察"数据"的必要步骤;"哲学观察"是保障观察结果能经得起时间检验,并且保证这种结果或结论可以重现。

第一章　领域背景

对于艺术而言，不能指望"符号"这个范式有什么特别的等值意义。"鳄鱼的眼泪"是古希腊语言哲学家们没有料想到的"准谬误"。他们对"符号"，不，是对"症状"的阐释昭示符号与心体取得一致是"任重道远"的。这取决于符号，抑或标签的生产有"随意性"的特征。因为，"在大多数情况下，艺术家生产了一个东西，连他们自己都不理解，但艺术家给了这东西一个标签，把每一件愚蠢的事物都弄进了合法的艺术范畴；艺术家接着就一如既往地制造符合那些范式的玩意儿。"[①] 同时，艺术家在"一如既往"地制造符号之后，符号的意义是作品本身决定的，而艺术家的思想可能退至幕后。因此，它不免产生"符号危机"的质疑。因为，在语义上，"心体符号"或"心理语言"从来就是顽固的。

第一节　现象："顽固的符号"

撇开形而上的符号理论，我们首先要分析的是，在日常情况下，"符号"到底是以何种心体意指出现在我们面前，或者说，符号的基本含义有哪些？对此，当代著名的符号学大师翁贝尔托·埃科[②]（Umberto Eco, 1932 - ）在《符号学与语言哲学》中将日常语境中的"符号"含义作了详细的分析。由于日常符号含义多变而丰富，埃科索性称为"顽固的符号"。为清晰起见，这里不妨简要分述之：

[①]　［以色列］齐安·亚非塔：《艺术对非艺术》，王祖哲译，商务印书馆2009年版，第74页。
[②]　翁贝尔托·埃科（Umberto Eco），又译名安伯托·艾柯，意大利学者与作家，埃科的哲学研究领域有符号学、美学、语言学等。目前任教于博洛利亚大学，该大学是欧洲四大文化中心之首，它与法国巴黎大学、英国牛津大学和西班牙萨拉曼卡大学并称欧洲四大名校，被誉为欧洲"大学之母"。

一　符号："自然的推论"

在自然界中，符号具有"能对某些蕴含的东西进行推断的一种不明确的含义"。埃科指出："在这种意义上所谈的符号是指医学的症状、犯罪学和气象学的迹象……在所有这些情况中，被发出的符号是否带有意图和是不是人类发送的结果并不重要。任何自然的事件皆可成为符号。"①这种以"病症"为典型特征的符号是古希腊斯多噶派一直坚守与敬畏的"自然符号"，即自然界中的任意符号。

二　符号："随意性的等值"

为了"某物和替代它的东西之间的关系似乎比第一种范畴的关系要较少的冒险性"。②埃科说："为了转达的成功，自然要假定出既对发送者又对接受者以同样方式能理解这种表达的规则（代码）来。在这种意义上讲，旗帜、路标、招牌、商标、标签、徽章、纹章的颜色、字母皆可被视为符号。"③这些符号是被等值关系表示的，它们具有命名的随意性特征。通常意义上的艺术设计中的符号，即"随意性的等值符号"。比如CI、VI、Logo 等，即所谓的约定俗成之符号。

三　符号："示意图"

埃科为了打破第一种自然符号与第二种约定俗成符号范畴的对立，他认为，第三种符号为"图像的"和"对应的"符号，即"所谓的象征来表示各种对象和其抽象关系的符号"。④比如逻辑学、化学和数学的公式和各种示意图。这类符号虽有随意性，但埃科认为它具有某种变化性因素。

四　符号："图画"

这里的"图画"，即埃科所说的"为传导某种对象或相应的概念再现各种具体对象（如一种动物的图画）的任何视觉的程序"。⑤这种"视觉程序"是"即兴的"，并有"具体的对象"，并不像"示意图"那样的符号的"准确"和"再现抽象的对象"。这就是埃科所说的"图画"与

---

①　[意] 翁贝尔托·埃科：《符号学与语言哲学》，王天清译，百花文艺出版社 2006 年版，第 4—5 页。
②　同上书，第 5 页。
③　同上。
④　同上书，第 7 页。
⑤　同上书，第 8 页。

"示意图"的区别，但也不是绝对的。

五 符号："徽章"

我们"把那些风格化的形式再现某些东西的图画"，称为"徽章"，如"十字架、半月、镰刀和斧头是替代基督教、伊斯兰教和共产主义"①，这种符号对于"被表现出来的东西还是认识被替代的内容并不重要"，重要的是能"退归到不定指意义的定指领域的标志"。②

六 符号："标号"

它是"作为能不差分毫的行动的指示物而被使用的。在这种情况下，某物不是替代，而是从它那里引导出某种行为；它不是替代，而是指令，就这种意义而言，北极星对航海者是一种符号"。③ 这种符号，埃科称为推论型符号。

实际上，日常性符号的顽固性不仅表现在以上六个符号的微观视点，还体现在它的含义的发展性、社会性与审美性等宏观层面。符号的含义，一部分是稳定的，但大多数符号含义是发展的，而且具有关系性，或社会性。在不同关系背景中，它的顽固性意指不同。譬如一幅绘有"眼泪"的图画，可以是"图画"，或"自然的推论"，也可以是"标号"，或"随意性的等值"。因为，在现实关系中，"眼泪"可能是"鳄鱼的眼泪"，或"漆树的眼泪"④，或"获奖幸福的眼泪"，或"痛苦的眼泪"，等等。

日常"符号的顽固"直接后果是带来符号意义的危机，直接地说，就是符号的死亡。不过我们不要误认为"死亡"的固有含义，它可是一种新的"成熟"，或新陈代谢的标志。因为，一旦一个符号的含义走到尽头，必然要有一个新的符号取而代之，才能保证符号王国的发展。我的意思是，符号是一个家族体系完整的王国，王国中的任何一个成员，包括国

---

① ［意］翁贝尔托·埃科：《符号学与语言哲学》，王天清译，百花文艺出版社 2006 年版，第 8 页。
② 同上。
③ 同上。
④ "漆树之泪"是指漆树流出来的一种树脂，漆可造漆器。从漆物的材料来看，漆树眼泪是一种活的生命体，也是漆树生命的一次短暂的"停息"。当它被艺术家带到工作室之后，它的生命又复活了。从这个意义上说，漆艺就是漆泪生命的延续。或者说，漆泪生命是不停息的。实际上，漆艺让漆泪从受伤之后，又一次成为幸福之泪。因为，这次漆泪成功地成为艺术的材料、成为漆艺生命的一部分。

王自己，它们的死亡是正常的，也预示新国王的诞生。① 因此，符号的顽固，也意味其本身的成熟。试想，一个不顽固的符号是很难形成自己的风格语言与个性特征的。符号风格与个性是识别其本身的尺度，也是形成自己"固积"的秉性或流派。

第二节 本质：符号的危机

翁贝尔托·埃科（Umberto Eco）在《符号学与语言哲学》中坦言："'符号'的概念常常有着不同的各种意义——就这种意义而言，从它一开始出现便投入到了危机之中——因此，对它进行严肃的批评（至少是在康德的批评一词的意义上）是适宜的。"② 那么，"符号"为何"从它一开始出现便投入到了危机之中"呢？在此，我们要略作阐释符号危机或演进的粗线条。

"符号"一词来源于希腊语"semenion"。在斯多噶派那里，"符号"被翻译成"病症"。实际上，"病症一直成为古希腊、罗马时代典型的符号"③，也就是说，"符号"一词最早的意义与医学是分不开的。比如斯多噶派认为，"他脸色发红。我想他发烧了。——这就是符号。"希腊名医希波克拉底（前5世纪至前4世纪）用"符号"分析病情。"交感巫术模仿蛇的盘绕翻了交织纹样，这个符号起源于医学，这是不容置疑的，其痕迹便留于神医阿斯克勒庇俄斯的象征标志中"。④ 中国早期的彩陶交织纹样，作为符号的存在与宗教也不无关系。相传公元2世纪希腊名医盖伦还

---

① 比如语言符号，它就是一个"死亡"与"新生"交替的王国。拿2010年互联网发布系统——"微博"来说，微文化的迅速扩张，其符号语言也不断地衍生。诸如微信、微博、微客、微支付、微整容、微公益、微关怀、微电影、微课、微语态、微访、微民、微爱情、微骚客、微域名、微世界、微表情……一大批以"微"开头的词符迅猛地"诞生"，2010年也因此被称为"微博元年"，"微"日益成为主导日常生活及其社会发展的新兴文化符号。可见，语言符号是发展的，并不断被创造或死亡，它是一个历时性的概念。

② ［意］翁贝尔托·埃科：《符号学与语言哲学》，王天清译，百花文艺出版社2006年版，第2页。

③ ［英］保罗·科布利、莉莎·詹茨：《视读符号学》，许磊译，安徽文艺出版社2007年版，第4页。

④ ［法］福西永：《形式的生命》，陈平译，北京大学出版社2011年版，第39页。

使用过"符号学"①一词,由此,"被验的尿在古代曾被称为'符号'。为此,萨凯蒂(Sacchetti)注释说:'他给医生带来的不是符号,而是一泡尿'"②。可见,最原初意义上的"符号"是建立在一种"自然的推论"之上。如果他的这泡尿显出异样(症状),那么他可能生病了。这样一来,自然界中的符号是无数的、任意的,任何事件都有成为符号的可能。符号的自然性是人类与自然在交往过程中诞生的。换言之,第一自然是诞生符号的最早源泉。可以说,第一自然及其与自然交往的生活是艺术符号创作的源泉,任何艺术符号的创作不过是自然符号的再创作。

斯多噶派式的符号论在公元前300年终于遭到首次危机:犬儒派认为,除了自然界中的任意符号之外,还有大量约定俗成的以交际为目的符号。之后,圣·奥古斯丁(St. Augustine,354-430)将约定俗成符号纳入哲学研究,从而将符号研究范围定格在或缩小为约定俗成的符号。

从犬儒派到圣·奥古斯丁,他们对符号学的贡献在于将符号纳入哲学范围类进行研究,并且为这个学科建立研究对象,这为后人研究符号奠定了基础。比如英国教士威廉·奥克哈姆(Willian Ockham,1285-1349)进一步沿着约定符号学研究路线,把符号分成两大类:一类是心理和个人符号,另一类是口头或书面形式符号。可见,奥克哈姆已看到了符号的两种形态,即内在(心理)符号与外在(书面)符号。另外,奥克哈姆给后人提出了一个语言学难题:(内在)思维与(外在)语言之间的关系。

威廉·奥克哈姆的符号研究为索绪尔提供了一种新思维:语言符号为两面实体:能指与所指。能指是符号的纯物质层面,所指是能指引出的心理层面。前者是一个外在物质的概念,后者是一个内在心理的概念。索绪尔认为,能指与所指之间是任意的。比如"dog"(狗)的心理概念(所指)并为一定是/d/、/o/和/g/三个音节组成的能指来指称。事实上,指称相同概念,法语用"chien",而德语用"hund"。③也就是说,能指"dog"与可以指称其所指之间的关系具有任意性。同时,索绪尔发展了

---

① "符号学"(semiotics)一词源于希腊语"semeiotikos"的词根"seme","semeiotikos",即符号的阐释者。"符号学是一门关于符号分析和符号系统功能研究的学科。"

② [意] 翁贝尔托·埃科:《符号学与语言哲学》,王天清译,百花文艺出版社2006年版,第4页。

③ [英] 保罗·科布利、莉莎·詹茨:《视读符号学》,许磊译,安徽文艺出版社2007年版,第11页。

威廉·奥克哈姆的个人符号与书面符号论,将普通语言现象中的两个构成因素——言语与语言——进行了描述:言语是个人言语行为,语言是符号差异系统。"语言就像一个公用衣橱,存储了所有可以用来建构言语实例的符号。"[①] 索绪尔的符号"两面实体"在符号学上的贡献是明显的。

索绪尔的二元符号论面临的危机是首先来自美国哲学家查尔斯·S. 皮尔斯(1839—1914)的质疑与批判,他在《新范畴》(1867)一文中开始关注符号之后,皮尔斯坚持认为,符号由具有等级的(符号本身的)代表项与对象(存在关系)和(这种关系引发的)阐释项三部分构成,并非是"两面实体"的。首先,一级存在的符号或代表项分为状态符号(代表项由状态构成,例如绿颜色)、个例符号(代表项由存在的物质现实构成,例如特定街道上的路标)和规则符号(代表项由规则构成,例如足球比赛中裁判的哨声)构成。其次,二级存在的对象由类象符号(与对象相似的符号,例如照片)、抽象符号(只通过常规与对象关联的符号,如单词,或者旗帜)和指示符号(与对象有因果关系的符号,如风向或者病症)构成。最后,三级存在的阐释项由可能符号(符号代表解释项表示一种可能,如概念)、现实符号(符号代表解释项表示一个事实,如描述性的陈述)和证实符号(符号代表解释项表示推理,如命题)构成。[②] 可见,皮尔斯摒弃了符号的"二元论",大大丰富了索绪尔的符号学理论。

对索绪尔语言论颇有微词的还有苏联瓦伦蒂·沃洛斯洛夫(Valentin Vloloŝinov, 1895 – 1936),他认为,语言研究的重点并不是"语言",而是具有特定情境的变化着的"言语"。丹麦语言学家 L. 叶尔姆斯列夫(Louis Hjelmslev, 1899 – 1965)则向索绪尔二元构成论发难,认为符号在物质实体与心理概念之外,还包括符号本身外界符号系统的关系。

20 世纪五六十年代,结构主义研究包含并有所突破了符号学的研究范畴,他们如 C. L. 列夫·斯特劳斯、R. 雅各布森、A. 格雷马斯、C. L. 布雷蒙等。在后结构主义那里,理解符号(约定俗成的文化符号),抑或对索绪尔符号关系的"任意性"也表示怀疑。法国语言学家 E. 本维尼斯特认为,主体与指称系统的关系是非常复杂的,能指与所指的关系也是固

---

① [英]保罗·科布利、莉莎·詹茨:《视读符号学》,许磊译,安徽文艺出版社 2007 年版,第 13 页。

② 同上书,第 30—32 页。

定的。德里达则认为，口头形式才是语言学研究的唯一对象，索绪尔的致命错误是罗各斯中心主义（假定词语有阐释世界的理性）。

索绪尔以后的欧洲符号学研究表明，符号的危机是深重的。不过，随着符号的每一场危机，新的符号理论便诞生了。

还有一点值得注意："索绪尔使用的术语是'semiology'（符号学）而不是'semiotics'（符号学）。前者与符号学研究的欧洲学派紧密相连，而后者则主要与美国学者有密切的关系。后来，多用'semiotics'来统称符号系统研究。"① 说明美国符号学研究与欧洲符号学研究是有区别的，前者既有斯多噶派的自然符号研究，也有圣·奥古斯丁的约定俗成符号研究，或者说，美国语言学研究有动物符号学与人类符号学两大领域。为此，美国语言学研究从雷·博德威斯特尔（Ray Birdwistell, 1918 - ）的"身势学"，到 G. 巴特森（Gregory Bateson, 1904 - 1980）的传播符号学；从 E. 高夫曼（Erving Goffman, 1922 - 1982）的社会符号学到 K. 伯克（Kenneth Burke, 1897 - 1993）的文学符号学……符号学研究呈多元研究格局发展，以至于在国际符号学研究协会上讨论的议题有："手势、人工智能、戏剧、认知科学、电影、设计、政治、时间、音乐、空间、生物学、一级存在、绘画、广告、法律、安乐死、叙事学、美学、宗教、建筑学、体态研究、幽默、书法、舞蹈、教学法、历史、逼真政体研究、市场营销，以及其他领域的相关问题。这里成了宽敞的教堂。……符号学研究的领域是整个历史。"②

符号学研究进展告诉我们，世界是符号的，设计符号与研究符号成为人类永恒的主题或危机。但也正是在危机中，符号的进展才成为合理的。

第三节 历史：心体符号论

从广泛意义上说，"心体符号"是一种"心理语言"。无论是自然符号，还是约定俗成符号。无论是个人符号，还是书面符号，有一种符号被威廉·奥克哈姆称为"心理符号"或"心体符号"的东西是永恒的与潜

---

① ［英］保罗·科布利、莉莎·詹茨：《视读符号学》，许磊译，安徽文艺出版社 2007 年版，第 11 页。

② 同上书，第 170 页。

在的。心体符号是艺术创作的原动力,对于符号学研究具有根本性。不管你同意与否,我们是这样认为的,如果你真的持不同"政见",那么等于为语言符号平白无故地辩护。

关于"心体符号"的存在事实,前人已有所觉察。比如把心体符号描述为"内心说话"(柏拉图)、"灵魂是形成语言的元素"(毕达哥拉斯)、"内在的语词"(奥古斯丁)等。中国文学中的"志"、"情"、"意象"、"意境"等概念已是对心体符号的一种感悟性认知。他们的言说都意识到了心理言语符号的存在,而且中外哲学家和语言学家对这一问题的研究也从未停止过,出现很多理论,如张载的"存象者心"论、洪堡的"语言内在形式"论、维果茨基的"内部言语"论、诺姆·乔姆斯基的"转换生成语法"论,等等。他们的研究大致从哲学符号学与理论语言符号学两条路径上把握,回顾中西方心体符号研究发展脉络,大体可分为早期认识、初步研究和现代发展三个时期。

第一阶段:早期认识时期。人类对意识言语现象的最初认识反映在原始人的"灵魂"观念中。柏拉图认为,"心灵在思想的时候,它无非是在内心说话……我认为思想就是话语"。在此,柏拉图感觉到心体符号的存在。在赫拉克利特看来,"logos"就有"言说"或"思维"之含义。毕达哥拉斯认为,语言是灵魂的"虚气",灵魂是形成语言的元素。亚里士多德在其《解释篇》中也说过,口语是内心经验的符号。他道出了"内心经验"与"言语"的关系。中世纪奥古斯丁把"意义"称作"内在的语词",内在的语词无须通过声音的表达而存在,外在的语词却总是依赖内在语词的预先存在而存在。中国早期没有提出心体语言符号概念,只涉及有关意识的"象"论和"气"论。《周易》中重点讨论"象"的功能("立象以尽意")、得"象"的途径("观物取象")、用"象"的方式("象其物宜")、取象的特点("其称名也小,取类也大")四个方面。庄子认为,灵魂在活人中表现为"气",并认为,"体道"靠逻辑是行不通的,只能是直觉和体验。他说,"离形去知,同于大道"。老子认为,体"道"不能用理性思维去推演,理性只能悟其"有",而不能悟其"无"。观"道"重在强调心理的体验。后来,孟子提出"浩然之气",其"气"论的实质是指内在精神。说明先秦哲学在心体(意识)符号空间发掘方面做出了巨大贡献,尤其是为艺术语言的生成理论的阐发建立了哲学基础。中国早期,刘勰正式论及"言语"和"思维"关系。他在《原道》

首篇中提出"心生而言立"观。在此,他说出了"言语"和"思维"的关系。"心生"即是"言语思维","言立"即为"言语"。他对"言语"和"思维"关系的基本观点是:"心生"而后能"言立"。他在后文中也多次提及"故形立则章成矣","有心之器,其无文欤"等。另外,刘勰在《文心雕龙》中第一次铸成"意象"这个词,并且对审美意象作了重要的分析。他在《隐秀》篇中说:"情在词外曰隐,壮溢目前曰秀。"在这里,他讨论了"意"和"象"的关系,"意"应该"隐","意"在"象"中;"象"应该"秀","隐"在"秀"中。魏晋南北朝的美学思想家大都从各个角度研究"意"和"象"的关系,如王弼的"得意忘象"论、宗炳的"澄怀味象"论等。"意象"论是对"象"论的一种开拓,虽然它还不是意识语言符号研究,但"意象"论为心体符号的研究提供了有力的理论基础。

第二阶段:初步研究时期。心体符号学的研究依赖心理学与语言学的结合。在这方面,几乎是西方近代的事情。早在19世纪,德国语言学家洪堡就提出"语言内在形式"说。他认为,语言的内在结构系统反映了语言使用者对周围世界的看法,它深藏在语言内部,这是每一种语言所特有的东西。1919年法国巴黎出版的《普通语言学教程》中,索绪尔就区分了语言的内部要素和外部要素,并提出了内部语言学和外部语言学,认为内部语言学所研究的是语言的组织和系统,索绪尔的语言学理论的可贵之处是提出了"内部语言学"的概念。1923年,瑞士心理学家皮亚杰(J. Piaget)出版《儿童的语言和思维》一书,提出儿童早期只是对自己说话,提出"自我中心言语"概念。1934年,苏联心理学家维果茨基出版他的著作《思维与语言》(Thought and Language),书中第一次提出"内部言语"问题。1946年,美国心理学家普龙科(N. Pronko)发表题为《语言和心理语言学》的论文。到1953年,卡瑞尔(J. B. Carroll)发表《语言的研究》,他在书中首次使用"心理语言学"的概念,提出研究心理学与语言学结合的可能性。美国社会科学院的语言学与心理学委员会召开一次学术讨论会,会后奥斯古德(C. Osgood)和西贝奥克(T. Seboek)于1954年把会议的文件汇编成集:《心理语言学:理论和研究问题的概念》。"心理语言学"作为学科名称正式问世。在中国,北宋时代,张载开始对"意识"进行具体化研究,他认为"心"有两种,即"知象者心"与"存象者心"。前者是"心意",它是反映客观物象的,后者是

"心器",它是用于储存感觉物象的。明中叶王守仁认为,"意"不仅能主动加工"物",而且能创造"物"。清代王夫之汲取古代唯物主义"意识论"的思想精华,不仅将"意识"看成依附于机体的属性与机能,而且对"意识"进行了深入、细致的研究。

第三阶段:现代发展时期。1957年,行为主义心理学家斯金纳(B. F. Skinner)出版《言语行为》一书,他根据刺激控制论提出"言语内操作"理论。同年,美国心理学家诺姆·乔姆斯基(N. Chomsky)发表《句法结构》,提出"转换生成语法"和"内部语言"说,深入考察语言和心理的语法转换问题。20世纪70年代,苏联心理学家鲁利亚根据其老师维果茨基在《思维与语言》一书中的思路,提出了"内部语言"说。至此,西方内部语言理论日臻成熟。并步入重要进展期,人们开始认识到内部言语符号的真正存在,而且进行系统分析,尤其在20世纪,人们开始转向语言学意义上的哲学与美学研究,虽然在理论上还存在模糊说法。[①] 在心体符号学研究方面,美国哲学家查理·威廉·莫里斯(Carles William Morris,1909-1979)值得注意,他在1925年以《符号使用和实在:对心灵性质的研究》的论文获得博士头衔,他利用巴甫洛夫生理刺激反应理论从事行为主义的符号学研究,真可谓是"俄国的美国符号学"。

20世纪三四十年代,中国在心理学研究方面,著名美学家朱光潜成就最大。他先后完成了三部心理学专著,第一部是《心理学派别》(1928),第二部是《变态心理学派别》(1930),第三部是《变态心理学》。他认为变态心理学[②]是心理学中较重要的组成部分,并认为变态心理学在心理学研究中地位十分重要。到了50年代,自乔姆斯基(N. Chomsky)发表《句法结构》后,人们开始注意到,非但注意外在的语言行为,还要去探究内在的语言能力。在此背景下,心体符号学在我国勃然兴起。1951年,我国著名语言学家赵元任开始对儿童内部言语过程进行观察和研究。1985年,桂诗春的《心理语言学》是这门学问的第一

---

① 参见朱曼殊《心理语言学》,华东师范大学出版社1990年版;王远新《语言理论与语言学方法论》,教育科学出版社2006年版;罗继才《欧洲心理学史》,华中师范大学出版社2002年版。

② 所谓"变态心理学",就是研究潜意识作用和隐意识作用的心理学,它是较之及其美学思想传统心理学以意识现象为研究的心理"常态"而言的心理学。

本著作，但其内容多是翻译国外的理论。20世纪80年代末期，心体符号学倾向认知研究和新的研究领域的开拓，尤其是美学转向心理内部意识的整体研究。90年代初，心理语言学教材在我国相继问世，其中朱曼殊主编的《心理语言学》最为著名。但研究心体符号仍然是空白，直到90年代初，我国南方学人李健夫[①]在他的力作《美学的反思与辨正》中明确规定："心理上的意识形态是一种心理语言，而审美意识的内部形态就是心理语言。"[②] 从此，审美心理语言宣告出场。在国外，20世纪90年代初，有关心体符号研究的力作比如劳特曼的《心灵宇宙：文化的符号学研究》（布隆明：印第安纳大学出版社1991年版），等。

当代科学技术与科学方法论的发展，特别是神经学、语言学、认知心理学、脑科学等学科以及控制论、信息论、系统论、离散论、模糊论、突变论、传感论等方法论的发展，为心体符号研究提供了新的视角与方法。在当代，研究心体符号最具影响力的人物是美国以研究语言哲学问题著称的分析哲学家约翰·塞尔，他在《心灵、语言和社会：实在世界中的哲学》一书中对心灵、语言和社会实在的结构性特征以及它们相互之间的逻辑依存关系进行了系统分析。特别是吸取了神经生理学、神经生物学、认知科学与人工智能等现代科学的研究成果。多年来，约翰·塞尔一直潜心研究内言语行为理论，在这方面，他的研究专著有《词语与意义：言语行为理论研究》（1978）、《言语行为：语言哲学方面的一篇论文》（1969）、《心、脑与科学》（1987）等。约翰·塞尔是当代西方意识语言研究方面的杰出代表，其理论具有一定的科学基础与科学方法。

西方对意识语言的研究，无论是从提出概念本身，还是对意识语言的分析要比中国"直接"得多。如赫拉克利特的"logos"就是"言说"或"思维"的含义；亚里士多德的"口语是内心经验的符号"；奥古斯丁把"意义"称作"内在的语词"；索绪尔的内部语言学；维果茨基的"内部言语"论等。从瑞士语言学家索绪尔，到美国的乔姆斯基，他们从研究语言组织系统，一直深入到语言的内部心理机制。从侧重外部结构主义语法研究，到侧重内部语言转化生成语法的研究。尤其是美国的乔姆斯基的

[①] 李健夫（1946—），男，云南陆良人，著名美学家。现任云南美学学会会长，云南师范大学文学院文艺美学教授。主要从事文艺学、美学、设计美学、西方文学及西方现代哲学的研究与教学。

[②] 李健夫：《现代美学原理》（修订版），中国社会科学出版社2006年版，第94页。

转换生成语法研究，它不是分析某句话的语法结构，而在于描述内部语言的系统分析，他认为，外部的语义表征与语音表征分别是由内部的一套深层结构与表层结构生成。其中深层结构是由内部的一套具有改写规则的"基础部分"生成，表层结构是深层结构转换而生成。乔氏的转换生成语法研究不仅是对苏联维果茨基"内化"机制的发挥，更是独创性地深入到内部语法的自觉研究。

如果说近代西方多侧重内部心体符号的机制研究，那么中国则偏重于"象"和"意象"的整体把握。中国古代虽然没有专门研究心体符号，但在审美意象符号理论上多有探讨。中国重在对"意象"这一语言信息流的研究是有其原因的：

第一，在哲学基础上，主要是受中国传统哲学思想的影响。尤其是道家哲学，他们对"道象"或"易象"的混沌把握一直影响后人对"意象"研究的发掘与推进。释家虽然把"去言"感悟发挥到极致，但是没有通向审美之途。

第二，在认知方式上，主要是受中国古代认知方式重内省反思与重直觉体悟的影响。这种思维方式一直影响后人研究"意象"多是经验性的把握，如"妙悟说"等，只能从"意"和"象"的功能关系上分析，包括后人对审美意象分析，也只能从文本外部分析。

第三，在方法论上，古代人没有以现代系统论和组织论等为指导，更没有马克思的整体观为方法论，所以还不可能对"意象"进行定性、定质和定态研究。

第四，在研究领域上，传统"意象"论大多在诗学领域研究，侧重抒情文学的文本分析。以研究语言所构成而又超出于语言本身的意象空间为核心，并研究构成这种空间的不同途径以及人们对于这种空间的领悟。因此，"意象"就成为中国诗论的本体范畴。传统"意象"研究多强调对"言外之意"进行的一种非语言式的把握，"妙悟"式的意会，情景交融式的领悟，致使"意象"研究最后必然通向"意境"。

如何将意象空间的研究从抽象思维达到思维具体的整体？马克思的整体分析观为我们提供了方法论依据。现代科学主体论美学更是站在科学与人文的高度深入研究，从抽象的意象空间分析转向心体符号的具体整体分析。对"意象"的整体研究，就使得"意象"研究走向定态、定性和定质研究。从而揭示"意象"的内心符号形态中生成组织、存在系统、表现机理，从本质上和内在规律上解决了传统意象研究的困惑。

心体符号关涉思维与语言的关系，一直困扰语言学研究的进路。当代美学对心体符号（心理语言）的存在与研究是存有偏见的，如美国学者达布尼·汤森德（Dabney Townsend）在其《审美对象与艺术作品》(Aesthetic Objects and Works of Art, 1989)与《美学导论》(An Introduction to Aesthetics, 1997)中就反对把意识作语言式的探究。他认为，意识语言具有不可操作性。但如果不认可心体符号的存在事实，作为外部符号语言词汇也就无法找到心理依据。因为外部语言只不过是内部语言通过一套词汇法则表现出来的语言，一切艺术语言就是内部心体符号的外化物。如果心体符号不能被美学所承认，美学就失去了实质对象。但无论人们如何忽视，心体符号仍是我们内心生活真实的存在，它也必将是哲学、美学、语言学、符号学等学科的首选论题。

心体符号学发展进路启示我们，外在符号理论研究的成熟离不开对心体意识空间的探究。从这个意义上说，心体符号研究对于符号学研究具有本体性或灵魂性意义。

第二章 理论纲领

近现代符号学理论是丰富的，这里我们仅从索绪尔及之后的几位关涉符号美学研究的思想家或哲学家开始，粗略阐释心体符号的"真实"与"准谬误"。

"唯名论"是索绪尔的符号学的核心理念，这种理念认为客观世界是不可理解的。因为我们认识世界通常是通过符号为媒介的，所以，我们所体验到的真实符号（假定是正确的）之外的事实符号是一种"准谬误"。那么，这个世界上的人们又为何还在津津乐道这种"准谬误"呢？且看维柯、结构主义者、维果茨基、卡西尔、福西永、迪利等人的有关符号的基本形而上学。不过，他们的心体符号理论与中国先哲老子、庄子、刘勰、张璪、张载、王畿、熊十力等比起来，"心体符号论"当本源于中国。在分析中，我们能窥见"实施皮尔士和索绪尔的符号学理论，或者合两家之长来阐释世界是未来符号学家要完成的任务"。[1] 在今天，符号学任务正步入它应有的发展轨道。

第一节 维柯："真实—事实"原则

老子（约前571至前471），春秋末期中国著名哲学家，中国"道家"哲学思想的创始人。在老子看来，"道"不仅是万物本源，还是万物运动变化之规律。老子曰："道可道，非常道。名可名，非常名。无名，天地之始。有名，万物之母。"从某种程度上说，老子的"名论"与"符号论"具有内在的契合点。"名"，即符号也。"无名，天地之始。有名，万

---

[1] ［英］保罗·科布利、莉莎·詹茨：《视读符号学》，许磊译，安徽文艺出版社2007年版，第162页。

物之母。"换言之，天地之始，道常无名（符号）；而有名（符号）乃是创万物之需。可见，老子肯定了命名或符号行为是应付现实的一种极其重要的创造方式。

1725年，意大利人乔巴蒂斯达·维柯[①]（Giambattista Vico, 1668 – 1744）（见图 2 – 1）将老子这种思想付诸美学上的诗学考察。维柯出版他的著作《关于各民族共同性的新科学的一般原则》，又称《新科学》。由于该书含有众多美学思想，以至于他的学生克罗齐说"维柯的真正的新科学就是美学"，维柯就是"美学科学的发现者"。[②]

图 2 – 1 ［意］乔巴蒂斯达·维柯

图片来源：http://www.newworldencyclopedia.org。

《新科学》的伟大发现："原始"人富有"诗性智慧"（Sapienza poetica），这里的"诗性"就是"创造性"（在希腊语中，诗即创造）。"诗性智慧"就是"创造性智慧"。这一发现表明："关于天地万物的创造以及早期社会中社会机构的创立这些显然是出自于想象的荒谬可笑的叙述，人

[①] 乔巴蒂斯达·维柯（Giovanni Battista Vico, 1668 – 1744），意大利著名哲学家与美学家，代表作有《新科学》、《普遍法》等。在历史哲学《新科学》（又名《关于各民族共同性的新科学的一般原则》）中，作者认为，"发现了真正的荷马"，即理性诗人的真正本质，并详细考察荷马及其史诗创作等情况。

[②] ［意］克罗齐：《美学的历史》，中国社会科学出版社1984年版，第72页。

们是不必拘泥于文字的表达的；这些描述，不是对现实的孩童般的'原始'反应，而是属于一种不同序列的反应，其作用最终的、首要的是认知。这些描述体现的不是关于事实的'谎言'，而是如何认识、命名和表达这些事实的一些成熟的精密的方法。它们不单是现实的装饰，而是应付现实的一种方法。"① 霍克斯这段经典描述道出了"诗性智慧"的基本原则：

（1）各民族最初创造与社会机构的创立出于想象，因为"凡是最初的人民仿佛就是人类的儿童，还没有能力去形成事物可理解的概念"。②

（2）诗性智慧最终的、首要的是认知的，还是创造的，即"如何认识、命名和表达这些事实的一些成熟的精密的方法"。

（3）认识、命名和表达世界事实是"应付现实的一种方法"。维柯认为隐喻是最基本的方法："最初的诗人们就用这种隐喻，让一些物体成为具有生命实质的真事真物"。③

以上三个原则确立了"真实—事实"原则，即"人认识到是真实的与人为地造成的东西是同一回事"。④ 因此，"诗的真实就是形而上的真实，与它不相符合的物理的真实就应视作谬误"⑤，这里的"物理的真实"，即"外部世界的真实"，它不是我们所能想象的思维或预言之中的真实。抑或说，它是我们客观经验之外的世界真实。

那么，为何产生客观经验所给予的"真实"与它之外"事实"的准谬误呢？实际上，这种"准谬误来自习以为常地将客体简单地误认为事物，导致外部现实与更为根本的真实存在这个概念发生混淆（这在哲学范畴中已经成为惯例），而真实存在既不等同于外部世界，也不是人这一物种所特有的知识的起点，它只不过是客观性范畴中所经验的一个可辨的维度"。⑥ 外部符号就是心体的真实，即是"客观性范畴中所经验的一个

---

① ［英］特伦斯·霍克斯：《结构主义和符号学》，瞿铁鹏译，上海译文出版社1987年版，第2页。
② ［意］维柯：《新科学》，人民文学出版社1987年版，第180页。
③ 同上书，第231页。
④ ［英］特伦斯·霍克斯：《结构主义和符号学》，瞿铁鹏译，上海译文出版社1987年版，第3页。
⑤ ［意］维柯：《新科学》，T. G. 贝根、M. H. 费希（修订译本），康奈尔大学出版社1968年版，第205页。
⑥ ［美］约翰·迪利：《符号学对哲学的冲击》，周劲松译，四川出版集团·四川教育出版社2011年版，第106页。

可辨的维度"。

从维柯的"真实"理念看,"当人感知世界时,他并不知道他感知的是强加给世界的他自己的思想形式,存在之所以有意义(或真实的)只是因为它在那种形式中找到了自己的位置"。[①] 因此,符号是人感知、认识世界的结果,是"强加给世界的他自己的思想形式",它的意义在于"它在那种形式中找到了自己的位置"。

这种"符号感知"表明它本身是人类普遍具有的"诗性智慧",这也昭示人类世界是人类自己创造的。在维柯那里,神创造了自然界,而人却创造了人类自己的世界。可以这么说,"诗性智慧"就是符号智慧。它表明,要成为人,就必须把他对周围世界做出反应,并且把这些反应变为隐喻、象征和神话[②]等符号的结构形式,这种诗性智慧的心体结构形式就是符号的内在结构。因此,一切符号就是人的心体结构的"诗性智慧",这种思想在结构主义那里得到进一步验证与推进。

符号,确乎是人类的"诗性智慧"。在维柯看来,符号行为即隐喻行为。它是最基本的传达心体智慧的方法,比如"最初的诗人们就用这种隐喻,让一些物体成为具有生命实质的真事真物"。真实的心体与事实的万物在符号隐喻的契约下传达出人类的诗性智慧。

第二节 结构主义:心体的结构

在中国,《周易》在诠释"象"之功能("立象以尽意")、得"象"之途径("观物取象")、用"象"之方式("象其物宜")、取象之特点("其称名也小,取类也大")等维度上具有"象"的心体结构性叙事的偏向。

[①] [英] 特伦斯·霍克斯:《结构主义和符号学》,瞿铁鹏译,上海译文出版社1987年版,第4页。

[②] 隐喻、象征和神话,不仅是符号的结构形式,也是符号的结构手段。作为结构形式,符号如同一间"房子";作为结构手段,符号如同建造这间房子的"方法"。前者是一个界限系统("房子"就是一堵"墙"——具有"界限"功能),后者是一个组织系统。符号界限系统内部是一个思想或意义的集散体,符号组织里有珍藏、吸纳与排除等机构("房子"的功能)。隐喻、象征和神话的"界限系统"与"组织系统"是心体叙事与传达的核心系统。比如我们解读汉代漆器上的图像,必须试图阐释其图像的隐喻、象征和神话等"界限系统"与"组织系统",前者关涉图像的知识学(包括社会学、历史学、宗教学、美学等),后者是图像的固有物质性(物质符号构成)、时间性(时间构成)与空间性(空间构成)。

那么，结构①是什么？近代儿童心理学家让·皮亚杰（Jean Piaget, 1896－1980）（见图 2－2）认为，结构是一个整体性的、转换性的与自我调节的概念。② 所谓"整体性"指的是结构本身的要素具有内在的连贯性，并非以独立于结构之外的要素存在；"转换性"指出了结构的动态性特征；"自我调节"指的是结构转换是依据自我内部的、自足的规则完成心体的结构规律。换句话说，符号结构并非按照现实模式来建构，而是依赖自我感知到的内在自足的规律来建构的，与外界实际存在的对象现实没有关系。索绪尔的语言学就是建立在语言是一个完整的自足的系统论基础上的研究，但在维柯那里，符号的神性结构是人自己创造的，与我们所能体验的自然

图 2－2　［瑞］让·皮亚杰

图片来源：http：//http：//search. lycos. com。

---

①　"结构"连同"基础"、"根本"、"建构"、"上层建筑"等词汇本源于建筑学，后被广泛应用于哲学等领域。换言之，结构原指建筑物承重部分的构造，但在哲学，它指系统内各要素之间的相互联系、相互作用的方式。比如"人格结构"就是人格主义的用语，它专指人的精神活动之结构。人格主义并认为，精神活动的结构即人格的结构。"结构"也被运用于语言哲学中。比如语言学家索绪尔是结构主义方法论的先驱人物，他认为研究对象不应该停留在表层结构，而应深入到对象的深层结构。后结构主义代表人物德里达（Jacques Derrida, 1930－ ）认为，结构是没有中心的，也不固定，而由一系列的差别构成。后来，反对结构主义主张的固定结构，因而亦称解构主义。无论是结构主义，还是解构主义，他们都以"结构"为研究线索。"结构"不仅用于哲学、语言学，还用于心理学。比如"建构"就是瑞士皮亚杰用语，指人的认识过程中结构或图式的形成与演化的机制。（参见潘天波等《设计的立场》，中国社会科学出版社 2012 年版）

②　［英］特伦斯·霍克斯：《结构主义和符号学》，瞿铁鹏译，上海译文出版社 1987 年版，第 6 页。

界是关联的。特伦斯·霍克斯（Terence Hawkcs）指出："任何感觉者的感觉方式都可以表明是包含了一种固有的偏见，它极大地影响着感觉到的东西，对于个别的完全客观的感觉是不可能的。因此，观察者和被观察者对象之间的关系就显得至关重要。"① 索绪尔对语言学的革命性贡献就在于建立了语言是"关系的"视角，而否定主体"实体的"观点。

结构主义是一种对世界结构感知的思维方法，"它作为自维柯以来的现代思想家所日益关心的问题，是在探索的本质时一次重大的历史性转折的产物"②，结构主义者首要的思维原则——世界是由各种关系构成，而不是由事物本身构成。因为他们认为："任何实体或经验的完整意义除非它被结合到结构（它是其中组成部分）之中，否则便不能被人们感觉到。"比如索绪尔的观念，语言是各个单元的词语的集合物，每个单元存在于历时范围之中，语言展示的是一个清晰可辨的不易全部显露的结构，各个单元要素只有在它们相互关系之中才有"意义"。③ 因此，"结构主义的最终目标是永恒的结构：个人的行为、感觉和姿态都纳入其中，并由此得到它们最终的本质"。④ 可见，结构主义是在寻觅心体本身的结构，或者是把本身没有意义的要素结成我们需要的符号，"几乎没有什么领域比语言学和人类学更接近于心灵的'永恒结构'"。⑤ 在索绪尔那里，语言是自我界定与包容的，而且能够表达概念的一种符号系统，符号与符号之间的关系成为语言学研究的重点对象。

结构主义对心体语言的探索深入到语言的本源对象：内部语言符号。它是一个"不易全部显露的结构"，但它已经结合到特定心体结构之中，所以，它是能被感知、隐喻与想象的。那么，这样内在的语言符号又是怎样的形态存在呢？这个问题的复杂性使我们陷入思维与语言的关系问题的纠结之中，不过，苏联心理学家维果茨基在行为主义语言学那里得到某种启示，进而阐释自己的内部语言学的见解。

---

① ［英］特伦斯·霍克斯：《结构主义和符号学》，瞿铁鹏译，上海译文出版社1987年版，第8页。
② 同上。
③ 同上书，第9页。
④ 同上。
⑤ 同上。

第三节 维果茨基:"内部言语说"

中国早期刘勰在《文心雕龙》中就论及"言语"和"思维"之关系。《原道》曰:"心生而言立。"可见,刘勰对"言语"和"思维"关系的基本立场是:"心生"而后能"言立"。那么,"心生"又是如何操作的呢?

美国心理学家行为主义者约翰·华生(John B. Waston, 1878-1958)认为,思维就是内部无声的语言,并指出,言语是"大声的思维"。思维则是自己对自己说的"无声的谈话",并声称"我的学说主张大声语言中所习得的肌肉习惯也负责进行潜在的或内部的言语"。但苏联心理学家维果茨基(见图2-3)[①](Lev Vygotsky, 1896-1934)反对把这种思维和语言等同起来的机械论,并提出"内部言语"说。他认为,没有对内部言语的心理实质的正确理解,就没有也不能有在思维与言语关系的全部实际复杂性中分析这些关系的任何可能性。因此,他确定把"内部言语"作为思维符号,并确定为自己的研究方向。

图2-3 [苏联] 维果茨基

图片来源: http://search.lycos.com。

---

① 维果茨基(Lev Vygotsky, 1896-1934)与皮亚杰属同时期人物,苏联建国时期著名的心理学家。主要著述有《心理学危机的含义》(1926)、《行为历史的研究:猿、原始人、儿童》(1930)、《儿童期高级注意形式的发展》(1929)、《儿童心理发展问题》(1929—1934)、《心理学讲义》(1932)、《高级心理机能的发展》(1960)等。维果茨基主要研究儿童发展与教育心理,并侧重探讨思维和语言、儿童学习与发展等议题。由于维果茨基在心理学领域做出杰出贡献,他被人们一致誉为"心理学中的莫扎特"。

维果茨基意识到内部言语的存在，并看到内部言语的自我内化与自我生成、语法结构和词汇功能特点。他虽然把内部言语作为语言性思维机制加以研究，但没有看到内部语言系统的组织存在，不可能对内部语言作科学整体研究，其褊狭自然存在。

首先，内部语言有自己的文化生态与环境的选择。内部言语并不是以自我为中心发展起来的，它是一定的文化生态与环境的选择。内部语言的形成与外部文化生态密切相关、不可分离。

其次，维果茨基看到内部言语词汇丰富的表意性，其实是内部语言的意识性、意象性和意指性特征所致。当内部词汇具有意识性时，它的词汇语义才具有丰富性，否则它是沉睡的语词，更不具有表意性。因为内部词汇信息是外部生活词汇信息的采集与积累而成的，但采集到的词汇信息积累在大脑中的时候，如同我们把一新词汇收编在词典里一样，但词典里的新词只有在我们检索的时候，才出现在我们的眼前。也就是说，未被意识的内部词汇是不具备与"该词语相联系的情感内容"。

同时，"该词语相联系的情感内容"，其实是内部词汇的"意指性"的表现，意指性就是指内部词汇的指向性与关联性，它是对"该词语相联系的情感内容"的区分与选择。然后形成内部词汇的整体结构，而其存在形态是以"意象"形式出现的，意象是难以把握的意识语言的最基本单位，具有流变性、无限性和主观性。所以，内部言语具有"零语法"的特征。

再次，维果茨基内部言语的语言性思维还没有把它上升到内部语言高度来审视内部言语。他的学生鲁利亚却根据老师《思维与语言》一书的思路，创造性提出了"内部语言"说。他把语言的产生过程分为四个环节，即表述需要动机→表述意图确定（或称语义初迹）→内部言语活动（需要对初迹语义进行压缩和改码）→言语表述。从鲁利亚的语言的产生过程可以看出，他把"内部言语活动"视为"语义初迹"与"言语表述"的中间环节；同时看到，"内部言语活动"的形成前提是"需要动机"和"语义初迹"，即看到内部语言的生成条件。

复次，内部言语的"零语法"，并不是没有语法，只不过内部语言的语法规则具有强烈的不确定性。因为内部语言是一种空符号，是精神性的实体。正如20世纪心理分析学家把梦看作"拟语言"一样。他们认为，梦如语言一样有着自己的语法和结构，弗洛伊德[①]称"梦的语法"是"化装"过的语法，具有凝缩、移置、活化（将思想活化为视觉意象）和修饰的特点。他强调梦的语言学不是一般的语言学，而是一种无意识的语言学。其实，"无意识的语言学"就是内部语言学，弗氏隐约看到内部语言的存在，但选择研究的对象和途径却失去了科学性。

最后，内部言语，"它既是一种与思维直接联系的言语，也是从思维过渡到词和从词过渡到思维途中的一个中心环节"。这就是说，语言是思维（内部言语）的主要工具。

表面上看，语言是表达思维的。但追问起来，问题就不那么简单了，是先有思维，还是先有语言？语言与思维是否又是同时产生？大脑里留存的是思维，还是思维的语言形式？我们凭什么去语言？围绕这个问题牵涉一个关键性的问题：思维能否离开语言存在？早在古希腊时代，柏拉图说："我有一个想法：心灵在思想的时候，它无非是在内心说话，在提出和回答问题……我认为思想就是话语，判断就是说出来的陈说，只不过是在无声地对自己说，而不是大声地对别人话语而已。"[②] 按照柏拉图说法，意识或思维就是内部语言的存在，因此，思维和语言是不能彼此分开的。亚里士多德则认为："说话是心理经验的符号，而文字又是说话的符号。人类不会有相同的文字，也不会有相同的发音；但是这些文字和声音所代表的心理经验以及这些经验所反映的事物，对大家都是一致的。"[③] 这就是说，语言只是思维的符号，思维不是语言。所以，思维与语言问题历来还没有一致的看法。在今天，同样是哲学家们探讨的话语。在海德格尔看来，"存在"（存在，即"存在—意识"）是沿"语言"的方向前进的，在"语言"中获得自身的明晰性，从而"语言"成为"存在"的支配性

[①] 西格蒙德·弗洛伊德（Sigmund Freud，1856 – 1939），奥地利著名精神病医师与心理学家。1895 年，弗洛伊德正式提出"精神分析"范式，他是精神分析学派创始人。1899 年，弗洛伊德出版的《梦的解析》被认为是精神分析心理学正式形成的标志。弗洛伊德开创"潜意识"心理研究新领域，促进人格心理学与变态心理学的发展，并为 20 世纪西方人文学科发展提供了重要理论支撑。

[②] 转引自 Zeno Vendler, "Wordless Thoughts" in Wlliam C. McCormack et al. (eds.), Language and Thought: Anthropological Issues (The Hage: Mouton, 1997), p. 29; Plato: The Collected Dialogue (Hamilton, 1963), 189e – 190a。

[③] 转引自 Zeno Vendler, "Wordless Thoughts" in Wlliam C. McCormack et al. (eds.), Language and Thought: Anthropological Issues (The Hage: Mouton, 1997), p. 29; Aristole: The Basic Works of Aristotle (New York: Random House, 1968), p. 40。

权利。"当人思索存在时,存在就进入语言"。存在着,同时就是思索着,体验着或阐释着。因为他认为在原初意义上("逻各斯"即"言谈"的意思),"语言"就不是简单或低级的表达工具,而是"存在"的呈现途径。

不可否认,维果茨基的《思维与语言》(Thought and Language)具有开创性贡献。他"反对把思维和语言等同起来的观点,也反对把两者割裂开来的观点。……如果用一个圆圈代表思维,第二个圆圈代表语言,两个圆圈交叉重叠的地方就是言语思维,言语思维是理解思维和语言之间的关键"。① 那么,这种言语思维如何产生?维果茨基找到了一个研究立足点:词义。在他看来,心理活动是一个复杂的整体,这个整体可以分解为基本的单位,这个基本单位应该具有整体所固有的一切基本特性,这个基本单位就是词义。词义包含了言语思维的基本属性,当思维和语言两个环连接在一起时。当事物具有了意义时,思维和语言就来到一起,产生了言语思维或词义。维果茨基在找到分析言语思维的基本单位后,提出"内化说"来说明心理言语的建构机制,他将集体活动向个体成果的迁移称为"内化",通过内化首次实现新的心理机能或心理结构的形成。因此,维果茨基的内化说体现了心理言语建构的特征:不是在一个已有的内部平台上机械模仿外部现实的过程,而是主动的心理转化。内化的具体机制是对外部符号的掌握。这种内化式的言语建构涉及建构的介质和源泉问题,所以,维果茨基认为,活动是心理建构的社会源泉,符号系统在内化过程中扮演了重要角色。

维果茨基内部言语的语言性思维和他的学生鲁利亚内部语言理论的提出,给我们一个重要启示:心体符号的解决最终要依赖思维与语言的结合。问题的关键在于,我们必须寻找到外部语言符号与内部语言符号之间的中介。

维柯曾把人类语言发展分为相互联系的阶段,第一阶段是无声的象形符号,第二阶段是声义皆备的意象性语言,第三阶段是逻辑抽象性的现代语言。② 现在要追问的是"无声的象形符号"之前是什么符号?行为主义者华生认为"这种假设在我们看来似乎像大声说话、低声耳语、内部言

---

① 麻彦坤:《维果茨基与现代西方心理学》,黑龙江人民出版社2005年版,第36页。
② 关于"维柯曾把人类语言的发展分为相互联系的阶段",详见余松《语言的狂欢》,云南人民出版社2000年版,第42页。

语这一顺序那样,从演变发展的观点来看是没有事实依据的"。① 维果茨基把言语发展过程分为四个阶段,第一阶段是原始或自然阶段,它是与人类前智力水平一致的言语;第二阶段是幼稚的心理阶段,即是一种物理性经验言语;第三阶段是外部符号阶段,是以自我为中心的言语;第四阶段是内部生长阶段,是内部无声言语阶段。② 所以,在维果茨基看来,"自我为中心的言语"不仅是内部言语的早期形式,还是联结外部言语与内部言语的中间环节。那么,这种"自我为中心的言语"又是什么呢?自我为中心的言语是皮亚杰的儿童语言和思维理论,"他把自我中心主义描述成在遗传上、结构上和功能上处于我向思维和定向思维之间的中间位置"。③ 因此,自我为中心的言语是介于个体性的、自然的"我向思维"和社会性的、有意识的"定向思维"之间的"主要参与者"。维果茨基的言语生发阶段论是从他的"文化—历史学术"观进行阐释,其不足显而易见。但他道出了一个事实,内部言语的生长有赖于"自然的"、"自我的"、"外部符号的"不断内化。

那么,这种"自然的"、"自我的"、"外部符号的"东西最终留存在大脑的"实在"是什么呢?维果茨基把它称为言语思维或词义。从审美的角度来看,这种"词义"就是"意象",意象就是内部审美言语的基本单位或基本材料。但意象的形成是表象、情象和境象的参与和演变的结果,他们之间的前后生成逻辑关系是:睹物思人,因景生情→因情成幻,幻游成境→境蕴娱情,无限创意→外化写意,创生形象。具体地说,主体在眼前的对象的感知下,在大脑中生发表象,它具有不确定性和模糊性。在自己情趣的指引驱动中,模糊而不确定的表象进而形成简单情象。简单情象结构形成后,主体进入感兴奋发状态,在心理力作用下,不断形成境象场,境象场的形成,主体因境蕴情,意识言语系统达到完备。主体言语意识思维推想表现或创造美意象一触即发,而外化在作品中,艺术形象符号就诞生了。表象、情象、境象、意象、形象的形成大致顺序是这样的,但前后关系也不是绝对的,可以是同时并进的。但他们生发的逻辑递增图式大致是:发轫于表象→演进于情象→拓展于境象→提高于意象→完成于形

---

① [苏联] 列夫·谢苗诺维奇·维果茨基:《思维与语言》,李维译,浙江教育出版社1999年版,第50页。
② 同上书,第13页。
③ 同上书,第12页。

象。所以，从发生上说，心体符号有自己的建构过程，一是酝酿期，它是生活语言的丰富积累，酝酿定象的时期；二是构思期，它是将活动经验逐渐提升，形成心体符号模型阶段；三是孕育期，它是心体符号的运动、整合、初步定型时期；四是建构期，它是不断地观审、感悟、反思、建构，心体符号开始定性阶段；五是熔铸期，它是不断建构、熔铸，心体符号定型阶段；六是创造期，它是心体符号外化、传达或消灭的阶段。

无论是维果茨基内部言语说，还是历史上语言的问题。问题的难解性在于言语和言语思维的关系，或者说是语言和思维的关系的难解性问题。其难解性表现在以下方面：

首先，言语和言语思维的先后关系具有不确定性。当被意识时的言语思维，它与言语的语言就能获得同步性的存在，否则作为意识留存的言语思维总是沉睡的，只是言语的材料。从这个意义上讲，思维是先于语言的。大脑如同一张"白纸"，心理活动如同在这张"白纸"上书写一样，经验就是书写在它上面的语言文字，心理活动有多丰富，这本书的内容就有多丰富。但尽管这本书有多丰富，不被读者阅读，它只是图书馆里的一堆纸。从另一种意义上说，被意识符号化的言语思维，当再一次被意识到时，语言又先于思维的存在，此时，我们能说，语言是思维的一种工具，而当言说或审美构思时，思维又反过来成为言语的工具。当被意识到的时候言语思维与言语获得了同步性存在，但言语与言语符号化是两回事，因为能言语的思维不一定能符号化，也就是说，言语思维与语言并非在言语层面上获得同步性。

其次，言语和言语思维的存在形态具有不对称性。"言不逮义"、"词不达意"、"言有尽，意无穷"等是言语与言语思维不对称性的典型表现。言语的目的是朝向言语思维的最完整的传达，但言语思维不是以静止的形态出现，而是一个发展的变态。言语的完备性追求在言语思维的非完备性扩张中总是处于逆势地位。同时，言语是一种敞开与遮蔽并举的活动。言语在敞开言语思维的同时，已经预示着言语思维的遮蔽。因为，言语只是言语思维的部分词义的传达，言语思维的大部分词义已流失。

最后，言语和言语思维的存在与获得方式具有差异性。言语的最小单位是语素，而言语思维的最小单位是意象。"语素"与"意象"在存在方式上的差异性是明显的，前者追求确定性，后者是在不确定中确定。言语本身具有"想起"性，而不具有"记忆"性。因为，言语思维短路是经常的，即"忘却"。"记忆"只是丰富言语思维的经验方式，言语总是在压缩、抽象和排挤已有的言语思维；而审美言语与审美言语思维都是趋向抽象化。因此，其差异性要比言语和言语思维的存在与获得方式具有差异性要小得多，其获得方式是"灵感"，具有"想起"性。

维果茨基内部言语说在心体符号研究中具有开创性意义。他不仅看到了内部言语的存在，还看到了内部言语的自我生成、语法结构和词汇功能的特点，对于我们研究心体符号及其表达具有积极的启发与借鉴作用，尤其是维果茨基的内在语言是通过外在环境的不断内化而形成的理论在卡西尔那里得到进一步升华。

第四节 卡西尔：符号与文化

"外师造化，中得心源。"唐代画家张璪提出的"外师造化"艺术创作理论是中国美学史上的代表性观点，其中"造化"即外在现实自然，"心源"指内在自然或心体感悟。实际上，"心源"乃是艺术家内在文化经验的心体。在艺术符号学维度上，艺术符号就是人的文化行为的产物。

西方的结构主义语言学（以索绪尔为代表）、逻辑学（以皮尔斯为代表）与文化哲学美学（以卡西尔为代表）是现代符号学研究的三大知识源头。其中，德国哲学家 E. 卡西尔（Ernst Canirer，1874 – 1945）是文化符号论哲学思想的发轫者，他在《符号形式哲学》（1923—1929）、《语言与神话》（1925）、《人伦——人类文化哲学导论》（1944）等著作中提出符号论美学思想。

卡西尔的文化哲学论大厦是以符号论为中心建构的，它的起点是"人"，终点是"文化"。因为，在卡西尔看来，人与动物的区别不是别的，而是符号活动。"人不再生活在一个单纯的物理宇宙之中，而是生活在一个符号宇宙之中"。[1] 也就是说，人是符号的动物，具有创造符号的能力。符号宇宙就是人的文化宇宙，人类通过创造语言、艺术、宗教等，才建构了符号宇宙。

---

[1] ［德］卡西尔：《人伦》，甘阳译，上海译文出版社1985年版，第34页。

图 2-4 [德] E. 卡西尔

图片来源：http://search.lycos.com。

卡西尔把语言、艺术、宗教、神话、历史、科学等文化形式皆视为符号行为的成果形式，它们不过是人的"生命形式"在各个侧面的展开罢了。卡西尔把"艺术可以被定义为一种符号语言"①，并且认为语言符号与艺术符号不同，前者是概念的，而后者是直觉的。抑或说，艺术符号具有直观的感性形式，或者说，艺术是直观活动的客观化。更进一步地说，艺术就是艺术家内在生命的具体化。卡西尔在《人伦》中这样说道："（艺术）描述的不是事物的物理属性和效果，而是事物的纯粹形象化的形态与结构"。② 这种"纯粹形象化的形态与结构"，就是符号语言。如果我们不理解这种符号，那么，我就无法理解艺术的形状、色彩、空间形式及其具有内在生命。总之，在卡西尔看来，艺术就是符号建构的行为。

卡西尔的文化哲学符号论思想对于艺术、设计等研究具有开创性导引作用，对苏珊·K. 朗格（Susanne K. Langer，1895-1982）的启发最大。朗格的艺术符号论思想至今还具有指导意义，特别是她把符号区分为语言符号与情感符号，后者被称为一种"表现符号体系"，以区别于前者的"逻辑符号体系"，这对符号美学的"内在生命"形式——心体符号研究——具有开拓性贡献。

---

① [德] 卡西尔：《语言与神话》，于晓等译，生活·读书·新知三联书店1988年版，第213页。

② [德] 卡西尔：《人伦》，甘阳译，上海译文出版社1985年版，第34页。

第五节 勒温:"现实的为有影响的"

中国北宋时代张载开始对"意识"进行具体化研究,他认为"心"有两种,即"知象者心"与"存象者心"。前者之"心"指"心意",它是用来反映客观影响之物象的,后者之"心"指"心器",它是用于储存现实感觉物象的。换言之,具有客观影响的物象能储存于心器之上。

图 2-5　[德]库尔特·勒温

图片来源:http://search.lycos.com。

在西方,卡西尔的文化哲学理论在格式塔学派那里呈现另一种风格:"现实的为有影响的"。库尔特·勒温(K. Lewin,1890-1974)是格式塔派重要成员。高觉敷认为:"格式塔心理学自1912年成立以来,一向偏重于知觉的研究,批评家常以格式塔的原则未能应用于情意心理学为憾。勒温及其弟子的研究便填补了这个缺憾。"[1]

由于人类的意识范围日趋扩大,所以,包举所有心理学研究对象成为不可能,另外,心理学与物理学等其他学科的概念容易混淆。为此,勒温

---

[1] [德]库尔特·勒温:《拓扑心理学原理》,高觉敷译,商务印书馆2005年版,第12页。

首先界定了心理学生活空间的内容与外延。他认为，"现实的为有影响的"是心理生活空间存在的标准，即"认为整个情境为对于有关个体所发生影响之物的全体。"① 依据这个心理"动力意义"标准，勒温将心理空间划分为三大"心理生物的组织"空间：

一是"准物理的事实"空间。勒温认为，陈述心理空间，"这不是说，我们须将物理学所称的整个物理宇宙及其'客观'的特点包举于心理生活的空间之内"，而是"要包举这些事实也仅以对于个体的当时状态发生影响为限"。② "个体的当时状态"，即"当时的心理情景"。在勒温看来，"所谓心理的情景可以指一般生活的情景，也可以指较特殊的当时的情景。……生活的情境和当时的情境密切相关。"③ 勒温的"准物理的事实"观，区分了"客观的"与"物理的"、"逻辑普遍的"与"大家看起来一样的"的相异性，为防止心理学概念混乱做了理论假定。

二是"准社会的事实"空间。勒温认为，"社会学所称的客观的社会事实"，并认为"陈述一种生活空间所需处理的社会心理的事实也有一种类似于物理学所称的物理的事实和准物理的事实之间的区别"。④ 或者说，"在陈述心理的情境时所应包举的社会的事实，和物理的事实相同，也仅以其对于有关之人发生的影响者为准"。⑤ 为此，勒温规定心理学研究的是"准社会的事实"，而不是"社会的事实"。当然，纯社会的事实和准社会的事实之间的关系也在研究之列。

三是"准概念的事实"空间。勒温认为，"准概念的事实"也是心理空间中必不可少的要素。因为，我们在遇到解决一个概念问题时，我们的思维主要在概念体系中遵循确定的结构。然而，心理疆域与对象的客观结构并非完全对应，因为心理的疆域与对象的结构相比常较欠完备。因此，"实际的事件"就不是对象体系的本身，而是"个人的心理疆域的当时结构"。⑥ 这样，"准概念的事实"就诞生了，也是必然的。

"现实的为有影响的"阐明了心理学形相与现实、现象的事实（心理

---

① ［德］库尔特·勒温：《拓扑心理学原理》，高觉敷译，商务印书馆2005年版，第12页。
② 同上书，第26页。
③ 同上书，第24—25页。
④ 同上书，第27页。
⑤ 同上书，第28页。
⑥ 同上。

学）与物理学、"生活的情境"与"当时的情境"之间的区别。比如，心理学向量概念和物理学向量概念就不能混为一谈。因此，心理学研究的事实是以特定环境下的情境对于特定个体有影响者为基准。对于个体有影响的为"实在"在符号心理学研究中的影响十分深远，或者说勒温的拓扑心理学原理在以后的符号学研究中被广泛采纳，如法国 A. J. 格雷马斯的《符号学与社会科学》①中"构筑符号学对象"之"关于拓扑符号学"与勒温思想不无关系。

至此，从维柯提出了"真实—事实"理论开始，到结构主义的内在心体结构说，进而维果茨基提出"内部言语说"，再到卡西尔的文化哲学符号论与勒温的"现实的为有影响的"，我们发现，心体的真实是实在的、结构的、潜在的、文化的、现实的，总之，符号是一种内在生命的心体真实。②

第六节　福西永：形式的生命

古人云："心体光明，暗室中有青天。"③这里的"心体"就是生命

---

① 参见［法］A. J. 格雷马斯《符号学与社会科学》，徐伟民译，百花文艺出版社2009年版。

② 比如作为艺术符号，这种"心体"的真实就是指"审美意识"。李健夫先生在《现代美学原理：科学主体论美学体系》中指出："美"是用于主体对于对象审美过程中的外射符号，它可以表现主体在审美过程中的感受和对于对象的主观评价。只能问"美"在一定条件下，对一定主体来说指的是什么心情感受，而不能问美是什么或美的本质是什么，不能笼统地对"美"作定性判断。对"艺术"这个词所指的对象来说，狭义上似乎可以指出艺术有哪些；广而言之，一切人工创造的物件多少都有点艺术。特别是随着人对自然审美的展开，一些非人工的事物也可以看出艺术的效用，如石林、桂林山水、黄山、张家界的奇峰异石。这一来"艺术"二字就成为这样的符号：凡是人们觉得可以欣赏的东西，就是可以称为艺术的东西。这样，艺术就主要不是依附对象的，而主要是依附心理过程的。感觉到艺术，是因为获得了审美享受。于是艺术的含义就与审美感受沟通甚至接近了，也与"美"接近了。可见，美，审美感受、审美想象（神游）、审美理想、艺术，都是指携有巨量知识、经验和智能的心灵的创造，首先是这种心灵内部的创造。这些心理现象都是作为一种心理过程、意识组织系统的运行而在心理上展开的。美指的是什么？审美感受（包括美感、丑感、崇高感等）指什么？艺术指什么？只能说，它们指的是人的一种精神现象，而且是一种社会心理的现象；是一种系统运行的心理过程，具体说，就是象、感、情、理、意、欲、理想等心理要素协同作用，在心理上组织成一个不断交流运动的系统——审美意识系统的运行过程。对于这个过程，只能作具体的分析描述，而不能作抽象的提炼、概括和高度思辨的论述。（参见李健夫《现代美学原理：科学主体论美学体系》，中国社会科学出版社2002年版，第21页）

③ 宋长河主编：《菜根谭大全集》，外文出版社2012年版，第88页。

的能量体,它是指一种具有生命的、良心的心性之体。在阳明理学看来,"心之本体即是性,性即是理"。在符号学看来,心之本体即符号形式的生命。

亨利·福西永(Henri Focillon, 1881—1943),是法国20世纪最伟大的美术史家,《形式的生命》(1934)是他的代表作。另外,他还对东方艺术颇有研究,如出版《葛饰北斋》(1914)、《佛教艺术》(1921)等。福西永并没有直接论述符号,但其"形式的生命"对于符号研究有直接的启示作用。

图2-6　[法]亨利·福西永

图片来源:http://www.biografiasyvidas.com。

按照索绪尔理解,语言的能指的是形式的,那么,福西永在《形式的生命》中反复论证的一条"形式原理"是:"符号负载着普遍的意蕴,但它在获得了形式之后,便努力要负载着属于自己的意蕴。它创造着自己的新含义,它寻求着自己的新内容,然后脱去人所熟悉的语言模型,赋予内容以新鲜的联想。一方面是对语言纯粹性理想的坚守,另一方面是故意制造不精确的、不恰当的语言,这两方面进行的斗争,是这条原理发展中一段重要的插曲。"① 这条原理至少包含以下信息:

---

① [法]福西永:《形式的生命》,陈平译,北京大学出版社2011年版,第44页。

（1）符号是形式的实在。符号是形式的在场。① 符号不仅具有生命性，还是显露真理可靠性的标志物。因为它"负载着普遍的意蕴"。符号一旦"获得了形式之后，便努力要负载着属于自己的意蕴"。可见，艺术家是创造形式生命的人，形式的生命是"自己的"或"独特的"。

（2）符号的意义是符号自己创造的，或者说，符号的结构创立了自身的意义。"它创造着自己的新含义，它寻求着自己的新内容，然后脱去人所熟悉的语言模型，赋予内容以新鲜的联想。"在福西永看来，"形式的生命赋予了所谓'心理景观'以明确的轮廓，没有这样心理景观，环境的本质特征对于所有分享它的人来说就是晦暗不明的，难以捉摸的。"② 也就是说，形式（符号）的含义创造自己的含义，具有现象学意义的本质——形式自己赋予自己的生命。

（3）"联想"是获得新的现实语言模式的途径。在"形式在获得物质形态之前，只是一个心灵的视象"。③ 这种"联想"的符号职能是"一方面是对语言纯粹性的理想的坚守；另一方面是故意制造不精确的、不恰当的语言。这两方面进行的斗争"，"斗争"的获胜者就是对符号"语言纯粹性之理想"的"流放"。

（4）符号是心体领域的潜在形式。符号是潜在的，因为具有生命的"形式遵循着它们之间的规则——即内在于形式本身的规则，更确切地说是内在于它们身处其中的，并以它们为中心的精神领域的规则"。④

（5）符号"形式绝不是内容随手拿来套上的外衣"。⑤ 符号形式不是内容的简单相加，形式的价值将取决于形式本身生命的价值。比如其文化性。"当一个符号获得了显著的形式价值时，形式价值则反作用于符号本身，其力量之大，以至于它要么将含义耗尽，要么脱离常规趋向一种全新的生命。"⑥

---

① "在场"，即意义的场域。在场与不在场是符号叙事可靠性的标志物。无论是符号语言，还是图像符号，它们都是显露真理可靠性的要素。图像符号是"在场"的"皮相之见"，被言说的"语言"是穿透"皮相"的心体符号。"皮相之见"虽然具有符号的可见性、真实性，但是不具有穿透力的语言之关系性与整体性。总之，"语言"符号才是心体的真实。问题的复杂性就在于"心体的真实"必须借助"符号"来传达与表现。
② [法] 福西永：《形式的生命》，陈平译，北京大学出版社2011年版，第63页。
③ 同上书，第93页。
④ 同上书，第55页。
⑤ 同上书，第39页。
⑥ 同上。

可见，福西永的"形式的生命"论，为维柯、维果茨基、卡西尔等"符号学"理论过渡到艺术符号学提供了实践的合法性与真实性。特别是他认为，符号形式"它创造着自己的新含义"，"形式的生命赋予了所谓'心理景观'"，前形式只是个"心灵的视象"以及形式的"精神领域的规则"等响亮的理念，对于心体符号研究具有开拓性指导价值。

现在的问题是：我们清晰了"心理景观"或"心体视象"是我们对外部世界的体验的"景观"与"视象"，明白了符号作为客体体验对象与现实对象是有区分的之后，我们必须弄清楚传统符号学与现代符号学研究的界限[①]是什么？或者说，后现代符号学与现代符号学之间存在何种关联？这个问题是理解后现代符号学的关键，不过在这个问题上，约翰·迪利是具有智慧的。

第七节　迪利：外部世界的准谬误

熊十力（1885—1968）云："心体即性体之异名。以其为宇宙万有之源，则说为性体。以其主乎吾身，则说为心体。"[②] 换言之，对于吾身，心体乃是生命的本体，精神的源头。对于符号，"心体"就是符号生命的本体，或意识的心象，或思想的源头。在当代学者约翰·迪利（J. Deely）看来，心体符号与"外部世界的准谬误"有某种必然的关联性。

约翰·迪利现为美国圣托马斯大学阿奎那研究中心（休斯敦）哲学教授，著有《理解的四个时期》、《人类理解缘何不同》、《符号学对哲学的冲击》等。其中《符号学对哲学的冲击》主要阐释"后现代性"及其符号学的一些重要内容。比如"符号学如何将传统恢复为哲学"、"外部世界的准谬误"等。这些问题关涉"后现代"一词的本质：后现代哲学

[①] "界限"是艺术学的核心范畴。"界限"不仅是一个学科自足的必要条件，还是分析问题的标尺。符号（图像）有可见的物理界限与不可见的隐喻界限之分。在符号的"皮相"与"内核"之间有一个"界"，解读符号就是跨越"界限"的行为过程。"界限说"成就了思想史、文化史、批评史等。守住"界限"，就守住"理念"。人类史上，各国为了清晰地理界限，而不惜诉诸战争；美学史上，莱辛诉诸笔伐，专论诗与绘画的界限；学术史上，为划清思想界限，思想家们热衷于流派之争。对"界限"的敬畏与倚重，是历史上任何一个艺术理论家必需的。

[②] 熊十力：《新唯识论》（语体文本）；参见熊十力《熊十力全集》第三卷，湖北教育出版社2001年版，第173页。

以阐释"外部世界的准谬误",并"将传统恢复为哲学"为己任,而现代(既往的)哲学的任务是以"探索外部世界"为核心。

迪利在《符号学对哲学的冲击》(*The Impact on Phiosophy of Semiotics*)中指出:"外部世界是人一物种所持有的再现。'准谬误'来自习以为常地将客体简单地误认为事物,导致外部现实与更为根本的真实存在这个概念发生混淆(这在哲学范畴中已经成为惯例),而真实存在既不等同于外部世界,也不是人这一物种所特有的知识的起点,它只不过是客观性范畴中所经验的一个可辨的维度。外部世界并不像现代人所想象的那样存在于思维和语言之下或之上,确切地说,它是在客观经验中被给予的。"① 在此,迪利发现了一个维柯式的"真实—事实"原则。在他看来,"真实存在既不等同于外部世界,也不是人这一物种所特有的知识的起点,它只不过是客观性范畴中所经验的一个可辨的维度。"也就是说,符号真实所指只是"客观性范畴中所经验的"事物。如果我们简单地把客体误认为事物,那么"外部世界的准谬误"就诞生了,这也是后现代哲学要阐释的任务与使命。

那么,什么是"客观"与"事物"呢?区分"客观"与"事物"对于研究符号真实性具有重大的思维方法论意义。迪利认为:"客体与事物之间的区别,其中客体我用来指某种作为已经存在的东西,某种存在于我的意识之中的东西,事物我则用来指某种无论是否对其有意识它都存在的东西。"② 这实际上是沿着"自然的推论"与"约定俗成"两种思维的进一步发挥,他的理论进步性在于回避了"二元论"符号思维。对于迪利而言,什么是"符号"呢?迪利在"什么是符号"之"对话录"中明确指出,"符号学是关于符号行为、符号和符号体系的研究。"③ 他极力反对符号学是研究"符号活动"(皮尔斯的说法)的说法。因为,"符号是每个客体所预先假设的东西。"④ 符号活动在"真实"与"事实"(外部世界)之间容易发生混淆;同时,我们习以为常的"准谬误"原因在于把"人这一物种所特有的知识的起点"作为活动的前提。

---

① [美] 约翰·迪利:《符号学对哲学的冲击》,周劲松译,四川出版集团·四川教育出版社2011年版,第106页。
② 同上书,第119页。
③ 同上书,第111页。
④ 同上书,第112页。

迪利认为，目前的符号学只是根据前人（如柏拉图的符号学思想）思想作一些"诱导性深入"，提出符号学的主要任务是"在现实和虚构之间进行协调"。① 同时，迪利在《什么是符号》"对话"中传达出"经验范畴之中由客体构成的现实，对于动物而言，都是真实存在和理性存在的混合物，而这种含混只有通过称为语言的这种物种专有的世界塑形体系才能敞亮于人类这种动物的经验之中"。② 实际上，迪利为后现代社会关于人是"符号动物"提供一种"假想"。或者说，他为后现代"符号学如何将传统恢复为哲学"提供一种理论依据。

约翰·迪利的符号理论，直接启示我们：符号的"真实"与"事实"的界限，已经不仅是一个符号学的问题，还是一个哲学的问题，更是一个哲学的社会性或时代担当问题——阐释外部世界的"准谬误"，将传统恢复为哲学。

---

① ［美］约翰·迪利：《符号学对哲学的冲击》，周劲松译，四川出版集团·四川教育出版社2011年版，第113页。
② 同上书，第138页。

第三章 符号心体操作

20世纪哲学的语言学转向说明语言是哲学的，但归根结底是美学的。因为从美学角度看，语言必然是它的审美对象之一，尤其是心体符号，它必然运行于艺术活动之中。因此，对心体符号的分析不仅是一般心理学上的思考，也不仅是语言哲学上的思考，还应当是美学层面上的阐释。研究人们的审美心理活动、审美创造活动与审美欣赏活动，关键在于弄清楚心体符号的发生、建构及其生成规律。这些问题一旦清晰，以心体符号为核心的外化名类，比如艺术语言（如标志）、文学语言（如诗歌）、建筑语言（如形式）等一切符号语言皆会迎刃而解。

第一节 结构特征

心体语言，或意识语言[①]，既不是沉睡的经验，也不是一般的意识形态，是存在于心理世界的一种独特的内部语言形态。心体语言形态有自己独特的内涵，它首先表现为一种"准语言"形态。"准语言"形态是一种"前语言"[②] 结构，"前语言"是语言的胚胎。同时，心理表现是语言表现前的表现，抑或是艺术语言表现的前提。

艺术语言的传达离不开艺术言语思维，而艺术言语思维的存在形态是什么呢？它无疑就是心体符号或心体语言。心体符号就是艺术家"想要说的话"。但是，心体符号并不会如文本语言那样具有稳定的存在形态，

[①] 比如，在艺术审美领域，这里的"意识语言"，即审美意识语言，是一种艺术心体符号。参见李健夫《现代美学原理：科学主体论美学体系》，中国社会科学出版社2002年版，第94—96页。

[②] "前语言"之"前"有三种含义：在时间上，"前"与"后"相对；在空间上，"前"指的是"内"部；在形态上，"前"指的是"准"形态。

而是在一定的审美心境或审美语境到来时，它才会在内心涌动，才成为艺术家"想要说的话"。传统语言哲学停留于语言和思维的关系研究难以得出明确结论，因为语言和思维有时是同时存在的。思维的"意义"是不断扩散的、流动的和漂移的，它只能是在一定组合关系上的"意义"，所以语言"承载"它的"意义"是有限的。从有限性上来说，语言是意义的载体，这个"意义"的实体就是"艺术语言前的语言"，这种语言具有扩散性、流动性和漂移性的特点。心体语言不是固定在内心意识里，而是在审美心境或语境的催促下成为艺术家"临产的胎儿"。它就是前语言，即内部符号语言。符号是对事物命名的工具，命名的作用在于指称对象、归纳与分类，因为差异构成了世界的多样性。所以，内部言语思维的符号化是对对象世界的适应和区分。心体符号也必然作为一种内符号存在于意识思维中，并且要适应多样化的世界，它区别于宗教意识语言、伦理意识语言、哲学意识语言等其他语言的存在。就艺术而言，心体符号系统根植于艺术审美意识和生活审美意识的理解和超越，并形成于艺术审美意识和生活审美意识的碰撞和交融，从而产生内心稳固的心体符号形态。

心体符号形态在内心就是一种内心能量结构体，它是艺术家在生活审美意识中积累的结果。艺术家生活审美意识经过"量"的积累达到一定临界点时，就会发生"质"的转变，这个"临界点"就是质的心理高峰线。新"质"的生成就是审美意识"体"构的开始，"体构"是在审美理解强化基础上形成的，最终在内心形成强大的意识语言系统，该系统是具有强大的表现欲的内能量结构体。因此，心体符号是一个"量—质—体"的结构。"量"的质料可分为一般生活质料和艺术质料。前者直接来自生活经验，后者间接来自社会历史文化。但是，有了"量"不等于就有了审美意识。"质"是对"量"的定性与定质，它主要通过心理力的优化、重组、模构和配置，从而达到对"量"、"质"、"体"的统一的整体建构，即意味着审美意识系统形成，它就是具有一定内能量的自觉化的心体符号。所以，心体符号是一种内心能量结构体，或是一切语言表现的内在依据，也是艺术家"想要说的话"。

审美意识在内心强化后，当审美主体对其反思时，这种内心的言语思维就会形成一种表达前的心理紧张态，达到一种亟欲表现的需求。对审美意识的反思，其实是一种自觉化的内心体验，自觉化也是艺术家表现与传达内心语言的动力保证。语言的秘密在于：一方面"言"对"意"具有关联性；另一方面"言"对"意"又是脱离的。因为一旦传达经过反思的审美意识，就意味着其"意"的自然流失。为此，"立象以尽意"就成为人们寻求审美意识完满传达的一种出路。

心体符号具有意识性，这是它最重要的特征。作为意识留存在大脑里的语言又是怎样产生的呢？这要回到意识产生上去，当思维着的大脑与实在世界发生关系的时候，我们必然活动在观察、感悟、理解、分析、追问、解释与建构的状态下，主体一旦停止这种体验时，就会反思经历过的经验，此时的生存经验的再现形态就是意识到的经验，即生活意识。当生活经验态的意识不断地积累与稳固，强大的审美意识系统就会在大脑形成。当审美活动发生时，在审美心理状态下就形成审美意识系统的组织。这样，心体符号就因此而诞生。换言之，一个心体符号就是一个组织系统单元。

心体符号也是一种意象性存在。审美意象是心体符号的基本单位，具有流变性、无限性和主体性。心体符号的流变性、无限性和主体性又何以与完全实在对象的明确性、有限性和客观性取得一致呢？其实，意象的流变性、无限性和主观性是同时存在的，你当下的审美意识对你是理解的，而对于他人可能是不可见的。心体符号的意象性存在的主观性只能与你当下的实在对象取得一致，而你当下的对象在他人那里又可能表现为不同于你的意象。就连同一对象在同一主体那里，在不同的时空里的表现也是不同的。意象的流变性融入主体性之中，无限性是流变性的另一表现。艺术作品符号语言的丰富性、张力性和典型性正是心体符号的意象性存在的外化表现。

心体符号的第三个品性是它的意指性。心体符号的意指性是指它的审美指向与审美关联。指向什么？关联何物？这关涉心体语言的表现性问题。这种表现性问题关涉意识是怎样表现外物的问题。审美事件发生之前，至少有一种审美欲望和期待，在这种审美信念支配下，审美欣赏的心理状态开始突破日常态，进而转入审美心理状态。可见，审美欣赏是一种具有意指性的活动，而且是具有内容指向的心理状态；这种内容是欣赏主体对于对象的选择性满足决定的，当对象满足了主体的潜能所涉及或关联到的内容的时候，思维就开始外化表现了。

心体符号的意识性、意象性与意指性是艺术创作的核心基础。一个没有意识性、意象性与意指性的艺术创作是危险的。反之，心体符号则能构建优秀的作品。比如莎士比亚《十四行诗·二十四》：

> 我的眼睛扮演了画师，把你的
> 美丽的形象刻画在我的心版上，
> 围在四周的画框是我的躯体，
> 也是透视法，高明画师的专长。
> 你必须透过画师去看他的绝技，
> 找你的真像被画在什么地方，
> 那画像永远挂在我胸膛的店里，
> 店就由你的眼睛作两扇明窗。
> 看眼睛跟眼睛相帮了多大的忙：
> 我的眼睛画下了你的形体，
> 你的眼睛给我的胸膛开了窗，
> 太阳也爱探头到窗口来看你；
> 我眼睛还缺乏画骨传神的本领，
> 只会见什么画什么，不了解心灵。①

在这首诗中，创作的意识性在于："刻画在我的心版"的"你的美丽的形象"。这种形象在哪里呢？在诗人的"心版"或"胸膛"。所谓"心版"，也就是"心体"，第十二行的"你"意指心体的"肖像画"。作者着力刻画的"你"的意象（肖像画），即"心体符号"。

心体符号的意识性、意象性与意指性作为心理现象的存在就像物质性存在那样。意识性保证内部语言的信念与意向，意象形成了内部语言的词汇，意指性是外化内部语言信念的关键。具体地说，内部意识在审美经验的"反思"中孕育了审美信念，内部语言有了审美信念必然有意指对象的愿望，内部语言一旦丧失审美信念就会丧失审美意向，审美对象也就消失了，审美对象的消失意味审美主体的消失。当意识系统稳固后，意象为审美经验提供基本单位词汇。一个简单意象就是一个基本单位词汇，一个基本词汇就是一个简单情象结构。心体符号的意象已经不是一个简单情象结构，而是一个系统的多元情象结构。这些系统的多元情象结构被审美意

---

① ［英］莎士比亚：《十四行诗集》，屠岸译，上海译文出版社1981年版，第24页。

向联络在一起，成了一个具有一定内容的有序的真实心理形态：心体符号或心体语言。

第二节 发生动力

心理上的意识形态是一种心体符号。"意识语言"是一种"内语言"，抑或言语前的语言。因此，不顾从思维到言语的这一前提环节，在讨论语言和思维关系中寻找语言发生是徒劳的。对心体语言发生机理的阐释必然要分析从思维的诞生到言语的行为之间到底发生何种关联性"事件"？或者说，又是何种心理动力驱使心体符号的诞生？

言语行为问题的复杂性在于从"活动"到"言语"这一过程中还要经历"言语需要"、"言语思维"和"意识语言"三个连续性"关联"环节。人类正是在活动中诞生需要，诸如言语需要、安全需要、审美需要等。不同的需要又产生了不同的思维方式，如言语思维、逻辑思维、形象思维等。其中言语需要是产生言语思维的关键，人类就在这言语思维中积淀意识语言，意识语言为言语提供完整的信息流（见图3-1）。

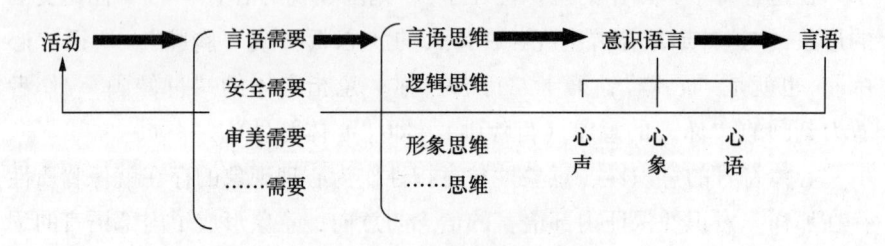

活动 → 言语需要 → 言语思维 → 意识语言 → 言语
　　　 安全需要　　 逻辑思维
　　　 审美需要　　 形象思维　　心　心　心
　　　 ……需要　　 ……思维　　声　象　语

图3-1 言语生成图示

"言语需要"是"生活意识"的产物，而"生活意识"是活动的结果，活动是不自觉经验积累的唯一源泉。人类大脑在活动中不断进化，进而能对积累的经验做回忆与思考，即"反思"。"反思"是对活动自觉地"回味"，人类正是在"回味"中诞生"生活意识"。但问题的难解性在于："反思"本身已经是"生活意识"的主观反应行为。所以，我们是否能说因"反思"而诞生"生活意识"就成了一个问题。这里要界定一个概念：回忆。它是指对已经发生的实践活动的一种自觉地想起。也就是说，当"反思"时，我们就从不自觉的活动经验中迸发出自觉的"生活意识"。其实，人类活动的时候，我们已经有一种本能的或不自觉的意识在参与，只不过"反思"是自觉"生活意识"的诞生，而这种自觉性是建立在生活"需要"的基础之上。

那么，从生活经验中如何获得或产生生活意识呢？独立的生活经验是从长期社会实践中获得的，它经历生活经验不断摆脱具体内容的抽象与提纯的过程。生活经验本身既是事物自身有用性的体现，又是与人类维护自己生存需要动机相吻合，生活经验在活动动机中产生和积累，因为"我现实地意识的东西，我如何意识这些东西，我所意识的东西对我有何含义，都是包括我这一行动在内的活动动机决定的。"[①] 人类不但在实践行为中不断发现生活经验，而且在需要动机中肯定生活经验。留存生活经验就是由经验具象抽象到思维中的经验表象的发现与肯定，而且还在生活关系中有意识利用它，当需要的时候便再现生活经验，将经验表象再现出来。人类就是在再现经验中反思生活经验，在反思基础上形成意象（符号）（见图3-2）。

活动 → 经验 → 再现 → 反思 → 意象　}意识层

生活经验 ⇒ 留存生活经验 ⇒ 再现生活经验 ⇒ 反思生活经验 ⇒ 生活意识　}无意识层

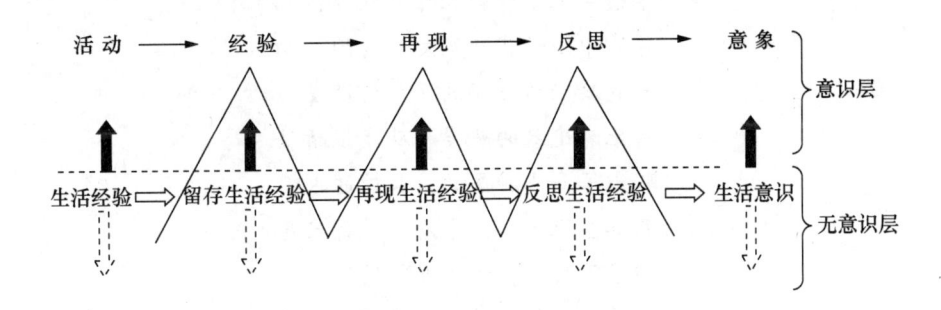

图3-2　生活意识生成图示

具体地说，独立生活经验的出现经历了一个使生活经验不断摆脱具体内容的发展过程。这个过程是在长期的生活实践中完成。在实践中，生活具象在大脑中形成经验表象，经验表象是模糊而杂多的，但随着生活环境与生活内容的变化，有用的生活经验就不自觉地呈现出来，而大量的暂且

---

① [苏联] 阿·尼·列昂捷夫：《活动　意识　个性》，李忻等译，上海译文出版社1980年版，第214页。

没有用的生活经验就沉淀于无意识层，被呈现的生活经验于是在大脑中形成比较清晰的经验表象。因此，生活意识萌芽于事物本身的"有用性"。

同时，生活经验本身既是事物自身有用性体现，又与人类维护自己的生存需要相符合。生存需要是人类最基本的需要，每当遇到生活环境与生活内容的新变化，被留存的生活经验就会再现出来，意识里的经验表象就得到首次运用。在大脑中留存的生活经验被重新提炼和筛选，一部分对生存需要的经验表象被提升，而一部分在新环境和新内容中不适应的经验表象被沉淀。因此，生活意识演进于人类维护自己的生存需要之中。

另外，人类不但在生活实践中不断发现适合自己需要的生活经验，而且还经过多次反复和头脑的深刻概括，逐渐把握生活经验的必然联系。在生活关系中利用生活经验，概括地把握经验与利用经验是一种对生活经验的"反思"。因而单就生活经验本身而言，它总是直接或间接地体现着人的生活意识的生成。因此，生活意识完成于对经验表象的反思。比如莎士比亚《十四行诗集·三十一》：

> 多少颗赤心，我以为已经死灭，
> 不想它们都珍藏在你的胸口，
> 你胸中因而就充满爱和爱的一切，
> 充满我以为埋了的多少好朋友。
> 对死者追慕的热爱，从我眼睛里
> 骗出了多少神圣的、哀悼的眼泪，
> 而那些死者，如今看来，都只是
> 搬了家罢了，都藏在你的体内！
> 你是坟，葬了的爱就活在这坟里，
> 里边挂着我多少亡友的纪念章，
> 每人都把我对他的一份爱给了你；
> 多少人应得的爱就全在你身上：
> 我在你身上见到了他们的面影，
> 你（他们全体）得了我整个的爱情。[1]

---

[1] ［英］莎士比亚：《十四行诗集》，屠岸译，上海译文出版社1981年版，第31页。

诗人的"经验表象"均集中在临别的爱友身上,即诗歌中集中反映的爱友意象:"对死者追慕的热爱,从我眼睛里骗出了多少神圣的、哀悼的眼泪,而那些死者,如今看来,都只是搬了家罢了,都藏在你的体内!"意思是说,"你是我亡友们的活的坟墓,装着他们的一切记忆与爱。"从诗歌创作意图上看,"记忆与爱"是对亡友以及爱友"经验表象"的一种反思。从更为宽泛的层面分析,"生活意识"是人类"生活需要"与"生存反思"的火花。"言语需要"不过是其中的一束,其形成既有人类个体自身的原因,也有群体或社会的原因。从人类自身来看,个体在活动中会产生各种需求。其中"言语需要"的诞生,一方面是人类物质需求的原因,另一方面是我们精神需求的原因。苏联著名心理学家鲁利亚认为,"内部语言"在功能上具有"述谓性"①的特点,即内部语言总是与言语者的欲望、需求、动作、行为、知觉、情感的表现密切相关。② 早期人类为了生存,"言语"成了他们的第一需要,低生产力下劳作的分工与协同,需要言语的交流来维系日常生活。其次,物质生产过程中伴随的交换思想、流露情感、传情达意、理解与阐释等需求也触发"言语需要"的生成。对"言语需要"意识的再反思,便产生了"言语思维"。如果说"言语需要"是内在的"词素",那么,"言语思维"就构成内在的"词汇"。心体符号就是内在的"句"或"篇",外部语言中的每一个"词素"都是人类的每一种"需要意象"的表征。每一个"词汇"就是单一意象的有机组合,句或篇就是内在审美意识的"群象"的传达。因此,有多少个字词句篇,就有多少种"需要意象"。但是,外在的言语符号永远只是内在言语符号的一部分,外在的"需要意象"表征只是人类需要意识的一部分。因为,传达只是部分的传达,而且传达的过程就意味着言

---

① "述谓性"是普通语言学的一个常见概念。述,遵循也;谓,指动词,形容词充当谓语。内部语言的"述谓性"是指内部语言总是与言说者欲望、需求、动作、行为、知觉、情绪的表达密切相关,动词与形容词占较大比重。最早认为内部语言的"述谓性"是 20 世纪 70 年代,苏联著名心理学家维果茨基在《思维和语言》中提出。"述谓性"使句子内容同现实发生联系,从而使句子成为交际的单位。有关"述谓性"的阐释,详见郝斌《俄语简单句的语义研究》,黑龙江人民出版社 2002 年版,第 45—59 页。

② 余松:《语言的狂欢》,云南人民出版社 2000 年版,第 31 页。

语被遮蔽①的过程。

群体或社会也是"言语需要"意识产生的另一个重要的原因。早期人类面对冰川期的寒冷，森林野兽的威胁，生活资料的不足而挨饿的考验，此时的第一选择是生存的自体性保护。那么，互助、交换、对话成了他们唯一的选择，而这一选择的传达当时只能通过表情、动作和符号等形式来完成，但随着活动的深入，脑喉结构的进化，表情语言、动作语言和符号语言也就在活动中解体和衍生出"言语需要"意识。人类从表情动作语言意识飞跃到言语需要意识，这是内在的生活反思的结果，外在的自然声响也是触发言语的火花。面对自然界神奇的鸟语虫鸣、水瀑浪腾、狼嚎猿啼……有模仿本能的人类不会无动于衷。出于各种需要的意识，模仿发音就开始了。其实，人类在发音、建筑、服饰等方面远比自然界和动物落后得多，悦耳的鸟语，结实的雀巢，多彩的鸟羽和奇妙的自然宇宙声响与形体都是人类模仿的对象，同样是现代科技模仿的对象。"鸟巢体育馆"、"电子蛙眼仪"等不过是对人体或大自然形体延伸②的设计物。

"言语需要"的第三个原因是确证自我存在的需要。"人在改造自然的实践中认识自然，在认识自然中改造自然。而当人对自然物发生第一个实践关系的活动时，人就开始学习把自己与自然区别开来，因而人在主观中便萌生了自己有别于外物、有别于自然物的'自我'体认"。③因此，需要自我确证是人类区别他物的一个重要意识，也是强调自我的一种方式。为了区别与强调，他们选择了"言语"。因为"言语"的过程其实就是"命名"的过程或"符号"的过程。"命名"或"符号"的意识是区别与强调的介质，"命名"就是区别他物，而区别他物是为了强调自我。"符号"就是对命名的指称，而命名的指称也就是在区别他物与强调自

---

① 言语传达的"遮蔽性"是语言符号本身需要的。符号均是被遮蔽的对象，没有遮蔽性的符号很少见。"在场"是符号可见性内容显示，"不在场"是符号被遮蔽的内容。所谓"隐喻"之"隐"，就是被"遮蔽"的内容。在传达这些隐喻符号的同时，自然单位的"喻义"流失是很快的。因为不同主体的知识背景、兴趣指向以及需要动机是不完全一样的，所以能捕捉到的符号所指是有限的。

② 设计是对大自然的延伸，也是对自我身体的弥补物。马瑞佐·摩根蒂尼《面对第三次技术革命的人们》一文将现代物体系划分为三类，即四肢的、感觉的和心智的弥补物。他举例说，四肢的弥补物如刀、铲、弓和箭等。感觉的弥补物属于第二次革命的物品，如电视、电话等。心智弥补物，就是第三代物品，它是"以发生在人和硅片智能之间尚根模糊、不明确的关系为标志。"转引维克多·马格林《设计问题》，柳沙等译，中国建筑工业出版社2010年版，第39页。

③ 胡潇：《意识的起源与结构》，中国社会科学出版社2001年版，第138页。

我。但命名与符号一个重要的不足是不能穷尽指称的事物,能指与所指发生冲突,也就是墨子所说的"所谓"与"所以谓"① 之间不对称。也正是这个原因,才进一步触发更加需要"言语"来阐释与交流。因此,命名或符号的缺陷正是言语需要的潜能。

言语思维是言语需要意识的进一步定型、定性和定质,它不仅是内部意识的一种词汇,还是单一意象有机组合的结果,其形态的最高追求是心体言语。

首先,言语思维是言语需要意识的进一步定型。从定型机理来看,它是对混乱言语思维的有机组合。意识组合的过程是内在意识力的控制下模态②化的过程,意识力就是意识组织中的各种感知力、理解力、记忆力等意识因素的经验呈现态,它具有重组、模构、配置、优化等意识权。因此,言语思维的定型就是意识力的重组、模构、配置、优化的过程。从定型的介质来看,言语思维的定型需要生活意识、文化意识、艺术意识共同作用才能完成。生活意识是一种生存意识,生存意识就是关系意识,因为人类在关系中维系自己的生存,尤其是在对话言语中获得自己的生存。关系涉及人、社会和自然三个对象,那么也就构成了三组基本关系:人与人、人与自然、人与社会。人在与自然对话中实现了生存的物质资料需要;人在与社会对话中体现了自我的价值需求;人在与人的对话中获得了情感满足。因此,生活意识是言语思维定型的母体。文化意识与艺术意识不过是生活意识的一种开拓,是对生活意识的一种反思的结果。生活意识在开拓中不断反思,在反思中走向新的开拓,开拓后的反思是定型言语思维的基础,反思后的开拓是定型言语思维的表现。

其次,言语思维不是人类的"专利品",其他动物同样有低级的言语思维,只不过言语的传达符号不同。人与其他动物的根本区别不在于意识或言语思维,真正区别在于是否有心体符号,人与其他动物的根本区别在

---

① 见墨子"名实论"。《墨子·经说》曰:"名是所以谓,实是所谓——谓者毋离乎其谓。彼谓离乎其谓,则吾谓不行。"胡子宗等人认为,"取名予实",名,是"所以谓",实,是"所谓",名随实变,变亡名迁,名实合一。墨子在此基础上进一步提出了认识事物应做到"名实相耦"、"言行合一"的主张,其名实论是从物到知的认识论。参见胡子宗、李权兴等《墨子思想研究》,人民出版社2007年版,第242页。

② "模态"是指事物的一种结构状态。原来是逻辑学中系统辨别方法的一个概念,后来被广泛运用于工程学、组织学、美学等领域。比如工程领域里的"模态"是指结构系统的一种固有振动特性。

审美意识的"临界点"。这个问题要追问人类是如何获得审美意识，而其他动物不能获得的原因？回答这个问题有些复杂，但必须回答人类何以能"审美"？传统思维在回答这个问题上多从人类学、文化学、考古学等途径寻找人类"审美"的发生，探究人类审美意识的起源，最后的结论多在无休止的"循环逻辑论证"中告终，出现了是先有蛋还是先有鸡的循环争论，或是先有审美意识还是先有语言的争论，或是在物质与意识的先后关系中争论。但问题在于"关系"只是在逻辑概念中才起作用，在形象与感性中，它没有生存的空间。诸如意识、思维、审美是什么？它们应是形象感知的。因此，我们在"关系"中追问它们的存在形态是没有结果的。那么，审美意识存在的形态又是什么？为什么只有人类独有？问题的追问必须回到人自身，还原到整体的原点上。这个整体原点就是人的意识组织，它的"精神需要"和"反思"是人类所独有的。人类就是在这个关节点上发展了自己的"言语思维"，而动物却没有进一步进化，反而丢掉了精神需要和意识反思这两个重要的环节。究其原因，一方面是人类喉部与大脑进化具备了自己的物质基础；另一方面是人类在活动中能积累自己的意识经验，而且人类具有面对自然的各种生物现象的模仿能力。但动物也具备模仿、活动意识和脑进化三因素。问题的关键是这三个因素在动物那里不是有机的整体发生，只是在某一方面，如模仿声音的鹦鹉，模仿动作的黑猩猩等。有机的整体发展离不开"群居"、"群往"、"群作"等活动，而人类正是在这方面优越于动物，在活动中实现了自己的言语思维的定性。

最后，言语思维的理想是追求心体符号的存在。这一理想走向反映言语思维的进一步定质化诉求。心体符号的存在是言语思维的一次大的"质变"。"质变"虽然以量变为基础，但绝不是量的增多或叠加，增多或叠加仅仅是数量的直线上升。数量具有不可穷尽性，无穷的增多或叠加。如果没有言语意识力的作用，只是无限的增多或叠加而已，言语意识力就是反思力和需要意识力。反思就是对量的优化与配置，对量的回忆与思考；需要意识力就是对量的提取与精简。也就是说，言语思维的质变不是生活经验的直线式上升，不是量的增多或叠加，而是对不断增加的量的反思。反思过程中在艺术意识思维的触发与引领下，心理言语思维在内部形成，最后质变成心理言语，这是在言语思维量的结构中不断反思而形成稳定"体"的结果。

意识语言是生活意识的稳固态，它是生活意识走向成熟的内结构形态，也就是艺术家亟欲表现的"内语言"信息流。意识语言信息流在内心的结构不同形成诸如音乐（心声艺术）、绘画（形象艺术）、文学（心语艺术）等不同的艺术结构样式。从狭义上说，"心声"、"心象"、"心语"是审美主体内心最基本的三种内符号形态。

从狭义上理解，"心声"是内部的一种心体音乐符号。这种音乐是外部音乐的文本，是音乐前的音乐。它的特点是无形无音，因为内部音乐是思维的音乐，而思维的音乐具有无限的体量。正如老子说的"大音希声"、"大象无形"。在毕达哥拉斯那里，"心声"是"小宇宙"的和谐音乐。其实，内部的音乐是不和谐的，但可以通过"乐律"来调和。刘勰在《文心雕龙·声律》篇中就讨论过"心声"可以"数求"的机理，他说"故外听之易，弦以手定，内听之难，声与心纷，可以数求，难以辞逐"。内部"心声"的调和有利于内部心理空间的净化。亚里士多德就是倡导"音疗"的第一人，即古希腊人在用美的音乐净化心体上显示了自己的智慧。孔子听《韶乐》后"三月不知肉味"。他的这种审美心理感应足以说明"心声"在净化心体方面的"音疗"之效。

"心象"是狭义上的内部心体符号。它不仅是"物象"在内心的显现态，还是"物象"的变形与重组。"物象"视知觉被感知捕捉到内心后，通过"内感"机制使得"物象"变形与重组。当"物象"在内心成熟后，创造就成为必然。郑板桥的"胸中之竹"向"手中之竹"的表现，"眼中之竹"是基础，但"胸中之竹"是已经被"内感"后的"心象"了，它不同于眼前的"物象"。"手中之竹"也不同于"胸中之竹"，这是表现的流失效应所致。另外，诸如雕刻、绘画、建筑等艺术都是"心象"的传达。

"心语"也是狭义上的"心体语言"。一切以文字符号为传达媒介的文学都是"心语"的文本化，如诗歌、散文、小说等文学样式。"心语"就是柏拉图的"内部说的话"，它是一种独特的内部言语。它的创生来源于生活意识思维体系的完成与生活意识系统的稳固；它的整体性存在需要心理力场的维系与保障；它的运动与表现需要审美心胸的到来与触发。"心语"具有强烈的个体性、专业性、层次性、可塑性、理想性等特点。不同生活经验的个体，其"心语"的内容、深浅、追求都不同。"心语"能在特殊环境中塑造与培育。伟大的心灵就会有伟大的"心语"，伟大的作品是伟大的"心语"的展现。古罗马朗吉弩斯就说过，作品就是伟大"心语"的回声。

从狭义上理解，"心声"、"心象"、"心语"都是内在心体语言艺术存在形态。而外部语言艺术不过是内部心体语言艺术的传达与再现，所以，从这个角度来给艺术分类，它具有一定的科学性。传统的分类标准离开人，离开了人的意识，没有深入到艺术的本质和内在的规律来分类，而艺术的本质和内在的规律，其实就是人的本质和内在的规律。因为，艺术说到底是人的艺术。那么，人的本质和内在的规律是什么呢？答曰：审美意识。艺术作为人类的一种审美活动，实质上就是以动态的方式来传达人类的审美经验，艺术作品从根本上说就是以物态化的方式来传达艺术家的审美经验和审美意识。所以，作为心体存在形式的审美意识必然要成为艺术分类的一个重要原则。

传统分类主要有"两分法"、"三分法"、"五分法"等。其中，"两分法"一种是根据艺术作品的物化形式为标准，将艺术分为动态艺术与静态艺术；另一种是根据艺术作品的内容特征来划分，把艺术分为表现艺术和再现艺术。"三分法"一种是以艺术形象的存在方式为划分依据，将艺术分为时间艺术、空间艺术和时空艺术；另一种是根据艺术形象的审美方式来划分，把艺术分为听觉艺术、视觉艺术和视听艺术。"五分法"是根据艺术的美学原则将艺术分为实用艺术、表情艺术、造型艺术、综合艺术和语言艺术五种。

"两分法"和"三分法"都是以艺术的外部经验形态为依据，它没有涉及艺术的本质和内在规律。"五分法"虽然从美学原则来划分，但还不能真正体现艺术的美学本质与审美特征，也只能是经验主义的分类法。所以，人们试图从逻辑与历史的内在一致性角度来分类，既按照逻辑与概念本质及其矛盾运动的发展阶段为依据来分类。例如易中天把艺术的发生看作从自然回归到人再深入到人的精神的过程，即分为环境艺术、人体艺术和心象艺术三个逻辑阶段。[①] 这种分类法有其正确的一面，它是通过艺术分类来展示艺术本质的逻辑结构和历史真实的。但逻辑与历史相结合的分类方式也只能是美学原则的一种，并存在一定分歧或混乱。通过以上分析，我们可从心体语言生成角度来给作为艺术的"心体符号"进行分类，

---

① 参见易中天《艺术人类学》，上海文艺出版社1992年版。

其分类①如表3-1所示。

表3-1　　　　　　　　　艺术（心体符号）分类

属别	心声艺术	心象艺术	心语艺术
种类	音乐、影视、戏剧	雕刻、绘画、建筑、舞蹈、书法	诗歌、小说、散文

从活动到言语过程的描述中，我们发现：人类是在活动中诞生言语需要，言语需要在外部符号的媒介下进而产生言语思维，言语思维在心理力场作用下积淀意识语言结构，意识语言是亟欲表现的"内语言"，它为言语行为提供完整的信息。

第三节　建构手续

心体符号是一种内部语言。就艺术符号而言，审美意识的形成及建构是任何一个艺术研究者所不能回避的。那么，作为心体符号形态的审美意识语言是如何建构的？下面拟采用格式塔心理学派"力论"与"场论"原理阐释心体符号的建构手续。

"力论"与"场论"是格式塔心理学派的重要论题，其"整体"理念与"移用"思想为我们研究审美意识提供了新的方法与思路。在现代科学主体论②视野下，"力"与"场"具有全新的内涵，认为"审美心理力是审美经验的再现律"，并认为，"审美心理场是审美心理力的整体显现律"，它们是心体符号建构的基本手续。

现代科学主体论美学认为："审美主体在社会生活中积累了生活审美意识，就有了再审美的心理基础。这一基础在对生活再审美过程中一方面控制着再审美过程，另一方面又不断做自我调整，形成新的结构，积累越

---

① 心声、心象与心语是心体语言的三种结构样式。音乐与绘画是语言的母体。声，乃是乐，即为音；象，乃是画，即为形。音乐与绘画的音形构成"语"，从这个角度来说，"语言起源于诗（艺术）"（维柯《新科学》）。所以，语言脱胎于艺术，即语言与艺术有原初关系（参见余松《语言的狂欢：诗歌语言的审美阐释》，云南人民出版社2000年版，第3页）。因此，"心语"在原初意义上就是艺术语言，而艺术语言又得益于"心声"与"心象"语言。

② 参见李健夫《现代美学原理》修订版，中国社会科学出版社2006年版。

来越广泛深厚的意识,量扩大的同时,还不断加强心理力场。"① 此处的"再审美的心理基础"的"控制"与"自我调整"是一种心理力,抑或是"生活审美意识"经验的再现态。审美经验的再现态是一种审美心理能力的表现,也是为审美心理力。"审美力"是审美经验再现态的存在事实,前人早有论及。德国哲学家、心理学家赫尔巴特曾提出"意识阈"的概念,他将意识分为意识层(显知)与无意识层(隐知),并认为意识层面所容纳的经验、观念、知识是有限的。如果经验、观念、知识没有被控制和同时展现在人的意识层面上,那么,人们就无法获得正常思维。行使这种控制职权的便是"意识阈"。显而易见,赫尔巴特既揭示了审美"显知"与审美"隐知"的相互转化关系,又看到了意识里有一种起控制与制衡的权力因素。其实,"意识阈"就是经验、观念、知识的各种意识因素的组织力或控制力。同样弗洛伊德的"心理地形学"也认为,意识层面的内容具有流动性,能往下沉积。比如痛苦、烦恼容易被主体拒绝,被拒绝的就被存放在意识下面的潜意识层(又分前意识与无意识)。"潜意识"作为早期所积淀的经验事件,被压抑在潜意识层面作为行为的推动。弗洛伊德看到在意识层与前意识层、前意识与无意识之间有一种"意识间距",也即"意识阈"和"前意识阈"。因此,弗洛伊德揭示出意识力的依存条件。在这方面,弗洛伊德学生荣格的"心灵三分说"(即把心灵分为意识层、个人无意识层、集体无意识层)发展了老师的学术思想。荣格认为,集体无意识层是原始形象层,更是一种民族的记忆和精神的遗传而留存在心体的深处。可见,荣氏发展了弗洛伊德的思想,并进一步揭示出意识力的原始性存在。日本哲学家汤浅则将意识分为明意识和暗意识,其中暗意识是意识"力"的源泉,即是感知力、创造力、判断力等心理力的基元。在阿恩海姆那里,他认为外界事物、艺术样式、知觉式样、内心情感和生理过程都具有整体的内在统一性,其基础是同一种力——作用于整个宇宙的普遍的力。这是人与生俱来的能力,这个中介就是"大脑电力场"。因此,"格式塔心理学追求的是一种生理学的而不是心理学或条件反射的行为解释,他们所假定的生理学机制是脑动力场,而不是机械的刺激—反应连接。"②

---

① 李健夫:《美学基本原理》,中国社会科学出版社 2002 年版,第 101 页。
② 罗继才:《欧洲心理学史》,华中师范大学出版社 2002 年版,第 205 页。

在近代西方心理学关于意识的研究中，意识之"力"是心理学家和哲学家共同关注的话语。现代心理学认为意识分为由显至隐三层面，即自觉意识、前意识和潜意识。根据意识与审美意识的"同素异构"原理，可以将审美意识分为理想审美意识、前审美意识和潜审美意识，或分为审美理想层、审美经验层和审美原始层。其中，审美理想层是由生活审美意识和艺术审美意识构成，审美经验层由边审美意识和半审美意识组成，审美原始层由自然审美意识和历史审美意识组成。在审美理想层与审美经验层之间是一种"审美意识阈"或"审美意识力"，在审美经验层和审美原始层之间是"前审美意识阈"或"前审美意识力"。

审美理想层是已然状态下的审美意识，在前审美意识解构了的母体中诞生，解构的主控权就在于"审美意识力"，其功效表现在建构新质、突围迷障、优化配置、组合制衡等方面。审美经验层是未然状态下的审美意识，储存在大脑中的未觉的或半自觉的审美意识层，更多表现为生活阅历、文化修养、性格气质、社会习俗等方面，这些意识因素是审美意识力活动的"基因"。审美原始层是一种无自觉层，是自然与历史层，即为人的生理、心理的自然创化和人类历史遗传积淀在意识深处的审美意识层。审美原始层在"前意识力"的优化与组合调控下，在审美经验丰富生活意识的配置与积累中实现了自己的优越性与价值性。审美原始层中的自然原型层是最具基质性的存在，即本能性的存在。历史遗传积淀层是人类社会的共同经验、共同审美观念的稳固模态层。潜意识层深藏在审美意识的最深处，无法直接表现于外，但又未被消灭。当前意识力减弱时，它会冲出前审美意识层，进入理想层，并用一种新的形式表现自己。因为前审美意识层是一个缓存层，完全在前审美意识力作用下生存。它永远保持开放的态势，这里所谓的"开放态势"是指前审美意识具有巨大的包容性和无穷的接纳性。前审美经验的丰富，正是它的开放性才使得理想审美意识在意识力作用下慢慢达到稳固与明朗。审美理想层的稳定又意味着审美意识的闭合结构态开始形成，即前审美意识从开放态走向闭合态。此时，审美意识力肩负着结构力与延滞力的双重使命。一面要结构新质，一面又要延滞前审美意识中的迷障，使审美主体达到审美化的境界。由于边审美意识是审美注意边缘化的模糊经验意识，感受力与刺激力强度不足的一种状态；半审美意识也是一种微略审美注意，或是一种人对自身自动化行为与对对象的自动化的反应。这样，审美意识力的双重使命就成了必然。因此，审美意识力不过就是前审美经验的再现态。实际上格式塔心理学派在这里犯了大错误,并没有什么"作用于整个宇宙的普遍的力,人与生俱来的能力",一切的审美心理力都是生活审美经验的再现态。

但不是说有了生活审美经验就有了审美意识力的存在,审美意识力有自己的依存条件、结构方式、存在形态和展开类型。

首先,审美意识力的依存条件主要表现在审美经验的流动性、可塑性、向量性、弹性等方面。其中流动性保障了审美意识力的活力性,可塑性保证了审美意识力的再造性,向量性制约着力的方向性与选择性,而弹性使得审美意识力再发与重生。

其次,审美意识力的结构方式通常表现为分化与组合、配置与迁移、沟通与制衡、组织与系统等权力结构式。不同的审美主体,就有不同的权力结构内容的选择,但权力结构方式是相一致的。

再次,审美意识力的存在形态有均衡态与紧张态、张力态与摩擦态、吸引态与相斥态等。力的均衡态是审美意识的一种暂时稳定态,一旦主体有某种审美需求时,力的运动便处于紧张态,这样审美意识就是审美经验的分化与组合、配置与迁移、沟通与制衡、组织与系统,它在心理上就形成了一个亟欲表现的心理紧张系统,其他存在形态也伴随其中而存在。这也是艺术产生的本质与源泉。

最后,审美力的展开类型通常有开放结构与封闭结构,情感结构与认知结构等。开放结构是在感性张力充足,情感理性被抑制下的一种类型。封闭结构是感性张力不足,情感理性板结状态。情感张力过大与认知欲求过高则表现为情感结构与认知结构。审美意识力在展开过程中凸显出自己独特的明朗与柔弱、坚实与僵硬、积极与退化、结构与延滞之个性。

如果说,力是审美经验的再现态,那么,场就是审美力被模态化的系统的整体显现态。考夫卡在《格式塔心理学原理》一书中根据物理学"场"的概念,为心理学创立新的话语体系,如心理场、行为场、环境场等。他认为,人本身是一个场,知觉也是一个场,人的心理具有一定结构的完整"现象"场。阿恩海姆在《艺术与视知觉》中也指出,按照格式塔心理学家的实验,大脑视觉皮层本身就是一个电化学力场。所有的知觉都是动力学意义上的知觉。知觉是一种外部力量对机体的入侵,由于推翻了神经系统的平衡,从而引起生理场的对抗倾向的一种结果。因此,只有"力的基本模式"才能在审美知觉中造成包括似动感觉在内的种种幻觉。

尽管格式塔心理学派对审美视知觉的阐释近乎玄妙，但我们无法无视它在方法论意义上对心理学美学的冲击和影响。场的概念是一个空间立体多维的概念，它反映了现代心理科学的一种"移用"思维，能够真正阐释意识的运动与对话交流系统，它立足审美主体与客体的整体系统的动态结构，揭示意识运动是一种张力结构模式。其中"力的基本模式"与"张力结构模式"等观点对于我们研究审美意识场有重要意义。

在格式塔心理学与现代科学主体论启发下我们发现，审美意识场有自己的独特内涵与生存方式。场是审美力被模态化的系统的整体显现态，力在意识系统中构成集合整体关系，即为心理力场。所以审美意识场至少包含三种内涵：一是审美力系统的显现场；二是审美力对话的整体关系场；三是内在的模态心理机制场。其中"审美力"是审美意识场生发的基础；"审美力的对话"是审美意识场的整体生存维系；"内在的模态心理机制"是保障审美意识场发展与系统化的关键。因此，审美意识场中的"力是生发，维系，发展系统的力，是整体构成，变化的内部机制；它的运行、展示了审美场的活动规律"。[①] 阿恩海姆（Rudolf Arnheim，1904－2007）在《艺术与视知觉》一书中反复强调，一个场就是一个动力的整体、一个系统、一切视知觉形状都是力的样式。同时，力的样式也构成审美意识场的生存方式。审美意识场是各种审美力的共生态（如海葵与寄居蟹），而非共栖[②]态（如天麻与蜜环菌）。审美意识场是主客体的对生态（即审美主体的审美潜能与审美客体的审美潜质的互生），而非单生态。因为，"审美场是主客体相吸相引，相聚相合，相容相会，同构同化的最佳审美现象。"[③] 审美意识场是审美意识各测度模态化的运生态（即质构、量构、力构和合构的共同运动的生存），而非静生态。

审美意识场也有自己的组织机制、形态层次、运动方式与发展动力。首先，审美意识场的组织机制。根据审美意识测度的内容范畴，审美意识测度即审美意识质度、审美意识量度、审美意识力度和审美意识合度。那么，审美意识场的组织机制含有质构、量构、力构和合构四种。质构表现

[①] 袁鼎生：《审美生态学》，中国大百科全书出版社2002年版，第109页。
[②] 共生与共栖均是生物学用语。"共生"是指彼此共同生存，但也有相对独立性，如海葵与寄居蟹。"共栖"是指彼此共同生活，但没有独立性，分后不能独自生存。如天麻与蜜环菌。审美力是可以相互独立，但审美场是审美力的共生。
[③] 袁鼎生：《审美场论》，广西教育出版社1995年版，第9页。

为审美力在对象的构成因素的性质与功能上的生发力与拓展力的模构方式；量构即数字化量的积累的同构方式，审美意识力量构是指在审美活动的基础上，由生活审美意识力和艺术审美意识力的不断量的积累构成审美意识力场，其量构的积累达到临界点时，理想的审美意识力场便在大脑中出现。至此，系统的审美意识场就在大脑中形成；力构是指审美意识力的一种应力、引力、向力的结构式。其中"应力"起着生发与拓展审美意识场的空间作用，"引力"是指各种审美意识的相互吸引的适构力与同构力。"向力"是各种审美力的协同运动的合力与整力；合构是指机体内在结合力的强度、密切度、相容性、结合力大小等层面的协构方式，是组织集体内部因素结合协同式。审美意识场内的合构是指审美意识力场中各种力的模态协同方式，内部审美意识的心理力，即感受力、情感力、印象力、想象力、意志力、知觉力、判断力、创造力等心理力，它们协构成审美意识力场。可见，审美意识场的最终形成离不开质构、量构、力构和合构的四种组构机制以及模构、同构、结构和协构方式。

其次，审美意识场有自己的形态层次。根据现代心理学家将意识分为由显至隐的三层面，审美意识场可分为理想审美场、经验审美场和原始审美场。各种层次的审美场在各自的审美意识力层面上表现不同的审美特征。

再次，审美意识场（图Ⅳ）的运动方式与哲学意识场（图Ⅱ）、宗教意识场（图Ⅲ）、伦理意识场（图Ⅰ）等其他非审美意识场是不同的。但是它们的意识场的基本审美力是一样的，即是感知力（A）、情感力（B）、想象力（C）与理解力（D）组成。哲学意识场、宗教意识场、伦理意识场等其他非审美意识场有自己的运动方式。伦理意识场表现为："感知→情感"，即感知的最终目的是情感，从而构成"感知力→情感力"审美场，想象力与理解力则退居次要位置；哲学意识场表现为："感知→理解"，即感知的最终目的是理解，从而构成"感知力→理解力"审美场，情感力与想象力则退居次要位置。宗教意识场表现为"感知→想象"，即感知的目的是想象，从而构成"感知力→想象力"审美场，情感力与理解力则退居次要位置。而审美意识场中"想象力"始终渗透到感知力、情感力、理解力之中，感知力、情感力、理解力各执一方，从而构成一种立体多维态的审美场。因此，审美意识场与非审美意识场表现为"同源异构"的组构方式（见图3-3）。

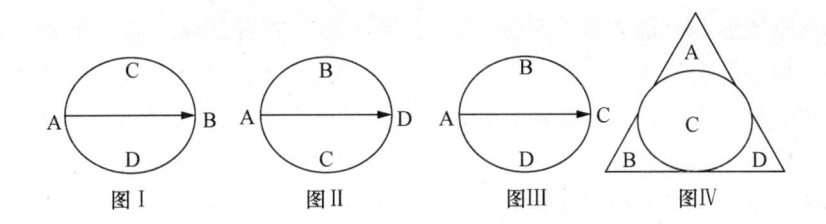

图 3-3　审美意识场图示

最后，审美意识场的发展动力与一定时代、一定阶级的审美理式、审美风尚、审美理想、审美情趣等相关联。审美理式是审美意识场的发展动力的前提，审美风尚与审美理想制约审美意识场的发展动力向量，审美情趣也是审美意识场的发展动力的因素之一。

以上研究表明，"经验再现律"与"系统显现律"是作为审美意识的心体符号整体性建构的基本机制或手续。

第四节　空间运动

心体符号以社会生活为源泉，以外部文化符号为介质，以审美内化力为机制创造自己的存在。那么，创生后的审美意识又以怎样的方式运行呢？在以下的讨论中，拟将分析心体符号语言的生存形态、运行方式与特点、运行使命等心理空间运动的内容。

经验的语言形态跃进成熟语言形态的"临界点"时，只能在"关系"的体验中运行，而"关系"是由各种"信息"维系的。因此，在"关系"的体验中走向自觉化的成熟语言形态涉及内外世界的各种"信息"。心体符号的运行就是在内外"信息"的对应、协调与沟通中发生。心体符号走向自觉化过程就是生活心体符号组织态强化的过程。强化是一个渐进式的"量化"与"质化"的并举过程。"量化"是生活审美意识生成的特点，它是主体直接审美经验的积累与审美化阶段。当一定量的审美经验积累达到"临界点"时，"质化"就在理性认识的作用下，审美经验就开始"质"的建构。其建构的最终存在形式就是内部审美意识，而内部审美意识的活动形式就是心体符号，这也是生活审美意识态强化的结果。因此，根据心体符号的"态化"过程，我们可以将心体符号分为单一形态与系统形态。前者是经验阶段的语言形态，后者是成熟阶段的语言形态。单一形态是单一情象结构形态，是主体在自己的审美情趣、审美理想与审美理式下的体验、理解、独创构成一个独特的单个审美形象的情象结构，具有个体性、单纯性、整一性与独创性。系统形态是多种关系的组织结构形态，也是审美主体在长期的生活积累酝酿构思下生成的多种心理因素统一的内部组织结构态，它具有系统性、自觉性、多层次性与多因素性。经验的语言形态与成熟的语言形态不是截然分开的，前者是后者的基础，后者是前者运化的结果。因此，经验的语言形态还不是自觉的语言形态，即不是意识的语言形态，当审美经验转化为心理上的意识的时候，才是心体符号形成的时期。这说明，经验的语言形态跃向成熟的语言形态之间还有一个"断环带"。

那么，经验的语言形态走向自觉化的成熟语言形态之间的"断环带"又是什么呢？经验的语言形态与成熟语言形态之间的关系，从本质上说，是非审美意识与审美意识的关系。因此，这个"断环带"我们可以从非审美意识向审美意识跃进中追问。

追问的方式可以将审美意识"还原"到非审美意识的"临界点"上，而这个"临界点"又是什么？如果把经验的语言形态比作大海里的冰山，那么这个"临界点"就是海平面，海面之下的冰山是经验的语言形态，海面之上的冰山就是成熟的语言形态。因此，成熟的语言形态只不过是冰山的一角。再进一步追问下去，这个"临界点"又是怎样形成的？实践告诉我们，历史与经验唯一留存的意识空间是"大脑"，当思维着的大脑与实在世界发生关系的时候，我们必然生存在观察、感悟、理解、分析、追问、解释与建构的状态下。主体一旦停止这种体验状态时，就会反思经历过的生存状态经验，此时的生存状态经验的再现形态就是意识。"反思"就是一种新的结构与旧的结构的对照，在观察、感悟、理解、分析、追问、解释与建构的生存状态中产生了审美活动。可见，经验的语言形态跃进成熟的语言形态的"临界点"在"关系"的体验中形成的，对关系体验的审美反思过程就是"临界点"，即为经验的语言形态跃进成熟的语言形态的"断环带"。在"心理上的审美意识形态，是一种确实存在的信息，这种信息既与外部世界的信息相对应，又与心理上发生的信息相协调，且与各类艺术语言所传达的信息相沟通"。① 这里的"相对应"、"相协调"与"相沟通"构成心体符号系统的"三位一体"的结构方式与特征。

第一,"相对应"是内部形态信息与外部世界信息之间的同构方式。内部形态信息主要是以内部语言形态而存在,外部世界信息主要是以审美对象的性状特征形态而存在。内部语言形态与审美对象的性状特征形态构成"同素同构"的关系,也就是说,内部信息构成因素源于外部世界信息的构成因素。因为,心体(意识)是连接内部形态信息同外部世界信息的特殊纽带,作为一种"信念"式的内部形态信息在外部世界信息面前总是具有某种"适应指向"性。因此,这种"信念具有心灵向世界的适应指向。可以说,信念的责任就是与一个独立存在的世界相一致"②。这里"相对应"的"独立存在的世界"并不完全是主体与客体的对应,而是审美主体与审美对象的对应。审美对象绝不是审美客体,审美对象可以是审美主体意识内部的想象体。西方分析美学中的"图像论"认为,图像与世界是对应的,这种对应性决定了命题的可实在性。他们只看到实在世界的"图像",没有看到意识里的"图像"。格式塔心理学美学的"同型论"在这方面同样犯了严重错误。

第二,"相协调"是内部形态信息与心理内发信息之间的协构方式。"内发信息是主体身上发生的生理与心理反应以及自体活动情况,这些提供给意识中枢,主体意识到了,就算有了自我意识。"③ 其实,主体本身就是一个巨大的信息库。这个巨大的信息库是在内部语言形态信息与心理内发信息之间不断地有机化合、系统协构、组织融合中进行的。在心理上形成信息系统,信息系统内是一个多关系、多层次与多因素的"心灵的实体",该实体的存在形态是为心体符号。④

第三,"相沟通"是内部形态信息与各类艺术语言所传达的信息之间的适构方式。内部形态信息强化后以心体符号实体的活动方式存在,主体必然会产生表现与创造的冲动,各类艺术语言就是内部审美意识自觉化的结果。各类艺术语言的传达并不是柏拉图的"神附心灵"的创造,而是

---

① 李健夫:《美学基本原理》,中国社会科学出版社 2002 年版,第 94 页。
② [美]约翰·塞尔:《心灵、语言和社会》,李步楼译,上海译文出版社 2006 年版,第 98 页。
③ 张法:《20 世纪西方美学史》,四川人民出版社 2003 年版,第 27 页。
④ 李健夫:《美学基本原理》,中国社会科学出版社 2002 年版,第 94 页。

主体在内部心体符号信息与外部世界信息基础上选择适合自己的结构思维与传达方式。艺术家在传达信息的时候具有某种意向性，内部形态信息对意向性具有规定性，因为，"意向性是某些心理状态和事件的特征，它是心理状态和事件指向、关于、涉及或表现其他客体和事态的特征。"① 因此，各类艺术语言必然依附于内部心体符号。

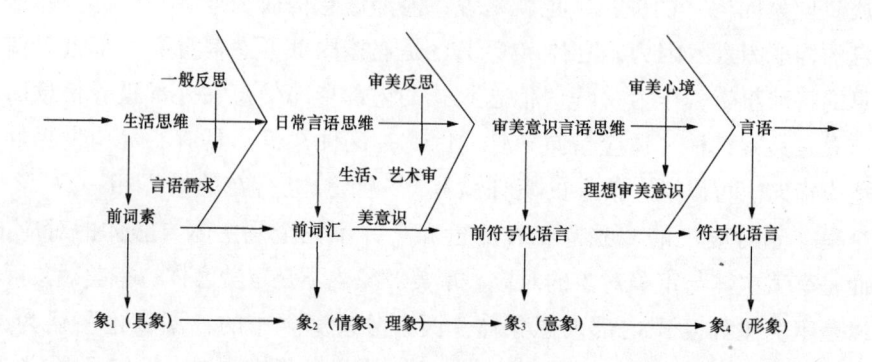

```
              一般反思            审美反思              审美心境
               ↓                  ↓                    ↓
   生活思维 → 日常言语思维 → 审美意识言语思维 →   言语
      ↓           ↑                ↑                   ↓
   言语需求    生活、艺术审       理想审美意识
      ↓        美意识               ↓                   ↓
   前词素  →  前词汇     →    前符号化语言   →  符号化语言
      ↓           ↓                ↓                   ↓
   象₁(具象) → 象₂(情象、理象) → 象₃(意象) →    象₄(形象)
```

图 3-4　心体符号运行

　　心体符号运行的过程，即是审美反思的过程。心体符号运行中的反思不同于一般反思，它是建立在超越日常经验思维基础上的审美意识的运动。在日常经验基础上产生了一般反思与日常言语需要，而对审美对象或艺术作品的审美反思却产生了审美意识与心理言语思维。审美言语思维一旦产生，心体符号就在一定审美心境下诞生、建构与运行。要理解心体符号的运行，首先要理解心体符号是如何从思维发展运动到存在的全过程。图3-4显示了生活思维作为意识空间的前词素逐渐走向符号化语言的过程，其中日常生活言语思维与心理言语思维起到很重要的中介作用，它们也是前符号化语言的必经阶段。具体地说，审美反思一方面生成了审美意识，另一方面当心体符号在内心稳固后，审美反思又肩负着再组织与再配置的审美运动的使命。审美反思不同于一般反思，它具有高度的自觉化和自由性，它在生活、艺术的审美意识的熔铸下对世界的一种审美关怀，对关系的一种解放。一般反思既具有随意性，也具有功利性，在关系中运动。心体符号的运动过程是以生活思维为基础，在一般反思下形成一般言

---

① [美] 约翰·塞尔：《心、脑与科学》，杨音莱译，上海译文出版社2006年版，第110页。

语需求。言语思维就是在一般言语需求的动机下运生,此时,生活审美意识提升为艺术审美意识,进而形成理想境界的审美意识,即为理想审美意识。在一定审美反思和审美心境中,心体符号才会诞生。在这一运动过程中,生活思维或生活意识是内部言语的最小单位即前词素,它是外在世界的具象构成。前词素又是言语思维的构成单位是前词汇,它是在情象与理象的共同作用下形成,前词汇在内部稳固后,就生成了前符号化语言。

心体符号生存与运行是心体符号表现与创造的基础。由于文本化过程中的"意义"流失与遮蔽,致使心体符号运行有自己的特点:贫乏和困惑。这种"困境"是心体符号的一种智慧的表现,决定了它在艺术表现中的决定性地位。突围"困境"或强化心体符号运行的表现性就成了艺术家的永恒追求。心体符号系统的外化运行是人类永恒的困惑,这种困惑从某种意义上说明心体符号外化表现性的贫乏与缺憾。那么,艺术家的艺术表达何以困惑?究其根本原因,是由心体符号的结构、形态、度的规定性和组织层的复杂性决定的。

第一,心体符号结构的多维性与语言结构的一维性无法取得对应关系,只能是部分对应。

第二,心体符号形态的模糊性,无法用明确的语言表现或直接模拟,只能大概描摹,力求做到充分完满,不可能绝对一致。

第三,心体符号和语言在度的规定性上迥然相异。象言具有质的流变性,量的无限性度的特点;语言具有质的稳定性,量的有限性度的特点,两者的交流自然就产生了隔阂。

第四,心体符号的组织层比语言的组织层复杂得多,它具有模态层、形象层、生活意识层、需要意识层、无意识层和集体无意识层等。复杂的组织层表现起来自然困惑多多。其实,我们只能超越困惑,但永远不能走出困惑。因为艺术或艺术家的生命往往就在于困惑或遗憾,没有困惑的艺术不是一件好艺术。"蒙娜丽莎"困惑似的微笑使其艺术生命永存,电影艺术就是"遗憾的艺术",文学作品的生命恰恰在于"言不尽意"或"辞不逮意"或"象不尽意"的时空困惑。

因此,心体符号外化表现性的贫乏应该说不是一种自身的遗憾,更多的是自身生命存在或追求的内在心理依据,迫使艺术家要不断强化和成熟心体符号。艺术表现形式的推陈出新,创作方法和艺术表现手段的层出不穷,都足以证明人类不断寻求表现内部语言的最新方法和最佳途径。但我们还从来没有为自己的象言外化手段和方法的高明而沾沾自喜。因此，强化心体符号的表现性或突围贫乏的"困境"就成了艺术家的永恒追求。其实，心体符号运行困境是一种智慧，正因为心体符号困乏的外化使得外部语言才有无限的追求。所以，它的智慧恰恰表现在语言和思维关系的难解性问题上，其难解性就是艺术家突围"困境"的智慧。具体来说，其难解性表现在以下方面：

首先，言语和言语思维的先后关系具有不确定性。当被意识时的言语思维，它与言语的语言就能获得同步性的存在，否则作为意识留存的言语思维总是沉睡的，只是言语的材料。从这个意义上讲，思维是先于语言的。大脑如同一张"白纸"，审美活动如同在这张"白纸"上书写一样，审美经验就是书写在它上面的语言文字，审美活动的多样性，决定文本内容的丰富性。但尽管这本书非常丰富，不被读者阅读，它只是图书馆里的一堆纸。从另一种意义上说，被意识符号化的言语思维，当再一次被意识到时，语言又先于思维存在。此时，我们能说，语言是思维的一种工具，而当言说或审美构思时，思维又反过来成为言语的工具。审美言语与审美言语思维的关系也正如言语与言语思维的关系一样，当被意识到的时候审美言语思维与审美言语获得了同步性的存在，但审美言语与审美言语符号化是两回事，因为能言语的思维不一定能符号化，也就是说审美言语思维与艺术语言并非在言语层面上获得同步性。

其次，言语和言语思维的存在形态具有不对称性。"辞不逮义"、"词不达意"、"言有尽，意无穷"等是言语与言语思维不对称性的典型表现。言语的目的是实现言语思维的最完整传达，但言语思维不是一个静止的形态，而是一个发展的变态。言语的完备性追求在言语思维的非完备性扩张中总是处于劣势地位。同时，言语是一种被敞开与遮蔽并举的活动。言语在敞开言语思维的同时，已经预示着言语思维的遮蔽。因为，言语只是言语思维的部分词义的传达，言语思维的大部分词义被流失。但审美言语与审美言语思维的不对称性要比言语与言语思维的不对称性明显得多，由于审美言语思维的符号化要比言语思维的符号化难得多，它要求言说者具有一定的言语素质，艺术家与普通言说者在言语思维方式上是不同的。

最后，言语和言语思维的存在与获得方式具有差异性。言语的最小单位是语素，而言语思维的最小单位是意象。"语素"与"意象"存在方式上的差异是明显的。前者追求确定性，后者是在不确定中确定。言语的本身具有"想起"性，而不具有"记忆"性，因为，言语思维的短路是经常性的，即"忘却"。"记忆"只是丰富言语思维的经验方式，言语总是在压缩、抽象和排挤已有的言语思维。而审美言语与审美言语思维都是趋向抽象化，因此，其差异性要比言语和言语思维的存在与获得方式要小得多，其获得方式是通常所说的"灵感"，它具有"想起"[①]性。

心体符号运行的表征在于创造艺术作品，艺术表现形式的推陈出新、创作方法和艺术表现手段的层出不穷，表明心体符号运行获得了多样化的渠道（如浪漫主义、现实主义、象征主义、表现主义等手法的出现，还有写实、夸张、变形、象征等表现手段的运用）。心体符号运行中的多样性是主体意识语言的个性化与对象的多样化需求决定的。但拿心体符号运行的共性来说，心体符号运行的表义性、张力性、"空无性"、深刻性等方面在艺术创作中起了决定性的作用。

第一，心体符号具有丰富的表义性，其丰富的表义性决定了艺术的表现性。丰富的心体符号来源于生活审美意识的积累，丰富的积累为艺术表现打下基础。心体符号承载着历史的"文脉"，传达出时代的"音符"，谱写着未来的"乐章"。

第二，心体符号具有审美张力性。[②] 心体符号在心理力场雄厚决定着向外的作用力或扩张力。心体符号场力的意识心理力和力场的强固，向外的艺术作用力和表现力就强大，足以显现主体的主体性和创造性。同时，心体符号力场决定了艺术系统生态。作为心体符号的意识语言作为机体的存在，其形态内部必然是有机的活的系统生态环境，任何意识力都不是独立的存在，而是生态化的系统存在，彼此互通互联、互交互织的。作为意识生态组织机体存在时，才有意识生命的存在。心体符号中的象、情、意、境、感、理与艺术系统生态中的象、情、意、境、感、理是相对应的。没有艺术之象的作品是不存在的作品，没有心体符号之象，就不可能产生艺术作品之象。

第三，心体符号具有"面目多变的空洞"性，它为艺术表现提供广

---

① "想起性"与"忘却"相对。记忆是思维的经验方式，回忆是对已经发生的实践活动的一种自觉地想起，反思是指对已经积累经验的自觉回忆与思考。

② "张力"一词最早见之于物理学，原指拉力，拉拽的力量。1937年英美新批评派理论家艾伦·退特在其《论诗的张力》一文中将此概念引入文学理论。此处的心体符号的"张力性"是指内在语言的扩张力、渗透力、凝聚力等意识力特性。

阔的空间活动平台。作为心体符号的意识语言的空无性表现在象的梦幻性，意的模糊性和境的无限性。象的梦幻性是浪漫主义和象征主义艺术的表现形式；意的模糊性是艺术追求的一种旨趣，作为心体符号的审美意趣中的无限感、朦胧感、空灵感、飘逸感等都是艺术的追求；境的无限性也是一种审美的追求，审美境界中的怪诞、奇特、惊险、神秘等是艺术表现的独有审美感受。这些心体符号的面目多变的空洞性为艺术提供了广阔的生存空间和无穷活力。

第四，心体符号的深刻性。心体符号的深刻性主要从其语言形态个性本身来说，这是由心体符号生存的自由和谐性、相对独立性、"解放潜能"的职能性、整体性等个性决定的。心体符号的自由性为艺术家想象提供空间，这种心灵的自由，超越了目的性和规定性。主体精神自由驰骋，心体符号之间猛烈碰撞，艺术生命在自由中酝酿、孕育。心体符号的和谐性是不和谐的和谐，杂乱中的和谐，无序中的和谐。心体符号中的系统组织因素之间的和谐性，为创生新艺术作品提供了心理依据。没有和谐的运动，就没有心灵的撞击，思想的火花就不会应运而生。心体符号具有相对独立性，它为语言文字或言语表现审美意识时的明确化和定型化，形成艺术语言提供可能。心体符号"解放潜能"的职能性为解开心灵的束缚和思想的枷锁提供可能，它为启迪智慧，陶冶情操，升华理想，净化心灵世界创造了温床。它打破工具性和理性的统治格局，也打破了趋同性或盲从性的心理秩序。心体符号的整体性就是在内心运动变化或强化是以审美整体意象作为自己的语言组织系统，心理因素的有机化合，才能构成心理上的审美语言信息流。

从艺术创作来说，艺术直接源于内部心体符号的孕育、构建与运行。那么，强化运行心体符号表现性的现实意义就显得十分重要。强化心体符号的表现性实质是强化主体的主体性。主体性是人推动自身和社会生活前进的人生动力系统。有了主体性，人才能走向自我存在，价值实现和自身完满塑造的历程。只有完满的人生才能去审美或创造，才具有审美的完整性和创造的完整性。强化心体符号的表现性的核心是强化主体的创造性。主体的创造性不仅是艺术发展的需要，更是人生发展的需要和社会发展的需要。总之，它是社会历史发展的需要。社会历史发展的动力之一就在于人类不竭的创造精神。作为人学的审美科学必然要呼唤心体符号的强化和超越。人的本质关键在于意识系统，美学研究的核心内容就在于作为心体符号的审美意识组织，因此，探索心体符号的奥秘是一切艺术家最珍贵的品质。

　　一言以蔽之，心体符号运行的实质就是建构主体地位，具体表现在对人生内在尺度的规定性、对主体性的确定性等方面。心体符号不仅有历史的理性尺度，还有审美的人生内在尺度；不仅有社会时代的价值关怀，还有人生的价值追求。一种人生尺度的高低，一种人生关怀的深浅，一种人生追求的远近，全在于心体符号的高低、深浅和远近。人生有多丰富，心体符号就有多丰富。心体符号有多完整，人生就有多大程度的完整。因此，心体符号的自觉形成，就在于形成心体符号，就在于完满塑造人生走向自我存在和价值实现，它具有对人生内在尺度的规定性。心体符号的自觉形成实质是对主体地位的确立性，主体性是人推动自身和社会生活前进的人生动力系统。有了主体性，人才能走向自我存在，价值实现和自身完满塑造的历程。只有主体地位的确立，才有完满的人生去审美或创造，才有审美的完整性和创造的完整性。所以，心体符号自觉运行实质就是主体地位的确立。同理，作为心体符号的艺术语言一旦离开心体符号的自觉性符号体系，那么，它也就失去了根基与依赖。

第四章　心体符号修辞

在完成"心体内操作之旅"后,再系统整理与建设心体语言的符号体系。既然心体符号作为心理现象的存在是真实的,那么,心体符号必然具备语言符号性质的基本特征与内容,诸如心体符号的基本单位与结构类型、语法与修辞、能指与所指、测度与模态等,它们就是心体符号存在的"有机的逻辑"修辞。其中,基本单位与结构类型是心体符号存在的重要基础;能指与所指是心体符号存在的根本特征;测度与模态是考察心体符号存在的重要维度;内修辞与内语法[①]是研究心体符号存在的必然要素。明晰以上范畴的有机逻辑,才能真正理解心体符号的内运作系统流程与规范。

第一节　单位与类型

心体符号的基本单位与结构类型是其自身存在的重要基础。在艺术视角上,心体符号是内心审美意象在一定营构规则下形成的,因此,作为艺术心体符号的"意象"或"审美意象"应该是它的基本单位。情象结构有单一结构与多元复合结构之分,所以,心体符号的结构类型也有单一结构与多元复合结构。

心体符号的基本单位是"意象"或"审美意象"。或者说心理言语的材料是各类意象,它是意识和言语过程中不能被进一步分解的最小单位。没有意象的言语思维不是真正的言语思维,而是空洞的言语思维,"意

---

① 内修辞与内语法。"内修辞"是指心理语言修辞。修辞就是修饰文辞,是文艺创造的手法(或技巧)。"内语法"是指心理语法。语法是普通语言学的一个研究分支,主要研究按确定用法来运用词类以及词在句子中的功能与关系。艺术家心理创造必然有一定的内部符号组织技法与规则。

象"是审美言语的灵魂，也是构成言语的基本材料。① 例如，"美"这个词，它本身不是概念，它是一种感觉的意象，只是在感觉对象中的一种主观的积极评价。在审美过程中，主体对于对象的各种审美关系体认和接纳后外射的符号，所以"美"是"意象"的外射符号。同时，美的"意象"又是思维或感知的结果。这种感觉意象在不同情境中会有不同的"族象"，如美满之象（生活）、美政之象（政治）、美食之象（滋味）等。可见，"意象"是心理言语的一种结构，也是一种言语前的形态。审美意象具有流动性和扩散性的多维结构，又具有模式识别的特点。这是内部审美意识的心理力和力场互相运动的结果。意象运动就是审美意象的生命表现，它的运动具有整体性、系统性、复杂性等诸多特点。如果以言语和文字语言表现心体符号，审美意识系统就可以通过言语和语言表现而明确化、定性化和定型化。但许多艺术形式是不能"转码"为言语形式的，如舞蹈、绘画、音乐等。虽然不能转码为言语形式，艺术却能表现出"无声胜有声"与"妙在不言中"的审美心理感应，这也说明了审美意识留存在心体世界的独特语言形式的普遍性。但它有自己的独特生存环境，

---

① 言、象与意的关系。晋代王弼在《周易略例·明象》中说："夫象者，出意者也；言者，明象者也。尽意莫若象，尽象莫若言。言生于象，故可寻言以观象；象生于意，故可寻象以观意。意以象尽，象以言著。故言者所以明象，得象而忘言；象者所以存意，得意而忘象。"可见言、象与意的关系图4-1。

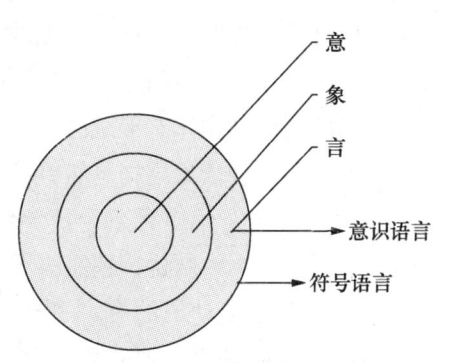

图4-1 言、象与意的关系

"意象"最早出现在老子的《道德经》："恍兮惚兮，其中有象。"
"意象"最初作为哲学概念见《周易·系辞》："书不尽言，言不尽意。然则圣人之意。其不可见乎？子曰：圣人立象以见意。"
"意象"作为文学理论最早提出的是刘勰《文心雕龙·神思》："独照之匠，窥意象而运斤。"刘勰说的"象"是心理之"象"，这是对创造艺术经验的概括与总结。

不是任何时候心体内部都具有的。这种境界重现实又超现实、有我而又忘我、潜功利而又超功利，从而构成了重现实而又超现实、有我而又忘我之境、潜功利而又超功利的内心境界。具体地说，重现实而又超现实之境表现在重现实对象，因为现实对象是审美的最直接诱因，但必须与现实时空、现实生活和现实利害心境保持间距。"有我而又忘我之境"中的"有我"意在主体必须有反思经验的主动地位和主动心态，"忘我"只是暂忘于生活网络中被生活敷衍和压抑的"小我"，达到灵魂另有所寄的"大我"。"潜功利而又超功利之境"中的"潜功利"指人类一般的、历史的、时代的功利感蕴含其中，无法超越，但又要超越主体直接的切身的生活功利、社会功利和欲望功利的感受，做一名脱俗的无欲者和无求者。"无目的而又合目的之境"中的"无目的"意指物质上的无求，只求精神上的愉悦，"合目的"意在达到精神的相对自由和理想创造的目的。因此，意象的生存至境是"内心说话"的必要单位或材料。

意象结构有单一结构与多元复合结构之分。抑或说，心体符号具有单一结构与多元复合结构两种。心体符号单一结构是指构成意识语言的"意象"比较简单，一般在感知对象基础上，内心即刻形成意识单元，并在经验意识与审美语境下，就能形成一个相对完整的意象语言结构。心体符号单一结构的特点是构象时间短、意义单元少、体系较简单。心体符号单一结构是一个或几个简单审美意象结构，简单审美意象是建构心体符号的基本单位，各个简单意象之间没有明显的秩序，也没有明晰的状态与结构。单一结构的多次、多层、多维的量态积累，情象结构的新质态就会冲击言语思维的发生，当稳固的情象结构体态形成后，内部多元复合情象结构体就产生了。心体符号的多元复合情象结构是简单审美意象结构的有序化、系统化与明晰化。所以，心体符号多元复合情象结构特征是意识性强、意象完整与意指明确。无论是单一结构，还是多元复合结构，"意象结构"总是心理言语的一种具有审美动机的有"意味"的情象结构。因为，"我现实地意识的东西，我如何意识这些东西，我所意识的东西对我有何含义，都是包括我这一行动在内的活动动机决定的。因此，含义问题永远是一个动机问题。"[①] 以旅游为例，首先是个人旅游需求，在心理上

---

① [苏联] 阿·尼·列昂捷夫：《活动 意识 个性》，李忻等译，上海译文出版社1980年版，第214页。

促使紧张系统的形成,便引起旅游动机,从而产生旅游行为,即达到旅游目的。所以"意象结构"是有"意味"的情象结构,即有一定动机的"含义"(心理意象符号)结构体。

第二节 能指与所指

能指与所指是心体符号存在的根本特征,心体符号的能指与所指分别是"意的象"与"象的意"。"意"总是在追求"象"的拟态,以求"意"的最佳符号生态。所以,"象"的拟态是符号生态的一种。拟态是指"意"为了充分表达而与"象"共生的一种符号生态,如同蝴蝶模拟大自然状态一样。根据"象"的语言指向类别,"意象"拟态通常有生活拟态、自然拟态与艺术拟态三种。三种拟态共同构成"象"的语言的结构分布态。拟态生存是"象"的语言的一种整体的和组织的最优化追求。

在不同领域上,心体符号的能指与所指具有层次性差别。在文学层次上,"意"总是在追求与"象"的疏远,即扩大"意"和"象"的距离。"意"和"象"的距离越大,产生的审美张力就越大。文学的目的就在于创造具有无限空间距离的"意象"美。如果失去了"距离",也就失去了文学心体符号的价值追求。但不是说失去了"距离",就一定没有价值。在哲学层次,"意"就是在追求与"象"的"距离"的缩减,因为"意"追求与"象"的抽象,剥离"象"的内质。在美学层次上,"意"完全在追求与"象"的共栖,"意""象"无间,两者融为一体,彻底消失两者间的距离。这些能指与所指的层次性差别是审美意识"意的象"与"象的意"的不同特征决定的。

心体符号基本单位是"意象"。因此,心体符号的载体当是"意象群"或"意象族"。心体符号的"意象群"或"意象族"序列通常有印象或表象、情象、境象、幻象、意象、形象等。表象是实体留存在心体意识上一种模糊无序的迹象,如天象、星象、头象、绣象、胸象等。情象是一种审美情调之象,如忧郁象、豪迈象、消沉象、舒畅象、庄严象、轻佻象、积极象、消极象、痛快象、愤怒象、悲剧象、喜剧象、愁苦象、欢快象等。境象是主体在审美时形成的一种审美感受之象,如美象、丑象、崇高象、滑稽象、怪诞象、奇特象、惊险象、神秘象、朴实象等。幻象是一种幻觉之假象,有虚象、梦象、鬼象、神象、佛象、仙象……还有自然美象、艺术美象、生活美象、人体美象等也属于幻想之列。意象是主体在审美时形成的一种完整有序意趣之象,如朦胧象、含蓄象、明快象、无限象、空灵象、飘逸象、幽默象、诙谐象、质朴象等。形象是艺术家艺术化了的"象",多有人象、物象、事象、景象、时(间)象、空(间)象、形象、状象、喻象或拟象等。譬如莎士比亚《十四行诗集·十九》曰:

饕餮的时间呵,磨钝雄狮的利爪吧,
你教土地把自己的爱子吞掉吧;
你从猛虎嘴巴里拔下尖牙吧,
教长命凤凰在自己的血中燃烧吧;
你飞着把季节弄得时悲时喜吧,
飞毛腿时间呵,你把这广大的世间
和一切可爱的东西,任意处理吧,
但是我禁止你一桩最凶的罪愆:
你别一刀刀镌刻我爱人的美额,
别用亘古的画笔在那儿画条纹,
允许他在你的过程中不染杂色,
给人类后代留一个美的准绳。
但是,时光老头子,不怕你狠毒,
我爱人会在我诗中把青春永驻。①

这首诗的意象或形象主体是"时(间)象",通过喻象或拟象方式展现作者对"时间"所说的话。诸如"磨钝雄狮的利爪"、"你教土地把自己的爱子吞掉"、"你飞着把季节弄得时悲时喜"、"你别一刀刀镌刻我爱人的美额"等"意象群"构筑诗歌的整体意象流。实际上,心体符号的生命就存于"意象群"或"意象族"里,每一个"意象"里都有丰富的审美意识建构规律。中国传统"意象"观首次出现在《周易》、《系辞上》中:"子曰:书不尽言,言不尽意。然则,圣人之意,其不可见乎?子曰:圣人立象以尽意。"可见,传统"意象"观强调"意"和"象"

---

① [英]莎士比亚:《十四行诗集》,屠岸译,上海译文出版社1981年版,第19页。

的和谐统一。从审美意识的语言修辞生存来看,审美意象在建构过程中,其"意"和"象"并非一定能孕育成"意象"。这里涉及一个"意"和"象"的中间连接状态的"东西",这种"东西"就是中国艺术里的"神"——意识语言修辞格的生命。因此"意象"应该是"象""意""神"的三位一体。为什么呢?不妨展开论述。

先说"象"。它既是主体对客观对象观照的切入点,又是联结主客体的媒介。石涛《苦瓜和尚话语录》中说:"人为物蔽,则与尘交,人为物使,则心受劳,劳心刻画而自毁,蔽尘于笔墨而自拘,此局隘人也。"石涛指出了审美要实现超越现实之"物象",必须摆脱"人为物使",不能"为物所蔽"。否则"心受劳"而"自毁"。那么,不使"心劳"必有"神韵"。"意"劳而"神"失,"神"足则"意"溢。因此,"神"是联结"意"和"象"的纽带,否则,"意象"就成了艺术的"具象"。

次看"意"。它是指"悟道"而产生的一种感觉、体悟或感受。"意"是主体对万物之道的理解,主体不能无限的"意"下去,否则就使主体精神无限膨胀,其后果必然是主体精神吞吃物象,完全抛弃自然物象的外在形状,这样"意"就成了"理"的抽象形式。此时,"神"的益处就在于溢溉"意"中,而使其不被"理"所遮蔽。否则,"意象"就成了主体精神的"抽象"。

再说"神"。它是艺术生命之根、之力、之神。"气以实志"或"情与气偕"(刘勰语)。在刘勰看来,无神气之情则无"风力",情与神气偕风力遒劲。这样说来,"神"成了熔铸"意"和"象"的"东西"。否则,"意象"就成了物形的"心象"。因此,我们不能把"意象"生存在"具象"、"抽象"和"心象"之中,否则,心体符号的生命就不存在了。

心体符号"意的象"存活于内部心理空间,内部心体符号是"意象空间"的最后结构形态,也是一切文艺表现的内在依据和内在能量。那么"象的意"就是心理空间是大脑的活性[①]组织。因此,意象空间里"象的意"具有整体性。意象空间作为内部组织的整体性,不在于意味着心理因素的同质性,而在于因素的多样性而构成的多质整体结构。所以,它是一种异质同构性整体。另外,意象空间的整体性又表现为功能的整体性,异质相吸、模化组合、结构内置和动态生存等功能,最后指向生活的

---

① 所谓"活性",即是有机的、整体的,具有生命系统的态性。

冲动、自然的表现与艺术的创造。这种整体性还表现在有机性上，有机性是意象空间的活性存在，指向生存的价值存在，指向心体符号的存在。因此，意象空间的整体性表现在异质同构性、功能性与有机性上的整一。异质同构性是相反中的和谐，功能性是在结果和任务上的一致，有机性表现在存在活性上的统一。

心体符号"象的意"是有限性与无限性的统一，也是构成审美意象的重要特征。意象空间的有限性是从"意象空间"语言传达来看的，传达只是"部分的"，只能是"满意的"，而不能说是"正确的"。因为，"意象空间"的理性空间是有限的。意象空间的无限性是相对于"意象空间"的感性空间而言的，感性空间侧重"象"的无限性，而理性空间则偏于"意"的有限性。诸如反思、推理、逻辑、概念等理性能力是有限的。"象"的无限性和"意"的有限性构成意象空间的审美特征：或隐或显。"意"的有限性之"显态"为阐释提供可能，"象"的无限性之"隐态"为艺术创造提供源泉。

第三节　修辞与语法

心体符号的修辞与语法，实际是一种"内修辞"与"内语法"，是研究心体符号存在的必然要素。在中世纪教育中，修辞与语法是基本知识分工中的一个部分。在新近的思想中，它们已经成为一门学科或学科中语言营构的手段与方法。心体符号内修辞是指意象在意识空间内的表述手段，常见心体符号结构的基本手段有：情感化修辞、意象化修辞、陌生化修辞[1]等；心体符号内语法是指意象在意识空间的建构方法。心体符号结构

---

[1] 有关"陌生"及其在语言中的修辞说明：语言的陌生是相对语言规范而言。诗歌语言的陌生化有两层含义：相对于日常语言而言，指不符合日常语言的逻辑原则与语法规则；相对于诗歌内部语言而言，指反熟悉性与反惯例性。这样，陌生化也是一个相对概念。某些诗歌语言相对日常语言是陌生的，但也可能在诗歌语言内部又是规范的。如王安石《泊船瓜洲》："京口瓜洲一水间，钟山只隔数重山。春风又绿江南岸，明月何时照我还。"柳宗元的《江雪》"千山鸟飞绝，万径人踪灭。孤舟蓑笠翁，独钓寒江雪。"诗歌中的语言或意象是"反熟悉性与反惯例性"。在艺术中，"陌生化效应"是俄国形式主义者维克多·什克洛夫斯基在《作为手法的艺术》中提出，艺术语言的表现手法，即"反常化效应"。它是指艺术语言符号价值不是其能指形式与现实世界中的所指之间联系的固定，而是能指与所指恒定联系被打破，也意味着人对事物的恒常认识与恒常感受的断裂。我们必须返回原始感觉状态，以特殊方式重新调整意向关系体验对象。

的基本方法，即内语法，大体有自由律、和谐律、结构整一律、无形律、对话律等。

在艺术视角，审美意识作为一种内部语言形态，它必然具有语言的结构特点。所以，心体符号也有自己的内修辞与内语法。"内修辞"指心体符号结构的基本手段。心体符号作为潜语言，从它的内部系统和运行机制上说，是有自己的基本手段的，也就是要遵循它自己内部固有的修辞。符号语言修辞通常分为消极修辞和积极修辞，而心体符号修辞只能是积极修辞，因为意识语言的模糊性和朦胧性决定其修辞的消极性是"因素的归无"。另外，心体符号修辞也有自己的范畴和特征。常见心体符号结构的基本手段有：情感化修辞、意象化修辞、陌生化修辞等。

情感化修辞贯穿于心体符号生存和运动的全过程。从情观到情思，到情孕，到情游，到情赏，无不"情动于中"。因为观象、味象、立象、品象。无情不生，无感不发。因此，"情感"修辞在心体符号的创制中显现巨大的活动能力和表现力。中国传统艺术审美思维一贯重视"情感"修辞在思维创造中的基础和主流力的作用。《乐记·乐本篇》曰："情动于中，故形于声；声成文，谓之声。"指出了乐乃情之生发。《文心雕龙·诠赋》曰："情以物体兴，故义必明雅；物以情观，故词必巧丽。"这也说明内心的意识语言也必然"明雅"和"巧丽"，而此又在"情"的激发下创生。明代人汤显祖说："情致所极，可以事道，可以忘言"，还有"李白斗酒诗百篇"，"张旭三杯草圣传，挥毫落笔如烟"，这些无不说明因情而观、而思、而孕、而生、而赏。

意象化修辞有明显的功能性与指向性。意象化修辞使得心理空间具有装载意识、模化意识与传达意识的功能性。装载意识是指"意象空间"能够接纳与储存生活意识，"生活"是它的装载源泉。留存在内部的生活意识，在心理模化作用下，将进行结构与组合，并在一定的审美心境中产生释放与传达的欲求。心理空间活动从装载意识到传达意识是一个"接纳—内感—外射"的过程，也是一种心理空间指向性的问题。所谓"指向性"，它不同于一般的"意向性"。它是指向生活，指向自然，指向艺术的审美性。"意象空间"指向生活，是在审美主体自觉反省生活的基础上，形成主体意识，进而形成意识结构系统，最终形成生活审美意识。同样，指向自然与指向艺术最终形成自然审美与艺术审美。生活审美、自然审美与艺术审美在心理空间成熟的标志是"内语言"的形成，即内部心体符号。它是"意象空间"的最后结构形态，也是一切文艺表现的内在依据和内在能量。

陌生化修辞主要通过如顿悟、神游、通感、兴会、灵感、会意、比兴等手段对内在意识进行意识语言诗化。诗化的美学特质在于它的能指自由组合性与语意遮蔽性的两种悖论。从营构策略看，它的组合没有时空的约束性。其语言的时间向度与空间向度因能指的自由表达而放射出诗化语言特有的延展性与广域性。广域性保证符号空间向度的想象性；延展性保证符号时间向度的持续性。持续性审美想象是语言符号的功能之一，这种功能是能指自由组合的使然。当然不是没有限度的组合，时间向度与空间向度就是它组合策略中必须遵守的工作方式。"春风又绿江南岸，明月何时照我还。"这句中"春风"与"江南岸"是诗人营构意境时的基本向度，即时间向度与空间向度。"绿"就是时空向度上的联结点，时间向度上的"绿"使诗歌语言符号有一种"回乡"的审美效果。所谓"回乡"，是指意识语言的能指层面有一种文化上的认同感。如"绿"在"今春"，它在文化认同性层面上就使得符号所指具有丰富的"回乡"意味，昨日江南的美丽便回荡在眼前的春风里。空间向度上的"绿"使意识符号产生一种"身份"的审美特质。所谓"身份"，是意识语言的能指层面的一种地域上的识别性，如"绿"在"江南"，在地域认同上使得意识语言具有空间"身份"。所以，从时空的自由营构策略上又是"不自由的"，因为诗化语言一旦要有自己的言说策略，必然要遵循共同的语义规则，而意识语言本身的具有阐释性的特质又使得它在理解上是一个从遮蔽到解蔽的过程。其次，从其所指存在方式上看，意识符号能指一级层面与能指二级层面存在着互指性悖论。意识语言符号的所指层面上有两个意义符号轴，其中横轴是意指的一级层面，在这个横轴上的一级层面上依附着许多二级层面所指，它们共同构成意识语言符号的纵轴。如"孤舟蓑笠翁，独钓寒江雪"一句中的"钓"，它在一级横轴意指上是"垂钓"意，它依附纵轴上许多二级所指，诗人何以"独钓寒江"？其味是诗钓，或是思钓。所以"垂钓"的日常经验在二级能指层面上升为超验经验，而超验性审美经验的悖论就在于它遮蔽了日常经验，虽然来自日常经验。因此，阐释语言的所指遮蔽成了诗学阐释的要务。

无论是情感化修辞，还是意象化修辞与陌生化修辞都要弄清楚它们的运行载体是什么？语言修辞的载体是字词句段，而意识语言修辞的"字词句段"在哪里呢？从意识语言的生成环境和基础来说，意识语言修辞的"字词句段"是在"无形"中生成，在"有形"中运动。中国艺术家在艺术意象的形式构成上很重视"有形"和"无形"的统一。"有形"乃为实，"无形"乃为虚；一方面强调无中生有，虚中成实，无形生有形。"虚实相生，无画处皆成妙境"（笪重光语）；另一方面又肯定有形生无形，实生虚，"实景清而空景观"（笪重光语）。"无形"乃是审美主体的精神，"有形"是体现主体精神的"生命线"；审美意识领域内的生命线是由无数生活审美经验的"生命点"构成。这个"生命点"是无形的存在，生活审美意识生命点的多面重组与结构后，便熔铸成立体之"意象"，点的无形又在"神气"点化下生成生命的形。可见，心体符号是由"点"连"线"，再由"线"构"体"，是"有形"与"无形"的熔铸体。

从心体符号修辞格的生存和运动特点看，审美语言修辞不同于语言修辞的相对稳定性，因为"意象群"或"意象族"是运动不止的。审美主体的变化，"象"的运动方向与创生内容差别很大。下面试以恋者、痛者、失败者、成功者和清廉者为例来说明其具有"延展性"与"关联性"的差异性。①恋者→睹水→柔情似水/水性杨花→神游柔情初恋等→"秋水"、"情流"→恋人→作品《水》；②痛者→睹水→水火无情/水至清无鱼→幻景如灾难等→"祸水"、"猛虎"→英雄→作品《水》；③失败者→睹水→流年似水/水中捞月→梦游时光流逝等→"光阴"、"逝者"→亡灵→作品《水》；④成功者→睹水→水滴石穿/水到渠成→畅游努力工作等→"恒心"、"毅力"→荣誉→作品《水》；⑤清廉者→睹水→水米无交/水乳交融→思游宫廷职场等→"廉者"、"老死不相往来"→伟人→作品《水》。因此，心体符号修辞格所蕴含的色彩和意蕴是变化的、不稳定的，这也正是心体符号言语修辞格特有的精神气质。

对心体符号言语修辞格的认识有利于认识心体符号言语的模式、模态和模层特点，从而有利于认识心体符号的体、式、态、格范畴上的规则和机制。

心体符号结构的基本方法，即内语法，它大体上有自由律、和谐律、结构整一律、无形律、对话律等。

其一，自由律。心体符号系统内部因素结合是任意性的、自由的，它与符号语言能指与所指联系的任意性是相同的。心体符号生存自由性为艺术家想象提供生存的空间，这种心体的自由是超越了目的性和规定性的自由，使主体精神自由驰骋，心体符号系统之间猛烈碰撞，艺术生命在自由中酝酿、孕育。心体符号系统个体的生命是处于相对自由的独立性之中，它为语言文字或言语表现心体符号时的明确化和定型化提供可能的根据。

其二，和谐律。心体符号生存和谐性从根本上是主体性和谐的表现，但这里主体的和谐是不和谐的和谐，杂乱中的和谐，无序中的和谐。心体符号系统组织因素之间的和谐性，为创生新艺术作品提供了心理依据，没有和谐的运动，就没有心体的撞击，思想的火花就不会应运而生。

其三，整一律。心体符号内部结构是整体性的，它的运动是在整体中推进。心体符号在内心运动变化或强化是以审美整体意象作为自己的语言组织系统发生的，只有审美心理因素的有机化合，才能汇成心理上的心体符号信息流。

其四，无形律。心体符号作为潜语言深居意识领域，具有不确定性，是内在"无形律"的表现。外部语言的"有形律"就是内部心体符号的"无形律"的表现。因为，"这种语言……它只是按照审美意象的本来面目进行描摹。……艺术家们在自己的创造实践中感觉到，在那波动的情感，朦胧的印象，稍纵即逝的直觉和非理性的感觉面前，规范的语言的承受力竟是那么的脆弱，那样的无能为力。"[①] 那么，心体符号的不确定性的原因是什么呢？首先，心体符号的无形式感与显性语言的形式感。一般形式或显形式产生于潜形式中，同样显性语言的形式也产生心体符号的无形中，任何无形式的意识经过意识力的重组与创生后都能生产符合自己意识语言模式的对象物。相对于显性语言来说，心体符号的存在领地可称为"第二自然"，第二自然的环境特征是斗争、剥削、不平等、压抑与和平、民主、平等、自由共存于整一中。往往是非理性压抑理性，理性与感性斗争，尤其是工具性统治感性。和谐与混乱、秩序与不规则、压抑与反抗、多样性与单一性等构成意识语言的不确定性。心体符号因此形成了形形色色的语言色彩和旨趣，相对于显性语言的感情色彩和意趣来说，心体符号要丰富得多。其次，心体符号的自律性与显性语言的他律性。心体符号作为潜性形式具有高度的自控、自制、自建、自审的独立存在的自律性，而显形式的零散、外在、确定的存在往往是由对应的他者而确定其价值。心体符号在自控、自制、自建、自审等方面的建构性"显式"比显性语言要灵活得多。显性语言的组合法则是确定的，而心体符号的建构法则是模

---

① 骆小所：《艺术语言学》，云南人民出版社1992年版，第154页。

糊的，例如艺术家的意识在"天启"灵感下，才能形成创造的"建构法"，并且这种建构机制是变化的和不确定的。心体符号就是潜语言的一种，该语言的建构到"内视"或"显现"意象时，艺术家才能"取容得心"或"取心拟容"地表现，而种种"取心拟容"的内在机制又是在不确定中显示某种确定性。

其五，对话律。心体符号作为潜在语言，它有自己的一套对话系统。心体符号的内部系统在构象时，其实也就是意识族之间的对话系统的运动。人的思想存在是超越主观的，它的生存领域不是以个人意识为中心，而是以不同意识之间的对话交流为特征的。意识族的存在或意识生命的存在，同样不是单一的意识族的存在，它需要不同意识族之间的交流和对话。否则，意识族的生命只是短暂的。意识族的沟通性和交际化，使意识族获得某种平等和对称上的内在地位和结构。沟通的平等地位意味着意识语言个体生存环境的相对和谐。结构的对称性是平衡意识族权统治的"律条"，一旦破坏这种结构的对称性，必将破坏内部意识语言的对话环境。同时，这种对话系统的形成必须要有虚静的空间环境条件，否则心体符号常被生活意识语言或常规理性意识语言压抑或控制。一般意识语言或非理性意识语言之间常常相互冲突，新异或不规则意识常被陈旧或常规语言统治或压制。西方的"神祇"说或"灵感"说，以及中国的"天启"说或"天机"说，意在表明被压抑的意识语言开始"内视"而获得新的生命，它们从"独白"走向"对话"；从"孤独"走向"和谐"。心体符号在对话中产生新的思与诗，在和谐中诞生新的意和象。从这个意义上说，"象"的自由神驰状态是"意象"形成的依赖，即"象"的对话与交流是孕"象"的关键。

心体符号的对话机制涉及权力话语的诸多问题，其中话语建制权或建制力、话语建制的施权者和受权者的平等性最重要。首先，看建制权。这种权力表现在权的统治欲、统治方式、统治对象和统治者上。它的统治欲表现在意识占有欲上，即心体符号的生命冲动、表现欲望、生存理想等；它的统治方式表现在压抑和自由上，即生活压力、情绪压抑、精神亢奋、意识自由等；它的统治对象表现在对抗与服从上，即反抗与协同、盲从与顺从、工具与感性等；它的统治者表现在组织和领导上，即策略与谋划、编码与谜语、符号与代称等。其次，看平等性。作为一种权力话语，如何使权力话语走向与受权者的平等对话上？这里涉及话语沟通的平等性原则、现实性原则和理想性原则。施权方与受权方的平等，即所谓"视界交融"，现实性和理想性表现在施权和受权的"期待视野"和心体符号存有的一致性。平等性的消失，意味霸权对话的形成，从而心体符号被工具思维或理性思维统治，同时意味着意识权的丧失，因为没有受权者的存在。而意识权的丧失又意味主体意识的丧失。一旦主体意识在工具性或制度化中沦丧，主体的心体符号就会被排挤到意识域的边缘，那么，心体符号的对话系统将会走向"死亡"。

第四节 测度与模态

测度与模态[①]是考察心体符号存在的重要参数。心体符号是内心独特的组织机体，"一定的组织机体都具有主要的测度……一定的组织机体也包含有主要的模态。"[②] 心体符号作为心理组织形态也有自己的测度与模态。

测度，本指测量几何区域的尺度，这里则指的是测量意识组织的尺度。根据测度的内容范畴，心体符号形态测度包括心体符号量度、心体符号质度、心体符号合度和心体符号力度。要全面考察心体符号组织机体，必须对心体符号量度、心体符号质度、心体符号合度和心体符号力度做多维分析。

量度是指数量的多少，即丰富多样性。心体符号量度是在审美活动基础上，由生活心体符号和艺术心体符号不断量度积累构成，其量度的积累达到临界点时，理想的心体符号形态便在大脑中出现。生活心体符号是审美主体在于对象的审美活动中形成的审美意识集团，这种语言是主体自身经历的审美化了的生命历程，它是主体自省后提升到新的审美心理空间的一种自觉语言，又是主体进行艺术创造的元语言。艺术心体符号是艺术作品中表现的心体符号，但同时又借助物态化而显现在心理上，作为意识语言集团的心理留存，它在生活心体符号的催生下也为理想心体符号的出场

[①] "测度"本指一种测量向量，原是几何学中测量区域的一个概念，后来被运用于物理学等领域，包含量度、质度、力度与合度。量度、质度、力度、合度是不能直接用物理工具测量或观察进行测量的手段，所以能被应用于美学。"模态"是事物的结构状态，原来是逻辑学中系统辨别方法的一个概念，后来被广泛运用于工程学、组织学、美学等领域。模态包括静态、流态、变态与整态。这些结构状态与审美意识的组织形态很吻合，所以能应用于美学。

[②] 李健夫：《美学基本原理》修订版，中国社会科学出版社2006年版，第30页。

提供可能,即形成新的艺术创造动因。心体符号量的积累与心体符号作为生命个体的"内视眼"的形成是同步的。这种"内视眼"即心体符号之眼,"意"和"象"是它的双眸,它在物象与意念中诞生,在感性与理性中孕育,在情感与认识中萌发,在个别与普遍中熔铸。"意"具有朦胧性、飘逸性、肤浅性、粗拙性、简约性等个性特征;"象"具有个体性、分散性、局部性、模糊性、游移性等特征。心体符号量度就在朦胧、飘逸、肤浅、粗拙、简约中推进;在个体、分散、局部、模糊、游移中积累;在主体不断地统感、统觉、统情、统思中构筑。心体符号量的积累就是在"意"和"象"的不断运动与整合中形成。

质度是对象构成因素的性质与功能,即内在理解的理性把握高度。心体符号质度指该语言形态的功能、效应、性质等本质度。功能主要指心体符号的创造功能,心体符号的内控性或自控性是创造外部语言的基础,内控性或自控性也是心体符号言语权的表征,而表现到艺术作品中的心体符号则主要表现在认知、娱乐和感染教育等功能上。心体符号在功能上具有自己的独特点,苏联著名心理学家鲁利亚认为,"内部语言"在功能上具有"述谓性"特点,即内部语言总是与言语者的欲望、需求、动作、行为、知觉、情感的表现密切相关。[1] 鲁利亚指出了心体符号质度在功能上显现的主体性特点。质度效应主要是从价值方面来说的,是核心外部心体符号在认识、情感、审美感受与评价、理想、精神品质等方面影响人。例如心体符号具有"解放潜能"的职能性,职能性为解开主体心体的束缚和思想的枷锁提供便利。它在启迪智慧、陶冶情操、升华理想、净化心体方面创造了温床。它打破了工具性和理性的统治格局,也打破了趋同性或盲从性的心理秩序。

合度是指机体内结合力的强度、密切度、相容性、结合力大小等,就是组织集体内部因素结合的疏密或协同的吻合度。心体符号合度指心体符号力场中各种力的协同度。内部心体符号的心理力,即感受力、情感力、印象力、想象力、意志力、知觉力、判断力、创造力等心理力,它们构成了心体符号的心理力场。心体符号心理力场中力的协同度首先与内外部理图式密切相关,心理图式要借助于外在客体形式予以呈现,这不是一种简单叠加,而是一种同构,外形式成为心理图式的整体隐喻,这种整体隐喻的建构原则

---

[1] 余松:《语言的狂欢》,云南人民出版社2000年版,第31页。

就是异质同构。用格式塔心理学术语讲，即力的样式的同一性。就是说心体符号的力场中力的协同在于内部"心理图式"与外部"心理图式"同构的协同，即心理"力"与对象"力"同构达到力的协同。

　　力度指外显的作用力、能量、效用的大小等，即组织个体所具有的凝聚力、作用力和影响于外界的效能。心体符号的力度指该语言的外化功能和强度。心体符号是对外在对象一系列的感知、感觉、移情、构象的熔铸过程，它的外显效用不同于符号语言，符号语言只是对心体符号的表现、传达、翻译、编码的再现过程。心体符号形态的语境是超时空的，艺术的过程就是构象的过程，而构象的过程是在超时空之外才能完成，而符号语言语境只能在一定时空发生。心体符号形态外显的能量大，具有无限的包容性，它的组织结构形成依赖生活审美经验和艺术经验，这样就形成了心体符号的非认同性，不同于符号语言组织结构规则的特点，符号语言结构规则是依赖地域的、习惯的，具有一致认同性或约定性。心体符号结构、形态、度的规定性和复杂组织层决定了外化功能和强度困乏无力。心体符号形态表现的困乏是由符号语言表现的困乏决定的，原因是：第一，心体符号结构的多维性与符号语言结构的一维性无法取得对应关系，只能是部分对应。第二，心体符号形态的模糊性，无法用明确的符号语言表现或直接模拟，只能大概描摹，力求做到充分完满，不可能绝对一致。第三，心体符号和符号语言在度的规定性上迥然相异。心体符号具有质的流变性，量的无限性的特点；符号语言具有质的稳定性，量的有限性的特点，两者的交流自然就产生了隔阂。第四，心体符号组织层比符号语言的组织层要复杂得多，它具有模态层、形象层、生活意识层、需要意识层、无意识层和集体无意识层等，那么复杂的组织层表现起来，自然就困惑多了。但心体符号形态的表现空间是广阔的，诗歌、绘画、音乐、雕塑等都是心体符号形态表现的天地。

　　模态原指机械结构的固有振动特性，每一个模态具有特定的固有频率和振型。这里讨论的"模态"指的是意识组织的动力状态。意识语言的建构过程就是心体符号组织集团和系统结构的形成过程，其中心体符号组织方向的坚定与明朗决定主体言语存在的完美与实在。心体符号组织方向的薄弱与模糊决定主体言语的残缺与虚空，而心体符号组织方向又取决于具有模态化能力的主体。主体的模态能力强，审美意识组织就稳固，就会使主体言语走向完美与真实。主体的模态能力弱，审美意识组织就薄弱，主体言语自然走向绝望和死亡。因此，主体模态能力的强弱直接决定了心体符号和主体言语的真实态和完整态。

那么，心体符号模态具有何种特征呢？首先，从心体符号的本质来说，由于审美意识具有多义性、模糊性、变异性等特点，心体符号当属于空模态符号，它不同于语言符号。其次，语言符号作为心体符号的外化物来看，模态应该是一种主体意识语言的结构力与组织力，即模态权力。这种模态权力决定着心体符号的内部模态配置和模态意向。从模态化本身看，模态配置和模态意向又是心体符号语义组或心境义素组在意识系统里切分的结果，结果化的实体就是模态意象。再次，心体符号模态是一种内部潜在的语言模态，是整体思维的表现，审美力就是主体模态力在整体观照对象中的一种表现力，心体符号模态是实现化模态的基元，它作为一种潜在化模态，通过符号中介，才能形成实现的形态——艺术语言。最后，心体符号模态空间属于表意空间，而表意空间要借助审美心境语义组进行重组和切分，重组和切分的结果就是从抽象结构层转向表义结构层，即从心境语言层转向模态语言层。模态语言层的形成才能将模糊的心境语言切分成细致的意义层，也就是说，"具有模态能力的主体们对模态化的客体穷追不舍"。① 心体符号模态空间就是这样形成的。

在此，作为表义结构层的模态空间就能进一步划分为不同形态。根据模态的内容范畴，心体符号的模态应包括心体符号静态、心体符号流态、心体符号变态和心体符号整态。静态是组织个体在一定时间内的静观形态和多层次多因素构成的模式。"多层次，主要是结构模态层、形象层、生活意识层、需要意识层、无意识和集体无意识层；多因素，主要是印象、情感、感受、评价、理想、理念、欲求、趣味、意念、无意识等。多形态，主要是审美意识有不同的表现，不同的层次，还有时代性、阶级性、具体个别性等特点"。② 心体符号静态考察其实也关涉心体符号的线型态结构分析和立体态结构分析，比如分析审美意识的四个心理要素：感知、情感、想象、理解。这四要素不是审美意识所独有，而为非审美意识所共有。审美意识与非审美意识是"同素异构"，非审美意识中的求善意识表现为："感知→情感"，想象与理解退居次要位置；非审美意识中的求真

---

① [法] A. J. 格雷马斯：《论意义》，冯学俊等译，白花文艺出版社 2005 年版，第 5 页。
② 李健夫：《美学基本原理》，中国社会科学出版社 2002 年版，第 31—32 页。

意识表现为："感知→理解"，情感与想象退居次要位置。而审美意识中"想象"始终渗透到感知、情感、理解之中，感知、情感、理解各执一方。因此，审美意识与非审美意识就表现为"同源异形"：同源：感知、情感、想象、理解；异形：非审美意识结构表现为"线型态"，审美意识结构表现为"立体态"。①

流态是组织个体多因素在流变中协同作用过程的组织模式，即流程模式。心体符号多因素在流变中的协同作用，主要是指它的印象、情感、感受、评价、理想、理念、欲求、趣味、意念、无意识等因素的组织流程模式。虽然，由于审美主体的差异，心体符号组织流程有所不同，但是在流态形式上存在着大致的模式。心体符号流程模式是：意象总是在质的量的规定性下运动和发展，审美主体在观审人、物、事件时，先在意识力场的作用力下形成模糊的印象或表象，接着在意识主力场支配下，做出初步评价，形成情象或境象，主体又反复统觉、统情和统感，并深入领悟而形成有序的整体意象。心体符号的外化就在审美意象的基础上建构艺术形象，艺术形象就是艺术家内部心体符号的外化。总之，心体符号在流态中形成，其法则是"外师造化，中得心源"，即"内感外射"，其特点是"以少总多，拟容取心"。

变态即组织在流程过程中发生的涨、落、突变（跃迁）等异常变化的组织模式。心体符号在流程中的异常表现与主体的意识集团不稳定性有关，而恰恰其不稳定性给心体符号变态组织模式的形成提供契机。拿艺术创造中的"迷狂说"为例，艺术家在传达心体符号时多神思飞扬，意识处于迷狂状态。究其原因，它是艺术家心体符号组织在流程中发生突变的结果，即生活心体符号系统跃进心体符号系统的结果，亦即从"第一自然"向"第二自然"突变。"第二自然"里的世界是心体符号的生活空间，其表象、情象、境象、幻象以及其意识族类之象最大特点在于虚幻性、空灵性和诗意性。秩序的、规则的、理性的主体一旦进入虚幻的、空灵的和诗意的空间，自然会神思飞扬、疯癫迷狂，李白疯酒吟诗，张旭饮酒狂草，宗炳病卧忘游……也就不为"变态"了。艺术家只有在颠覆传统秩序、规则和理性，才能物我欣合如一，也只有在心体符号变态组织空间里"诗意地栖居"、行走、收获。整态即从生成达到完成的组织体的完

---

① 参见邹华《流变之美：美学理论的探索与重构》，清华大学出版社2004年版。

整形态，包括产生、发展、完善直到消灭或转化（异化）这一全过程的组织模式。心体符号的整态模式关涉整态组织生成链图式、整态组织生成模式过程和整态组织生成运动过程。心体符号整态组织生成链图式：发韧于表象→演进于情象→拓展于境象→提高于意象→完成于形象。前后生成逻辑关系是：睹物思人（因景生情）→因情成幻（幻游成境）→境蕴娱情（无限创意）→外化写意（创生形象）。因此，心体符号整态组织生成模式过程：产生阶段：表象；发展阶段：情象、境象；完善阶段：意象；消灭或转化（异化）阶段：形象。可见心体符号整态组织生成运动过程有酝酿期：生活审美语言的丰富积累，酝酿定象；构思期：将审美活动经验逐渐提升，形成心体符号模型；孕育期：心体符号的运动、整合、初步定型；建构期：不断观审、感悟、反思、建构，心体符号开始定型；熔铸期：不断建构、熔铸整合，心体符号定型；创造期：心体符号外化、传达或消灭。

第五章　符号化心体：应用图景

探索完心体符号内在操作系统与修辞之后，为了减少研究的风险性，还是按照习惯的研究做法——"理论联系实际"。为此，从心体到符号设计——"个案研究"是必要的，即符号化心体阐释。

在心理学上，心体符号是心灵的实在与意识的潜流；在语言学视野，心体语言是语言前的语言，有自己的修辞或符号系统。在设计学上，符号设计则是心体真实的艺术表达，其表达必然遵循心体语言的修辞手法。拿标志（Logo）来说，它的设计就是一次心体之旅，所有的符号设计中的元素都是"心体"之真实——实在的、现实的、文化的、审美的、艺术的以及其他社会的真实。在一定程度上，标志是现代性的产物，它作为商业的无形资产符号，不仅是设计师的心体之物，还是艺术与文化之物。优秀的标志不仅成就企业利润与文化传播的神话，还有效地实现了企业（文化）品质、（心体）情感与（价值）身份。不仅是标志，其他视觉设计、影视传媒、传感美学、艺术书法、文学、课堂教学等方面也同样反映出心体符号的"真实"与"实在"，并显示出心体语言的"卓越"应用前景。

第一节　"伟大的心灵"与"象"

心体符号是一个期待系统，内含"伟大的心灵"与"象"。

心体符号的生成如同树木一样，有自己的文化气候。比如，古罗马朗吉努斯"伟大的心灵"美学观的形成以及中国"象"思维的心体语言特征，它们共同反映心体语言符号的社会文化性，尤其是后现代社会审美经济中的"符号形象"严密包裹着这个世界，也充塞着人们的头脑。那么，在"符号"的文化霸权背后，藏匿着怎样的符号经济的"泡沫"？符号成为"通行的硬币"之后又是以怎样的艺术立场与文化身份出场？这些"问题"似乎是我们无法回避的现实问题，也是哲学对文化反思的不可推卸的责任。

从古希腊毕达哥拉斯的美学观到古罗马朗吉努斯的美学观可以发现，古希腊罗马民主政治社会时代的美学思想潜流中有一股在审美活动中起重要作用的审美意识主流。朗吉努斯对这一主流思想做了深刻总结，他"立足于创造主体谈文学作品的意旨、境界和风格，可谓抓住了创造意识这一根本，由此出发谈崇高，首先强调人要有伟大的心灵"。① 其核心论点：崇高是伟大心灵的回声。

古希腊罗马人追求伟大心灵的实质就在于追求主体审美意识的高指标和审美意识的完满塑造。他们在追求主体审美意识的高指标和审美意识的完满塑造上显示了自豪感。毕达哥拉斯认为，"人有好的灵魂便是幸福的"。他意识到了人的心灵内在追求。赫拉克利特认为，人应当做到"宁取永恒的光荣而不要变灭的事物"，这一思想体现了要以人为本的美学要求。德谟克利特说，"身体的美，若不与聪明才智相结合，是某种动物性的东西"。他强调创造主体的心智能力的发挥。苏格拉底主张，人们不应"只注意金钱名利，而不注意智慧、真理和改进你的心灵"。他看到了审美主体塑造的重要性。不论是毕达哥拉斯、赫拉克利特、德谟克利特，还是苏格拉底，他们都立足于"人是万物的尺度"的基点上，看到了"伟大的心灵"的崇高主体精神塑造的重要性。

那么，"伟大的心灵"在古希腊罗马民主政治时期是如何形成呢？

首先，独特的地域环境和民主政治气候保证了古希腊人生活的多样化开拓的自由，形成了丰富多彩的具有人性文化的生活方式。古希腊依山临海，气候温和，土地肥沃，生活富庶。人们在满足生存需要的同时，还有一定的闲暇时间去发展文化教育和艺术活动，使身心得到和谐自由发展。"伟大的心灵"在自由、淳朴、开放、乐观的天性中得以萌发。在这种多彩的人性文化生态中，人类人性文化童年时代的健全发展得到了充分体现，并成为人类人性自然发展、社会生活充分展开的典范。"伟大的心灵"在古希腊罗马时代形成，更重要的原因是古希腊罗马的民主政治。没有奴隶制就没有古希腊的文化，没有奴隶制就没有罗马帝国。尤其是公

---

① 李健夫：《美学思想发展主流》，中国社会科学出版社2001年版，第37页。

元前6世纪到公元前4世纪，奴隶主民主制取代贵族奴隶主专制统制后，推动了农业、商业、手工业经济的发展和社会分工，为文化艺术繁荣创造了有利条件，人们享有的充分的民主和自由的空气为"伟大的心灵"塑造提供了精神气候，以人为本的民主主义时代精神在民主政治环境中迅速勃发。没有自由就没有伟大心灵。因为生命的自由（即审美的自由）是人类追求的最高生存境界。生命的自由就是诗意的生存，古希腊人诗意的生存环境保证了他们的生命自由。根据自由的本质规定，生存的诗化自由涉及或必然要求生存劳动自由、生存思想的自由和生存关系的自由。其中劳动自由是生命自由存在的前提，思想自由是生命自由的诗化境界，关系自由是生命自由的人文关怀。古希腊的民主政治恰恰保证了他们的劳动的自由，生存思想的自由和生存关系的自由。因此，古希腊人诗意化的生存理想的追求是生命自由前进的不竭动力和源泉，没有生存的自由就没有生命的自由，一部古希腊人生命的自由史就是一部生存的自由史。可以说，自由创造了"伟大的心灵"。

其次，古希腊神话哺育了古希腊人的人性文化符号结构。古希腊神话体系结构凝结着人类固有的意识幻象系统结构，对人类意识系统结构的影响是巨大而深远的。它不仅保证了古希腊人开放性的人性文化结构的形成，更为古希腊人性结构定格在"热爱生活，向往民主和崇尚理性"的特征上打下坚实基础。古希腊神话"作为一种顽强的心理模态，必然影响到人们的日常生活、社会生活和生活理想"。[①] 自由、独立和协调的人性结构在古希腊温和的气候，辽阔的海洋，富庶的土地，民主的政治生态里得到了充分的孕育和生长。因此，古希腊神话为"伟大的心灵"提供了血液和营养。

此外，"拿美来浸润心灵"（柏拉图）是古希腊罗马人培育伟大的心灵的一条重要途径。美如何又能培育伟大的心灵呢？我们先看看古希腊罗马先哲们智慧的独白：毕达哥拉斯派认为，音乐能"导引灵魂"，还认为，"好的音乐能完善灵魂"。赫拉克利特说，真正富有智慧的人，不能以"庸众为师"，不能只靠两只眼睛看人，而要向心灵优美、智慧超凡的人学习。苏格拉底认为，只有表现人的灵魂的艺术才是"最动人心魄的、最令人愉快的、最亲切的、最迷人的和最可爱的"。柏拉图虽然宣布"诗

---

① 李健夫：《文学审美透视》，四川大学出版社2002年版，第20页。

人在撒谎"和"诗作是亵渎灵魂"的两条罪状,但他仍从维护贵族专制制度的立场极力推崇融美于心灵,培养"身心和谐"的人。他满怀激情地写道:"我们不是应该寻找一些有本领的艺术家,把自然的优美方面描绘出来,使我们的青年像住在风和日暖的地带一样,四周一切都对健康有益,天天耳濡目染于优美的作品并培养起融美于心灵的习惯吗?"① 柏拉图"用美来浸润心灵"就像"天天耳濡目染于美的作品,像从一种清幽境界呼吸一阵清风"。毕达哥拉斯、赫拉克利特、苏格拉底与柏拉图是这样,智者派更是把人提到社会中心地位,重视人的智慧和能力的培养。不难看出,美育使人的心灵达到和谐,通过在个体心灵中培养起一种明晰的形式秩序感,为崇高的道德意志和理智的主体精神发展打下必要基础。

"伟大的心灵"的形成实质上也是古希腊美学主体心体结构的形成。我们从古希腊神话结构中已经看到美学模式的萌芽和生长态,神的个性形象的展开就是人性的展开,神性的整体展开就是人性的整体展开。古希腊神性理想的必然性预示着人性理想的必然性和人类心灵的自然合理性。强大的审美意识体系的构建成功,事实上就是美学主体心体结构的完成。因为美学就是人的审美学。"人的审美"有两个基本规定:一是人;二是审美。只有人才有主体意识,只有人才有审美意识需要,这两个基本规定就有一个核心:审美意识。要研究美学,就是研究审美学。那么,研究审美学就要搞清人的审美意识到底是什么?即审美意识的本质是什么。审美意识的本质关涉审美欣赏、审美创造、审美范畴等一系列美学问题。比如,审美欣赏无非就是审美意识的运转,审美创造无非就是审美意识的外化,审美范畴的分类只有按审美意识标准分类才能走向清晰(如生活审美、自然审美、艺术审美等)。因此,古希腊人审美意识的完善就是美学主体心体结构的完成。

"伟大的心灵"在古希腊罗马民主政治社会时期的运动和跃迁表现在它的价值追求和审美创造上。

第一,伟大的文学,需要伟大的心灵。苏格拉底在《斐多》中一再呼唤他内在的"灵袛"。对他来说,这个内在的声音并不囿于个人,而是指向人类共同的追求。这是伟大心灵的永恒价值追求,更是伟大心灵的终极旨归。在朗吉努斯看来,崇高的作品出自对崇高心灵的模仿,崇高就是

---

① 柏拉图:《文艺对话集》,人民文学出版社1980年版,第62页。

伟大心灵的回声。他要求诗歌和艺术必须歌颂英雄人物，表现高尚的德行和思想境界，具有一种高贵的情调和风格。"我们所赞赏的不是小溪小涧，尽管溪涧也很明媚而且有用，而是尼罗河，多瑙河，莱茵河，尤其是海洋。"①"真正的才思只有精神慷慨高尚的人才有。……崇高的思想是当属于崇高的心灵。"② 换句话说，伟大心灵运动必然是伟大思想运动。从古希腊悲剧看，从某种意义上说，它不是悲剧，而是民主意识，是人性思想之花。从悲剧中更能透视"人可以创造一切"，"人可以重新塑造自己"，即"伟大的心灵"运动的力量，它"指向崇高的人性净化"。

第二，艺术即人性的表现。伟大的心灵需要伟大的艺术，艺术是人心灵结构知、情、意的充分展开与实现，伟大的艺术为伟大的心灵的展示提供了平台。人性在艺术中的表现又以审美意识为核心，因此艺术是审美意识的最集中表现。在今天看来，古希腊的艺术心体结构背后的审美意识形成不是偶然的，它是人性文化结构不断渗透心体意识结构内部，从而形成了人类意识结构的结果。意识体系本身就是一种传统的不断的有机延续，意识的我，既属于我的，也属于人类的。伟大的心灵呼唤伟大的艺术，艺术灵魂，就是人类心灵的核心和本质。所以海德格尔说："艺术为历史建基；艺术乃是根本性意义上的历史。"③ 艺术思维的结晶是艺术作品，艺术作品为伟大心灵提供熔炉。

第三，审美是伟大心灵的人本选择。这种选择是"伟大心灵"的一次伟大的跃迁，即人的本质的跃迁。人在感性实践和理性实践的不断碰撞和渗透中，最后跃迁到审美自由的最高境界。从发展和超越中达到人本质的确定性。而"人的本质的确定性，主要取决于意识组织的确定性。即意识组织结构的开放与封闭、有序与无序、凝聚与松散、强固与薄弱、定向与无向、澄明与混沌等。这些组织状况规定着人的行为选择"。因此人类的发展和超越是建立在伟大心灵的追求的基础之上的，伟大的心灵在各种人类实践中做出"选择"。审美活动立足人的主体，伟大的心灵是我们的必然选择。审美的结构源于人类心灵的结构，审美的结构又体现于审美

---

① 参见《论崇高》，转引自陈育德《西方美育思想简史》，安徽教育出版社1999年版，第65页。

② 参见《论崇高》第35节，译文参见朱光潜《西方美学史》上卷，人民文学出版社1963年版，第114—115页。

③ 参见海德格尔《林中路》上卷，孙周兴译，上海译文出版社1997年版。

活动中。审美的形象形成于人的心灵中,"在审美之后,心灵中形成的审美意象就进入审美意识结构之中,丰富或更新审美意识原结构"。新的审美意识结构形成是审美自觉的完成,审美的自觉即人性的自觉必然跃迁到美学的自觉,美学的自觉是伟大心灵自觉的更高表现。

"伟大的心灵"即表现在主体意识的高指标要求或自我意识的完满塑造上,它是心灵审美符号的最理想的完整形态。中国最具特色的艺术"象"思维与"伟大的性灵"具有心体符号学意义上的异曲同工之妙。

"象"是中国哲学和美学的重要范畴,它是心体符号整体思维模式的典型形态。美学家叶朗曾直言:美在意象。我们从思维方法论的视角来审视"象"可以发现:这种"象"思维的背后隐藏着一种原始的整体心体模式,这种模式中含有一种朴素的整体方法论体系。原始先民思维在这种朴素的整体方法论体系引领下,在混沌中不断探索,形成了一股整体意识潜流,深入到自己的生活、劳动和创造中。这股整体意识潜流的不断强化,生命价值的探索冲动也随之强化,各种原始的文化、艺术因此而诞生。尤其是原始文身、洞穴壁画、彩陶艺术、原始民居等艺术之"象"思维里蕴藏着一部人学,更蕴藏着一部潜美学。下面拟就"象"整体思维模式成因、"象"思维的跃迁与"象"思维的价值理想三方面去揭示中国古代"象"思维背后的实际,以期发掘原始"象"思维的美学内涵和审美意识语言的发生模式及其特征。

"象"思维是头脑的产物,是对事物整体理解的产物。在本质上,原始先民的"象"思维是一种朴素的整体思维,是建立在对生活、生产以及自然社会的朦胧整体意识的产物。朦胧整体的"象"思维在他们的生活中发挥着巨大的作用,文身、彩绘装饰、原始图腾崇拜、宗教巫术、祭祀、面具、傩戏、狩猎仪式、壁画、彩陶、原始民居等都是原始"象"整体思维的空间演绎和展开,都是他们对现实生活的"抽象"后上升到"思维具体"的产物。马克思在《〈政治经济学批判〉导言》中指出:"具体总体被作为思维总体、作为思维具体,事实上是对思维的、理解的……整体,当它在头脑中作为被思维整体而出现时,是思维着的头脑的产物。"[1] 原始"象"思维虽达不到马克思"思维具体"的高度,但原始"象"思维模式确实是一种整体思维模式(非科学的朦胧整体意识思

---

[1] 参见《马克思恩格斯选集》第二卷,人民出版社1975年版,第103—104页。

维)。可以说,一部中国美学史就是"象"整体思维模式下演绎而成的美学。

那么,这种整体思维模式又何以形成?

首先,古代中国是一个封闭的内陆国,决定了他们的宇宙观是对宇宙的整体认识。中国人对自然和宇宙的观照与西方虽然大异其趣,但在思维整体性上是相同的。西方文明的发源地古希腊是海洋型渔猎社会,对宇宙的观照是开放性的,他们对宇宙无限地探求后,发现宇宙[①]是一个和谐、数量、秩序的统一整体。而中国人在无穷的宇宙探索中,他们的视线并没有失落于宇宙的整体苍穹中,而是回到自己的"小宇宙"中,也就是对自然宇宙的观照中又返回到自己的意识中,形成了自己的"思维具体"(即"象")。在汉语中,"宇"是屋宇,"宙"的含义在"宇"中来。特定的宇宙观决定着中国上古人特定的整体思维方式。上古人的这种思维宇宙乃属于理性物体化对象的思维宇宙,主体内部的和谐在上古朴素的意识、朴素的环境、朴素的生产力下无法获得某种自控的能力,先民只好借助"象"来调控,而封闭的内陆国恰好满足他们的理性要求。

其次,中国是原始农耕社会,集体劳作成为唯一选择。人们着眼于集体和自然的关系,着眼于对世界整体的把握,是形成整体思维的重要原因。《老子》(第21章)说:"道之为物,惟恍惟惚。恍兮惚兮,其中有象;惚兮恍兮,其中有物。"在此,"道"是对"象"的"具体总体"的把握;《易传》里的《系辞传》中说:"仰则观象于天,俯则观法于地。"这种"俯仰终宇宙"(陶渊明语)的思维是典型的整体思维;庄子"天地与我并生,万物与我为一"的思维,是一种人与自然整体统一的"天人合一"整体观。农的眼界决定了中国先民的思维方法必然是整体思维。因为"农只有靠土地为生,土地是不能移动的"。[②] 进一步说:"农的眼界不仅限制着中国哲学的内容……更为重要的是,还限制着中国哲学的方法论。"[③]

原始"象"整体思维形成后,生命的冲动,生命意义的探求和价值创造的冲动使得"象"整体思维的运动和跃迁成为必然。尤其表现在原始艺术上,下面仅就"文身"、洞穴壁画、彩陶艺术和原始民居艺术来探

[①] 在希腊语中,"宇宙"(Cosmos)的本意指和谐、数量与秩序。
[②] 冯友兰:《中国哲学史》,北京大学出版社1964年版,第18页。
[③] 同上书,第21页。

索原始"象"整体思维是如何跃迁的？因为艺术是"象"整体思维的最集中表现。

"文身"和洞穴壁画艺术表现出原始人的一种天然整体观念。原始文身大约发生在旧石器时代，"刻画其身，以为文也。""文身"表现了先民的一种与自然和神灵相统一的整体思维。人与自然的整体观是生命生存的需要，人与自然同色、同形，意在与自然同在、同处；人与神灵的整体观意在人与神灵同体合一，"文"是协调人与神各种关系的纽带，渴望与之和谐相处。因此，这种朴素的原始整体生存观是自体生存的需要。① 随着居住环境的改变，原始人从森林走向平地，再由平地走向洞穴。此时，原始人体文身作为一种实用功利即庇护身体、身权象征、经验记录、巫术礼仪等表现空间发生转移。尤其是记录经验、巫术礼仪符号等文身内容不再需要在自己皮肤上表现。表现空间的转移，一方面可以免受文身刻痕的痛苦；另一方面是因为光滑平整的巨大的岩面足以保证他们充分展现和驰骋自己的想象力和表现力，无论是表现形式，还是表现内容。稳定的居住空间环境可以保证他们不受外界环境干扰而自由创作，在英文里"壁画"是"free"和"scope"构成的"fresco"，即自由观察和展现之意，其意侧重艺术表现；汉语里"壁"是"从土，辟音"，"辟"是辟邪，表示降伏妖魔鬼怪不使侵扰，其意侧重实用功利。在中国禅学中有"壁观"之说，"壁观"即面壁或一意禅观，心如墙壁，一切妄想不能侵入。还有"壁中有书"之说，相传汉武帝时，鲁恭王为扩建其宫而毁孔子故居，而得夹壁中古书《春秋》、《论语》、《礼记》、《尚书》等，说明"壁"从某种意义上说，它象征着"自由"，或"辟邪"，或"壁书"。"壁"和人体整体结构元素密切相关，如肌壁、腹壁、细胞壁、肠壁等。说明"壁"是原始人体文身整体思维表现的另一空间。从以人体皮肤为"简"转向以岩面为"纸"，与其说是环境压迫（如寒冷、存火、避险、第四纪冰川等）后"迁徙"的结果，不如说是对生命需要、生存需要的积极反应和选择的结果。洞穴生活使原始人从自然中首次分离得到确证，散漫自由的生活方式从而慢慢固定起来，零散模糊的个体意识向群体完整意识逐渐跃迁，无序朦胧的文化心理结构开始向稳定的完整心理交流系统推进。此时，他们的文化艺术冲动在原始生命冲动和原始群体

---

① 例如，文蛇彩绘就是为了与其同体，渴求得到神灵的庇护。

关系冲动中开始萌生。而巨大的岩面恰好为他们提供表现的空间媒介物，整体"象"思维因此而拓展和丰富，表现力也因此而扩张。这样，原始"象"思维在壁画中发生跃迁，从朦胧走向清晰，从无序走向有序，从零星走向完整。

彩陶艺术是"象"整体思维强化后的又一次重要跃迁的见证。

彩陶的形体多呈椭圆形，中空、圆口。上古人对圆的整体体悟暗合有形和无形特征，圆的始点与终点富有"道"的整体意味，有始又无始，有终又无终。始点包含在圆周之内，终点又同样存在于其中，终点又为始点，始点又为终点。"中空"乃"器"之用，陶器可以盛物，烧烤之用。从某种意义上说，"中空"之"器"是无用之用，当盛满后便能无穷溢出。说明"中空"里蕴含着"有"与"无"、"用"与"无用"、"限"与"无限"的几对辩证要素构成原始先民的朴素辩证整体思维。从彩陶立体形来看，它面向各方，倾向于既没有起点，又没有终点的浑然一体，"浑然"中有"整一"，其有形又无形。老子在论"象"时，强调"象"离不开"气"，因此彩陶里也富有"气"质。彩陶中的"气"质是典型的整体思维模式，彩陶的抽象图案，是"气"的外在表现，"气"虽不可见，但可整体感受。"气"是整体天地之母。"气变而有形，形变而有生"。《易·系辞上》篇说："形而上者谓之道，形而下者谓之器"，而"器"为"道"的外化呈现，"气"是"道"的生命载体。可见，"气"为天地成形成象之下的"器"。朱熹说："气也者，形而下之器也，生物之具也"。从彩陶图案表现工具看，中国上古多用毛笔，细腻而柔软，为可感的气提供了可能。从彩陶的陶制材料水来看，恰恰符合上古人对"气"的顿悟，水气，水雾乃"道"的生命整体。从彩陶制作者来看，母系族多为制彩陶者。因此，彩陶多呈阴性[①]，其形自然多呈"孕体"状或阴道体，而女性孕体一方面蕴含着新生命的诞生，另一方面也说明上古对生殖器或生育的祖先崇拜。可见彩陶之形"气"与人的生命之"气"息息相关。图案线条为静，而线条重组变化为动，而动又是生命的本性。因此，气的核心本质"动"体现于彩陶中显得十分明显，图案的色彩与自然同色，而色彩又是生命的各种喻征。因此，作为完整之"气"是先民整体思维的显著象征。

---

① 《黄帝内经》中说："自古通天者，生之本，本于阴阳。"

如果说，彩陶是原始先民的整体思维的感性跃迁，那么原始民居就是"象"整体思维的理性跃迁，即原始民居是先民对人体的"象"思维的整体反思后又一次理性的跃迁。

原始民居建造，其意识里的参照系是人自身的整体。"人自身"是一切"行为"之源。原始民居的物理结构元素是人体结构元素的变形。例如：门—门牙、房—耳房或心房、楣—眉、房脊—脊骨、房室—心室、排气孔—鼻孔、房角—眼角、堂屋—胸膛、屋顶—头顶，等等；从原始民居的尺度模式参照人的尺度模式。例如，傣族民居一瓦的长度大约是1.6米，相当于傣族男子的平均身高。挂瓦条之间的距离约为一掌，柱之间的距离是两手臂向外平伸时两手指之间的距离等。原始民居的材料、色彩和结构功能多模拟人的肤色与功能器官。原始民居的材料多用脚柱，色彩与人体颜色基本一致，形状多模仿人体功能器官。例如楣木、耳房、排气孔、房脊、堂屋、屋顶等功能与人体对应的眉、耳、鼻孔、脊骨、胸膛、头顶的功能是一致的。从原始民居中能透视出一个信息：原始"象"思维萌芽于人自身的整体反思，自我确证的整体审美意识是从自我意识向对象民居的一次重大跃迁，原始民居的审美因素在人体整体结构元素中萌生，例如，原始房屋的审美要求：对称、结构、平衡、和谐、比例、交叉、重叠、疏密、组合、变化、间隔、均衡、韵律、一致、统一等皆出自人体整体结构元素。因此，原始"象"思维是对人体整体结构的完整把握的结果。

原始"象"整体思维有自己的价值追求，"象"整体思维的价值追求也就构成了审美意识语言的价值追求，因为审美意识语言是在"象"整体思维语言基础上形成的。主要表现在政治社会追求、文艺整体生命意义追求和主体的主体性完整追求上。政治追求、文艺生命追求和主体的完整追求是审美意识语言的价值最突出的追求。

其一，"象"思维的整体政治社会追求。"象"思维的价值一开始并不是表现在艺术中，而是表现在政治和社会理想的追求上。《乐记·乐象篇》中指出："凡奸声感人，而逆气应之，逆气成象，而淫乐兴焉。正声感人，而顺气成象，而和乐兴焉。"说明"乐象"思维的理想是"正声"，而非"兴焉"。又说："是故清明象天，广大象地，始终象四时，周还象风雨。"① 这也说明"象"是在整体的音乐境界上的"大乐与天地同和"的完整体现。

其二,"象"思维的文艺生命意义追求。艺术是内部整体"象"思维的表达和破译。"立象以尽意"是"象"思维的文学和艺术表现手段,但"象"思维的最高生命意义和法则是求得"象"似。庄子在《人间世界》、《德充符》中多描写支离者、兀者。无疑揭示了一个美学上的不争事实:事物外部形式具有局限性和虚假性。因为"德有所长而形有所忘"②,一切艺术创造在于求得"神"似。正如司空图在《诗赋》中所说,好诗在于"神而不知,知而难状"。③ 如果违背了这一艺术创造的基本原则,必将"论画以形似,见于儿童邻"(苏轼语)。④ 因此,严羽《诗辨》曰:"诗之极致有一:曰入神。诗而入神,致矣,尽矣。"⑤ 艺术家的崇高使命就在于发现和开掘"象"思维的整体生命意义和法则。

其三,"象"思维主体的主体性完整追求。"象"思维的整体性实质是主体的主体性的完整。主体性是人推动自身和社会生活前进的人生动力系统。有了主体性,人才能走向自我存在,价值实现和自身完满塑造的历程。只有完满的人生才能去审美或创造,才能具有审美的完整性和创造的完整性。强化"象"思维的核心是强化主体审美意识的创造性。

通过古希腊"伟大的心灵"与中国"象"思维的对比可以发现:心体符号的真实性在于民族的社会气候、环境地理及其文化艺术等因素在心灵上的表现与传达。

第二节　意与象之约

莎士比亚《十四行诗集·四十七》曰:

---

① 朱良志:《中国美学名著导读》,北京大学出版社2004年版,第12页。
② 张法等:《中国艺术学》,高等教育出版社1997年版,第315页。
③ 同上书,第318页。
④ 同上书,第319页。
⑤ 同上书,第318页。

我的眼睛和心缔结了协定，
规定双方轮流着给对方以便利：
一旦眼睛因不见你而饿得不行，
或者心为爱你而在悲叹中窒息，
我眼睛就马上大嚼你的肖像，
并邀请心来分享这彩画的饮宴；
另一回，眼睛又做客到心的座上，
去分享只有心才有的爱的思念：
于是，有了我的爱或你的肖像，
远方的你就始终跟我在一起；
你不能去到我思想不去的地方，
永远是我跟着思想，思想跟着你；
思想睡了，你肖像就走进我眼睛，
唤醒我的心，叫心跟眼睛都高兴。①

诗歌中"眼睛和心缔结了协定"，即"意"与"象"之契约。之所以说眼睛所见之"象"与心中思想之"意"的关系是一种契约，表明"意""象"之约是一种具有相互约束力的"承诺"与"法理"。正如诗人所说："一旦眼睛因不见你而饿得不行，或者心为爱你而在悲叹中窒息，我眼睛就马上大嚼你的肖像。"

意与象之约不仅表现在诗歌创作上，还表现在其他一切艺术创作上。迪利认为，后现代哲学的任务在于阐释世界，而不在于探索世界。比如Logo设计验证了他的符号哲学思维是合理的。人们为何要阐释世界，包括标志，因为艺术符号多半是"意象"的。对符号"意象"理论话语重新加以界定和探讨，实际是以现代的美学思维方法作为基本维度而展开一种阐释性言说。对符号的阐释性言说当有自己的言说策略，德国施莱尔马赫（Friedrich Schleiermacher, 1768–1843）就认为："作为理解方法论的阐释学应该满足两方面的要求：第一，对于语言和语义的理解，必须掌握作为文化共享资源的语义规则；第二，由于文本包含着作者的原意和个性

---

① [英]莎士比亚：《十四行诗集》，屠岸译，上海译文出版社1981年版，第47页。

特征，读者必须经过心理上的转换而进入作者的内心，这样才能达到真正的理解。"① 因此，对于符号设计的"文化共享资源的语义规则"以及读者的"心理上的转换"是设计符号与理解符号之关键。

伽达默尔（Hans‐Georg Gadamer，1900‐2002）说："人类的经验，从根本上说，是语言性的。"② 然而，符号语言在理解和确认世界的努力中，又不断受到意义的阻隔和遮蔽。为使符号语言对于人以及世界更加接近人类的理解，阐释学应运而生。阐释总是离不开符号语言，符号语言天生与"意象"有亲缘关系。从《易传·系辞》的"书不尽言，言不尽意"到《庄子·外物》中的"言者所以在意，得意而忘言"；从王弼的"得意而忘象"到刘勰的"文外之重旨"；从司空图的"言外之意"到后世诸说。传统"意象"阐释始终没有超出"言""意"关系之外，归纳起来，有以下三层面：从哲学层面上说，"言""意"之关系是"立象以尽意"，它是一种阐释方式。"立象以尽意"目的是缩短"言""意"之间的距离，剥离具象，达到抽象；从文学层面上说，"言""意"之关系是"言不尽意"，它是一种阐释智慧。"言不尽意"的目的是阻隔"言""意"之间的距离，放大距离用以塑造新形象；从美学层面上说，"言""意"之关系是"得意而忘象"，它是一种诗意的境界追求。"得意而忘象"的目的是忘却"言""意"之间的距离，最终消失具象，达到意象。传统诗学对于"言""意"在哲学、文学和美学上的阐释经历了一个不断阐释、理解、融合与超越的过程。

中国诗学对"言"与"意"的阐释，尤其是"意象"，自《文心雕龙》之后，逐渐形成独特体系。"这一体系以天人相通，人与自然冥合为最高境界，以研究语言所构成而又超出于语言本身的意象空间为核心，并研究构成这种空间的不同途径和人们对于这种空间的领悟。"③ 因此，"意象"就成为中国艺术的本体范畴。传统"意象"研究多强调对"言外之意"的一种非语言式的把握，"妙悟"式的意会，情景交融式的领悟。致使"意象"研究最后必然通向"意境"。在"意象"的把握上始终没有定型、定性、定质的突破，即没有走向"意象"内符号语言化的研究。对于心体符号而言，中国诗学中的"意象"论同样适合。

---

① 陈跃红：《比较诗学导论》，北京大学出版社2005年版，第128—129页。
② ［德］伽达默尔：《哲学解释学》，加州大学出版社1976年版，第19页。
③ 乐黛云：《比较文学与比较文学十讲》，复旦大学出版社2004年版，第105—106页。

西方诗学长于对艺术语言符号进行文本分析，以抽象概念和明晰推理为上，而中国则不同。从《周易》开始，就深入语言的本原，超出语言本身的"意象空间"进行一种非语言符号式的妙悟。那么，不论是对艺术语言符号进行实证分析，还是对非语言符号进行妙悟式把握，艺术语言符号化前的意识信息流是什么？很明显，艺术语言符号化前的意识信息流一定是一股语言信息流。否则，无以形成艺术语言。这股语言信息流显然源于意象，但绝不等同于意象。那么，它是什么呢？现代科学主体论美学认为，它就是源于意象又高于意象的审美意识语言。因此，可以说，心体符号以"意象"为基本单位，是一种自觉化的内部"意象"组织形态，它既不是沉睡的经验，又不是单一的意识形态。它是存在于心理世界的一种独特的语言形式，其语言形式有自己的内涵：它首先表现为一种"准语言"形式，"准语言"形式是一种"前语言"结构，"前语言"是语言的胚胎；审美意识语言又是生活"意象"自觉化的内部结构，心理结构是语言表现的基础，是艺术表现的前结构；同时，艺术心体符号又是审美理解强化后的内能量，是一切艺术语言表现的内在依据。所以，艺术心体符号是"意象"走向自觉化的心理"准语言"形式。

西方对心体语言的研究无论是对提出概念本身，还是对意识语言的阐释，要比中国"直接"得多。从瑞士语言学家索绪尔到美国的乔姆斯基，他们从研究语言组织系统，一直深入到语言内部心理机制。从侧重外部结构主义语法阐释，到侧重内部语言转化生成语法的阐释。尤其是美国的乔姆斯基的转换生成语法研究，它不在于分析某句话的语法结构，而是试图描述人们的内部语言能力的系统阐释。他认为，外部的语义表征与语音表征分别是由内部的一套深层结构与表层结构的生成。其中，深层结构是由内部的一套具有改写规则的"基础部分"生成，表层结构是深层结构转换而生成。乔氏的转换生成语法研究不仅是对苏联维果茨基"内化"机制的发挥，更是独创性地深入到内部语法的自觉阐释。具体地说，西方语言学家对内语言的阐释有以下几个途径：第一，从语言外部功能入手，通过语言外现信息去阐释内语言的"黑箱"信息；第二，从句法生成入手，选定句法为其理论的突破口，以探索内语言的转换机制；第三，从实践心理学入手，洞悉人类语言与心智的关系，以探究内语言在活动基础上的心智反映；第四，从认知心理入手，探求内部语言的编码程序与转译规则；第五，从神经学入手，探索大脑神经与语言的关系，提出语言信息处理与信息存储理论。① 西方心体语言的科学方法论是理解与设计符号语言的理论基础。

无论中国还是西方，意象研究呈现出一个共同的进路：意象是语言的。下面以"面具"为例，说明心体与意象是如何契约，而产生遍布世界各国的面具现象，形形色色的面具符号背后到底沉睡着人类怎样的心理奥秘？原始人为了体认自我的存在，又为什么选择面具符号呢？

人类与其说在差异中产生自我意识，不如说在需要中萌生自我意识。在需要中的人不断地做出选择。面具对动物或神灵的选择如同气候对树木做出的选择一样，完全是一种生命本能冲动的需要。当人类意识到自我意识时，首先是意识到自然自我的意识，人作为自然存在，在自然生存的需要中，便产生与自然同在，或对抗自然的朦胧意识。在自然气候或自然矛盾的压迫下，与自然同在或对抗的意识进一步明晰化时，"自然自我"的意识便在生存需要中孕育产生。面具为"自然自我"的意识提供平台。其次是意识到群体自我的意识。生存的需要，自然自我在与大自然的对抗中显得软弱无力，此时"他我"意识在需要中萌发。自我与他我在需要中结成关系，即人与人之间的关系。这种关系在生存需要下进一步扩大成我与群我的关系，也即人与群体的关系。面具舞蹈，巫术祭祀活动就这样产生了。最后是意识到"文化审美"的自我。人在满足生存基本需要的同时，一种"文化需要"在社会自我关系中萌生，如何将社会自我关系达到内在自我的指标：和谐、自然、民主、秩序？因此在群我关系催促下，文化需要自然诞生，一旦获得文化自我的意识，一种超越和自由的意识就会喷涌而出，朴素的审美创造意识便萌动而出，达到审美的自我意识，人才能体认真正的自我。面具就演化成一种文化形态符号。当然，面具作为审美文化符号是后来的事了，但这种文化符号是建立在原始面具的基础上。

人作为存在的现象，首先，表现为一种自然现象，人在自然中不断地展开，自然在人的活动中不断地得到改造。展开与活动是在人的自然现象和自然现象的人的综合中实现"自然人"的存在。其次，人作为存在的现象表现为一种社会现象。人在自然中的展开和活动的生存指向无法满足的时候，人作为"社会人"的意识萌动而出。同样人作为社会现象也是

---

① 参见钱冠连《美学语言学》，高等教育出版社2004年版，第22页。

人的社会现象和社会现象的人的综合体。"社会人"的确对自然人的心理或意识的满足的影响是巨大的,人作为一种存在的现象的意义便提升到人的生存高指向的体认上。最后,人作为存在的现象表现为一种文化现象。人作为"社会人"的意识达到一定高度,人的生存指向的体认完满完成时,人的生命自由达到最高的体认,即"美"的体认需要便萌生。"审美人"是文化人的终极追求和价值指归。我们可以发现,存在现象的实质在于"关系的存在"。即人与自然的关系,人与社会的关系,人与文化的关系。那么在自然关系,社会关系和文化关系的不断体认中,人类越来越发现"人即关系"。而"关系"又是什么呢?我们还是先看看"人—现象—关系"这三者之间的联系。这里涉及三组逻辑:人即现象;现象即关系;(所以)人即关系。

那么,这三组逻辑关系与"原始面具"符号存在什么关联?第一,人即现象。原始面具特征首先表现在自然性上,其素材,色彩、形状、纹理等都是来源自然物;其次它表现在社会性上,其舞蹈、祭祀、音乐等群体社会目的性强;最后它表现在"审美性"上,朦胧的审美感是在面具装饰的模式化中逐渐萌生的,原始面具装饰行为的模式化是人类无意识内容的重要体认。第二,现象即关系。原始面具装饰根源首先表现在自然需求上,自然需求包括自身生存需求和内部心理需求。外部自然的恶劣必然给原始人的内部自然造成巨大的无形对抗力,自身生存需求意识驱使内部自然要对抗外部自然,但外部自然的无比强大又压迫内部自然的屈服。因此,人在与自然的关系中就产生"与自然同在"的个体无意识,那么,如何与自然同在?与自然同源、同色、同形便成了原始面具装饰的最基本要求;其次表现在它的社会需求上,原始面具装饰的自然需求并不能满足他们的生存和生活需求,在"关系"中他们的"个人—集体社会"意识逐渐萌生。这种社会集体无意识导致了社会集体意识行为,而社会集体意识行为结果又满足或填补了自然需求的遗憾和不足。原始面具装饰有时不是个人的决定,而是集体氏族长或大多数认同后决定的;最后表现在朦胧的审美需求上,这是一种文化无意识的表现。第三,人即关系。原始面具装饰的本质首先表现在它的自然本质上,原始人在面具装饰中体认:我是自然人。人与自然的关系本质上是"真",即符合规律的,这就是"真"的体认;其次表现在它的社会本质上,原始人在面具装饰中体认:我是群体人。人与社会的关系本质上是"善",即符合目的的,这就是"善"的体认；最后它表现在朦胧的审美本质上，原始人在面具装饰中体认：我是"审美人"。人与文化的关系本质上是"美"，即符合目的和规律的，这就是"美"的体认。

那么，面具符号意识产生的心理根源又是什么呢？或者说，心体与意象如何契约呢？

首先，面具意识产生与人类活动是分不开的。人类活动大体上有生理活动、心理活动和一般社会活动。生理活动表现为人的感官活动、神经活动、大脑控制与调整活动、自体活动、人在自然间的各种相关性活动等。生理活动的不断提升便产生了心理活动，例如感觉、感受、记忆、认知、思考、想象、欲念、情感、领悟、理解、分析、幻想、理想、精神娱乐等。在心理活动的引导下，一般社会活动就孕育产生了，如文化活动、政治活动、伦理活动、生产活动、宗教活动、科学认识活动等。面具意识的产生同样经历生理活动、心理活动和一般社会活动的过程。在三大活动中，一般社会活动，尤其是生产劳动活动是先民最关注的，大多面具都由此应运而生。如湖南湘西土家族"毛古斯"面具，"毛古斯"在土家语的意思就是浑身长毛的打猎人，这种面具是打猎活动的必备品。

其次，面具意识是对个体自身力量低估的心理表现。在自然中生存与对抗中发现自我的渺小，原始人就从动物、神灵那里获取力量。外部自然的不可知和不可抗拒性，是先民对自己力量低估的重要原因，他们往往借助面具来驱邪避灾。云南双柏彝族"虎节"面具，就是典型的驱鬼除邪的面具形态。从心理上获得神灵的保佑和庇护，求得心体、生活的平安。这也说明他们对自身力量的低估不是被动地接受，而是主动去生存、去探索。面具成了他们的理想物的化生，因此面具也就承载了原始人的一种社会功能，如"镇宅"、"威慑"、"驱邪"等心理功用，从而在心理上达到与天地、神灵、猛兽、自然至少平等的对话地位上；从心理上获得与自然生存繁荣的力量。例如，云南元江的"九祭献"面具舞蹈，它要表达的核心思想就是渴望丰产和秘密的人类传承机制，通过这样的面具舞，原始人在心理上极大地满足了他们的生理和心理需求。

最后，面具意识承载着先民文化心理、道德心理和社会活动心理多重需要。面具意识的产生与中国道教文化和儒教文化的渗透有密切关系。例如贵州布依族"作道"面具，作道"不是单纯的宗教祭祀，它是布依族在吸收了汉族道教的某种继嗣仪式而形成的一种不完全的亚宗教的文化仪式"。① 江西南丰傩戏中，就有关"孝"的剧目，这是儒教以孝为先的礼仪对傩精神的支撑。《论语》中有这样的记载："乡人傩，朝服而立于阼阶。"显而易见，面具中承载先民的儒道文化心理意识。同时，面具文化也是先民进行道德文化说教和社会活动的一种形式，面具舞和面具傩戏是每个原始人必须学会的"本领"。可以说，面具舞和面具傩戏是他们的人生第一课堂。

从心理本质上说，面具意识的产生与原始人的生命冲动、生命意识和价值冲动有关。原始人在大自然中，首要是求得生存，生命冲动是他们的第一冲动，在生命冲动中产生了原始的生命意识，面具意识是原始人生命意识的集中体现，为了生存，他们必然要在大自然中寻求保护或遮蔽自己的替代物。原始人在生命意义的探索中，他们找到了或选择了面具，这是偶然中的必然，而且随着探索的深入，面具在生活中的价值意识成了他们的生活支柱和理性追求。因此，一股价值创造冲动的力量潜流在他们的意识中萌生，各种面具或面具舞成了他们生活的必需，这也是人类正价值旨归和价值存在的必然要求。一切科学、文艺、思想创新同原始人的面具意识一样，都是生命冲动、生命意识和价值冲动的必然产物。

19世纪下半期，英国实证主义最大代表斯宾塞在《综合哲学》中提到"力"的概念。他将那些绝对的、不可知的东西称为"力"，我们所感受到的力是绝对的"力"的符号，这种绝对的"力"是恒久存在的实在，是一切现象背后的终极原因，是最高的实在。这里，他认识到了现象背后"力"的作用，而且是"最高的实在"，形而上学的观点，把这种"力"称为超科学和哲学的东西，是"上帝"，是"逻各斯"。其实，人的意识系统的实在就在于"力"，具体地说，就在于组织力、意志力等。具体到原始审美心理上，其面具装饰意识就是心理力场的集合力的产物。这些心理力包括感觉力、印象力、感受力、情感力、想象力、知觉力、直觉力、意志力、判断力、理解力等，在心理力的共同作用下产生了面具意识。审美心理力在意识的背后支撑着各种意识组织的运动和集合，原始面具意识的产生同样离不开意识里最深的系统实在——"力"。各种"力"的作用构成审美心理力场，审美心理力场的运动流程中不断地强固意识力，意识力又不断地集合产生新的意识力，面具就是意识力不断运动的产物。

---

① 陈莺、陈逸民：《神秘的面具》，百花文艺出版社2005年版，第107页。

审美意识中的心理力场运动流程是：感觉自然对象的存在→大脑对自然对象的浮现→肯定自然对象的某些特质→想象等情感活动→留下印象，形成情象结构→反复统觉对象，领悟对象本质→获得某种感受，形成稳定的态度→形成审美意象，构成审美意识系统。① 面具意识中的心理力场运动也应该遵循这一图式。以动物面具为例，先民在活动中感觉动物的存在→内部动物意识浮现→在捕猎中发现动物的凶猛等性格，并肯定其动物性质→发生情感向往活动，随即彩绘身体如动物形状→在大脑中形成动物面具情象结构图式→在实践中不断领悟各种动物，形成各种动物情象结构图式→获得各种稳定的动物面形的感受态度→形成面具审美意象，构成面具意识系统。但这种流程可简化成：感觉、浮现、肯定→产生判断、情感、活动→情感积累、再现→审美直觉完成。例如巫术信仰：上述图式可简化为感应→仪式活动→心理积累凝固→巫术信仰。当然，先民的面具意识在审美角度上是朴素的、朦胧的，心理力场是不清晰的，具有神秘性和不稳定性。原始面具装饰意识在心理力场集合力作用下，形成了朴素的审美情趣的原始形态——面具和面具舞，这也成了他们生活、生产、交流的中介。同时，面具和面具舞成了他们朴素的审美理想的载体，"镇宅"、"威慑"、"驱邪"等就是审美追求背后功利性的目标；在面具和面具舞蹈里也孕育着先民独特的通灵、迷幻和恍惚的原始审美精神。

通过对面具符号现象产生的自我体认意识、心理意识发生根源和心理力场图式阐释可以发现我们面具是人类的自我意识得到体认的一种符号，它是自然、社会和"审美"符号存在的一种确证方式。而且，面具意识产生与人类活动是分不开的，是先民文化心理、道德心理和社会活动心理的承载，更是原始面具符号意识在心理力场的集合力的产物。

因此，符号既是人的文化意象载体，又是他们的心体寄托。或者说，符号设计乃是心体与意象的双方契约。

符号设计必然以现实生活形态为基础，而符号设计又不以逼真形态为最高追求。那么，符号设计的契约理想或基本原则又是什么呢？

"'求似不求是'，就是艺术形态审美创造的基本原则。"② "求似不求是"的审美追求在于"无形态"——它不是没形态，而是生活形态的抽

---

① 李健夫：《美学基本原理》，中国社会科学出版社2002年版，第101页。
② 李健夫：《美学思想发展主流》，中国社会科学出版社2001年版，第35页。

象化。因此，形态和无形态通常构成符号设计的基本要素。任何富有的精美现实形态终将腐朽或被历史遗忘，而符号设计中的无形态从其构成和生源来看，它是一种积淀在人类主体意识内部的超现实形态。我们从形态的感知、领悟在意识域里的留存或存放都是无形态的存在。人类一切符号设计创造活动的形态必然根植于无形态原则中，符号设计的崇高使命就在于发现和开掘符号设计无形态的最高生命意义和法则，这不同于科学家发现自然形式。前者是符号设计无形态的创生活动，后者则是形态的认识活动。

符号设计的崇高使命何以就在于发现和开掘符号形态的无形态的最高生命意义和法则呢？这里，我将对符号设计的无形态的形态作美学意义上的考察。

其一，符号设计的功能在于揭示形态表象之下的内在精神结构和外在逻辑的生命意义。内在的结构整合是以人的外部社会理想逻辑为基础，内在的语言结构和外在的理性形态逻辑构成符号设计家追求的形态的无形态意义法则。内部意识语言结构的形成，不仅是符号设计的基础，还是符号设计的动力。外在的理性逻辑是支配和净化人生和社会的潜在动力。符号设计作品形态的存在价值不在于形态本身，而在于形态背后无形态的意义和精神。

其二，符号设计是一种对形态的无限超越。超越从某种意义上来说就是对形态的"理性破坏"，破坏过程是对无形态的不断重构。符号设计就是从破坏形态中不断发现无形态的生命意义和法则，只有破坏形态上的种种规约、和谐和秩序，才能达到形态的无形态和谐。内在的无意识形态的发挥仅靠形态是无法实施的，诸如丑在表现美上的恶狠狠的张力和欲望。

其三，符号设计是一种幻象性审美活动。幻象性活动必须对现实形态的不断提炼和概括，即要对形态的不断否定，符号设计对形态的否定不是对形态的拒绝，而是对形态不断扬弃的过程，诸多被扬弃的形态留存在意识系统里构成无意识的存在。再者，幻象性的活动表现在符号设计上的真实性是"求似"，即去现实化，而去现实化的本质就在于追求无形态。符号设计并非求得与现实形态的绝对相同，否则一台摄像机就绝对等同于古希腊所有符号设计大师的经典之作品，对形态的"求似"模仿，并取得形态的无形态的表现才是对符号设计家表现的真实。如果对形态的"摄像式"模仿，那无异于复制和抄写。符号设计是对主体性的"我"的张扬性和能动性的礼赞，复写只能是对合法化的"我"的无情侵略和殖民化的欺骗。

其四，符号设计中的审美距离和审美心胸都是审美无形态合法化的形态追求。审美心胸是审美前必须要有的形态心理状态，只有"澄怀"才能作无形态的"味象"，无形态的"坐忘"或"空冥"与形态的规范秩序格格不入。审美欣赏时的心理与对象距离要拉开适当的"距离"，就是对形态距离的"鄙视"和"不认同"，否则会破坏无形态的审美状态。

其五，从符号设计生成本源看，符号设计的崇高使命在于发现和开掘形态审美创造无形态的最高生命意义和法则，其实质就是追求内部审美意识语言的无形态法则。内部意识语言的存在是一种意识的无形态的实在，而内部审美意识语言的表现又要通过符号语言形态来表现。这就是说，无形态只能借助形态来展现，否则无形态只能在意识空间里生存。换句话说，符号设计的生命形态是无形态的演绎和释放，这就意味着符号设计在模仿无形态。因为，符号设计完全模仿现实形态是不可靠的。形态本身具有不可选择性，人们无法从单一形态中支解若干形态选项来，人们或许能从古希腊符号设计里模仿出伟大的作品，或许能模仿西方的油画来，但无法回到古希腊或西方那里复制那个时代或那个社会的理性精神。比如，从符号设计创造的本质来说，现代西方的"非符号设计"、"反符号设计"、"先锋符号设计"、"实物代替符号设计"、"符号设计是对现实的否定"等符号设计主义浪潮，都没有看到符号设计模仿的实质。

符号设计的崇高使命在于发现和开掘符号设计无形态的最高生命意义和法则。符号设计追求无形态就在于追求无形态的生命延续，或符号设计形态就是对无形态的再生，无形态的魅力成了符号设计挥之不去的精神气质。

第三节 标志符号的美学意图

标志，在英文中为"Logo"，它由希腊语"Logos"变化而来，亦称"徽标"，是现代性的产物，承载着企业的无形资产，包括文化资产、审美资产、身份资产、价值资产、理念资产等。对于一个企业来说，首先面临的问题是如何有效地让消费者获得企业文化、理念与形象的认知，于是人们选择了标志。标志俨然成为现代市场中的一种产品或企业的文化观念与情感认同的感性符号。"苹果"之美就是典型的例子。

"苹果"之美首先源于"感性"之美。"对于乔布斯来说，他的判断更注重直觉。"① 他的直觉打破了害怕理性的人群，也符合人机对话的"交互"原理。因为这是一个极富"感性"的社会，也是一个创造性的社会，"创造性是靠什么测量的呢？因为要创造出迄今为止不存在的事物，所以，测量的标准也不能是既有的。新产品的价值是如何测量出来的呢？于是，受到关注的便是感性。"② 也就是说，标志不论是观念文化的设计，还是感性的设计，尤其它的传达需要源自生活的感性。标志设计要遵循"感性"，实际上就是遵循美学的设计信条。乔布斯的美学就是"简洁，即丰富"，也即是"少，即多"的演绎，或者是包豪斯式的美学。"苹果"的设计就遵循了美学的最原初的意义——"感性"。③ "苹果"设计，即在形式的美感感知上体现了感性的神话。哲学家西塞罗（Marcus Tullius Cicero，公元前106年至前43年）给美的定义是："美是各部分的适当比例，再加上一种悦目的颜色。"④ 这个定义为美的形式如何适应人的"感性"提供理论依据，即形式的"比例"与"悦目"，也就是西塞罗对美的理解：美也是感觉的美。⑤ 对于"苹果"而言，"比例"与"悦目"适应了人的"感知"，更重要的是"'苹果'——这是个明智的选择。这个词立刻释放出友好而简洁的信号。"⑥ 这是它的"感性"之美所带来的丰富含义。

"苹果"之美来源于"物哀"之美。"苹果"标志首先来自人们对苹果的直接形象感知——"残缺"之美的设计。在消费者就是上帝的时代，每一个人都是被上帝咬了一口的"苹果"，它的残缺之美在于"物哀"之美。"物哀"是日本美学中的重要范畴，日本"物哀"美学思想体现对物

---

① ［美］沃尔特·萨萨克森：《史蒂夫乔布斯传》，中信出版社2011年版，第313页。
② ［日］佐佐木健一：《美学入门》，赵京华、王成译，四川出版集团·四川人民出版社2008年版，第4页。
③ 在18世纪，"美学之父"德国启蒙主义者鲍姆加通（Baumgarten, 1714-1762）开创的"美学"（德文：Aesthetik）即感性的认识之学。按照词典的一般解释，"感性"意思为"感官感觉"，特别是指倾向于美学或感情方面的感官感知。
④ 朱光潜：《西方美学史》上卷，人民文学出版社1979年版，第129页。
⑤ 李醒尘：《西方美学史教程》，北京大学出版社1997年版，第76—77页。
⑥ ［美］沃尔特·艾萨克森：《史蒂夫乔布斯传》，中信出版社2011年版，第57页。

图 5-1 Logo:"苹果"与"百度"

的情感、对物的爱与悲,其间的细腻、自然与情趣之美显示日本特有的美学思想。日本人的审美意识多源于对自然的感悟与理解,自然界中的季节变更、植物枯荣、风花雪月等现象,都是他们感知的对象以及审美范畴之源。"苹果"就是来自自然的"物语"之美,如日本长篇小说《源氏物语》以物语形式构建的美之作,是"物哀"美学思想之作,这样的作品还如《无名草子》、《竹取物语》、《春雨物语》、《雨月物语》、《落洼物语》等。日本画道中的"淡泊"或"余白"、茶道里的"枯拙"、歌论中的"物哀"或"闲寂",戏曲中的"玄幽"或"姿"等审美范畴,都是与自然中的植物等对象有关。可见,"物哀"之美的真谛就在于"他力之美",这种美是自然的,富于情趣的与细腻的。按照格罗佩乌斯的理解,"上帝的那里都是细节的",残缺"苹果"之美,就是细节之美,它将消费者推向"上帝",也造就"苹果"品牌的个性。因为在上帝那里,残缺的苹果才是最完美的世界,因为这个世界是充满个性的、自由的,不同人面对残缺自然有不同的表现。这种"物哀"之美正好暗合《圣经》中苹果的故事,也迎合了苹果公司的经营理念与消费策略。

"苹果"之美源于它的"文化"之美。欧洲文明总是与苹果联系在一起,在《圣经》中有记载亚当、夏娃背着上帝偷吃了苹果,打开了智慧之门,遂被逐出伊甸园,人类文明因此而诞生;在古希腊,"送给最美丽的"金苹果之纷争,而引起不和女神厄里斯的嫉妒,最终导致特洛伊城的毁灭;西方社会真正开启工业革命之门的当属英国科学家艾萨克·牛顿,他受落地的苹果启发进而用数学方法为人类建立起理性主义之厦;美国企业家史蒂夫·乔布斯用他设计的"苹果",深刻地改变了一代人的娱乐方式、网络生活乃至审美潮流,"苹果"① 成为西方人普遍认同的文化符号。"苹果文化"伴随西方文明,乔布斯的"苹果"设计,无论它是出于乔布斯"从苹果农场"归来的遐想,抑或"那段时间正在吃水果餐"的创想,"苹果"的文化传承与美学理念体现出乔布斯使用"这个词的锐气"。

"苹果"之美源于"隐喻"之美。"苹果"标志设计的真谛在于简洁中实现文化的与美学的"隐喻"②——品尝苹果公司的"苹果"——打开智慧之门。"隐喻性"是最为深沉的意义"超越"形态,它亟待走向意义的"传达"。标志的设计在文化内涵上必须符合"超越"与"传达"的要求,"苹果"实现了超越计算机技术之上的理性,传达出人机趣味的感性文化理念。同时,"隐喻"的形成需要两个基本条件,即物质向度与美学向度,前者是形式向度,后者是意蕴向度,用"喻"传"隐"是"隐喻性"的根本特征。苹果公司第一任董事长曾说:"它会让你珍惜品味。苹果和电脑,这两者根本扯不上关系啊!如此一来,就增加了我们品牌的知名度。"③"苹果"之喻的神话密码在于物质形式的"悖论",而成就"品牌的知名度"——美学向度的——神话。

在今天,"百度"成为全球最大的中文搜索引擎,它诞生于北京中关村,由李彦宏、徐勇两人创立于 2000 年 1 月,"百度"是一款致力于向人们提供网络中文信息检索技术的工具。创始人李彦宏在为公司起名时一直设想,起一个具有中国文化味道十足的名称。范增曾言:"如果讲中国、希腊、德国这三个国家用一个文艺形式象征她们,雕塑象征希腊,德国是音乐,那么中国呢?只有诗词了。"而唐诗宋词又是中国诗词的杰出代表,于是搜索引擎"百度"出现了,这二字源自宋朝词人辛弃疾《青玉案·元夕》之"众里寻他千百度"词句,以至于百度公司会议室名称为这首词的词牌"青玉案",象征"百度"对信息检索技术的执着追求。其"简单可依赖"的检索功能理念,使它一举成为全球最大的搜索引擎,

---

① 2012 年 5 月,全球最大广告传播集团旗下子公司明略行(MillwardBrown)发布苹果品牌价值位居全球品牌榜首,一举赶超谷歌,荣升世界第一。

② "隐喻"一词源自希腊语"metaphora",该词由词根"meta(超越)"与"phora(pherein)"(传达)构成。"超越与传达"是一套特殊的语言文本修辞手法,也是一切艺术传达的修辞方法。

③ [美] 沃尔特·艾萨克森:《史蒂夫乔布斯传》,中信出版社 2011 年版,第 57 页。

"百度"也成为世界当之无愧的"名标之名","百度"家喻户晓,它的"品牌形象"[①]创意是成功的。

对企业产品而言,消费者能对某一品牌标志一贯持有的品牌形象,即"品牌力"。因此,品牌标志意味着人们从一个品牌联想到的一切文化情感与美学品质。品牌标志给产品附加了虚幻的形象、个性和象征,使人们对同样东西产生不同的审美感觉和情感,这正是品牌标志发生作用的心理基础。

设计师的"品牌意识"就是"形象意识",抑或"企业意识",甚或"国家意识"。标志形象不仅关涉企业文化与质量的形象,还关涉其市场、经济乃至国家身份,"苹果"形象就已经成为苹果公司的文化、经济与国家身份的象征。标志形象意识的塑造是一种文化与美感的体验过程、价值与理念的演绎以及产品品性的熏陶过程,而美感体验、理念演绎与审美品性的熏陶又是设计美学的固有内容,这些内容有利于指导标志的艺术设计,尤其是美的品牌形象的开拓。首先,标志形象的塑造是一种美感的体验过程。形象只有在体验中才是鲜活的,标志形象的审美化是体验的最直接产物。塑造标志形象的过程,其实就是审美化的过程。其次,标志形象的塑造过程是一种美学理念的演绎。健康的标志形象塑造必然有科学的美学思想为引导,美学理念的演绎也是设计师形象意识塑造的优势方法与科学行为。同时,标志形象的塑造过程也是一种审美品性的熏陶。审美形象需要审美品性不断地去灌注与熏陶。标志设计总是在诠释着我们的文化形象,总是在召唤着我们的美学精神,抑或企业自身的美德。"艺术惠泽于人,面对它我们会毫不隐瞒地展现真正的自我。在它的包容下,我们得到的许诺是自己将变得更加完美。艺术对我们一无所求,然而却呼唤出我们自身的美德。"[②]因此,标志设计关乎企业品牌形象。

---

① "品牌形象"是20世纪60年代中期"广告之父"大卫·奥格威(David Oqiwy,英国人,1911—1999年)首先倡导的。经过多年实践,这一创意策略得到商业界越来越多的青睐。何谓"品牌"?著名美国营销学者菲利浦·科特勒(Philip Kotter)称"品牌"就是一个名字、称谓、符号或设计,或是上述的总和,其目的是要使自己的产品或服务有别于竞争者。可见,品牌是一种优势"标志",这种优势在于获得品牌的表情与意义特别的符号形象。对于企业品牌来说,优势标志的表情与意义,即企业品牌价值。它是市场有效竞争的必要品牌要素,企业品牌价值就是企业品牌有形资产的价值,也是企业行为人的无形资产。

② [美]沃尔夫、吉伊亘:《艺术批评与艺术教育》,滑明达译,四川人民出版社1998年版,第19页。

从"苹果"与"百度"等品牌标志分析，标志设计不仅是艺术之物，还是文化之物。它是企业人文精神的产物，也是企业文脉的发展产物。"苹果"与"百度"标志设计的文化理念告诉我们：对标志设计的认知不应局限在产品的、市场的领域，也不应局限在设计的专业领域，而需要用人文与美学的眼光看设计、理解设计、来做设计、传播设计。当下庸俗标志设计的泛滥，根本问题就在于传统文化的丢失，抑或无法理解传统文化，也是人文精神动荡与失衡的表现。文化和谐及心理适应是标志设计最为根本的文化信条。它在设计中意味着回忆，意味着继承，意味着身份。没有它，就会失去企业与产品的身份，就会割裂企业现实与历史的联系，就会导致无思想的标志设计；有了它，就有了企业文化时间上的认同感，就有了企业文化空间上的归属感。因此，标志创意作为品牌形象战略，已经不是一个纯粹的创意自身问题，它已然从创意设计跨越创意产业。在创意市场中，标志创意如同其他创意一样已经成为生产力的代名词，文化产业的广告词。创意产生形象，形象是观念的产物。标志的文化创意是获得形象的直接源泉与动力，标志的文化与美学思维是支撑其整体形象的灵魂。

"苹果"与"百度"成功的原因是多方面的，但标志设计的成功是其中重要一环。标志设计是品牌的策略经营，品牌设计需要传统文化以及对大众文化的理解。成功的标志是企业的无形资产，是企业文化符号的生产力，更是企业资本的象征力，甚或是一个国家的文化身份力。"苹果"与"百度"是超越国界的，是受众普遍认同的品牌，具有企业自己的个性，也是大众公共的形象，它们的设计原理揭示：标志是品牌设计的重要符号向度，具有隐喻性，它肩负企业的文化传递与形象表达；品牌的理想在于受众认同、塑造个性与公共形象；优秀的标志不仅成就企业利润与文化传播的神话，还在于实现企业品质、情感与身份的神话。

当然，标志设计也要避免"贴标签式"的错误倾向，传统文化必须要在发展中继承，在继承中创新。在这一点上，"万科"品牌标志为我们提供一种范式。万科成立于1984年，1988年闯入地产业，1993年将大众住宅确立为企业核心，2002年正式实施地产品牌战略，2007年企业更换Logo为正方四循环"V"字形标志（见图5-2），该标志是由陈幼坚设计公司设计创作，其设计理念来源于古代民居建筑窗花纹样"V"字形，标志的第一层魅力来自古代建筑文化之美（见图5-3）。

图 5-2 万科 Logo

图 5-3 "万科"标志与古建筑窗花设计比较

标志设计不能是无关系的设计，它总是与自己的设计对象匹配，也就是说，它的"符码"与"意码"必须是统一的。"V"字形标志的设计来源中国古代建筑"窗花"，这种古典建筑文化的魅力在标志中得到体现与彰显。从理论上说，标志是一种语言，而且是一种文化语言。根据语言的呈现方式，人类语言至少有内部语言与外部语言两种。那么，标志语言同样可分为标志内部语言与标志外部语言，这两套语言符号系统构成了人类语言的完整系统。西方自查·桑·皮尔斯、索绪尔、维特根斯坦之后，符号学在很多学科中得当广泛运用。其中查·桑·皮尔斯是理论符号学的奠基人,索绪尔是语言符号学的开拓者。符号是负载和传递信息的中介,是认识事物的一种简化手段。符号表现为符码和意义代码的系统,同样,标志设计符号是由"形符"和"意符"构成。那么,"万科"的"形符"和"意符"又是什么呢？从图可以看出,"万科"的形符为中国古典建筑窗花"V"的变形与抽象,其"意符"十分丰富,我们姑且抛开陈幼坚设计公司原创作理念①,还能看出"V"形意味"成功",或"VIP",而"V",是"塔"的简体,也似"人"的变体,再比如"V"在西语里为"22",那么,4个"V"的"万科"标志,即中国的吉祥数字"88"。当然,我们不能过度阐释标志的"意符"喻指,但成功的标志一般包含无穷含义的文化"意符"之美,而失去文化的"形符"和"意符"之标志则是失败的设计。

"V"字形标志的第二层魅力来自语言符号之美。现代以来,设计界将研究语言的方法运用到产品设计上,如美国符号学家查尔斯·莫里斯将符号学划分为语构学、语用学与语义学三门学科。随后诞生了如产品语义学等新学科。符号学理论在设计领域具有开拓性贡献的是德国哲学家马克思·本塞。他首先提出要"区分对象",认为设计对象有自然对象、技术对象、艺术对象等;其次要"确立参量",并认为固有性、确定性、预期性等是阐释设计的最佳参量;他还提出设计的一般性阶段,认为设计有规划、实施与运用三个阶段。马克思·本塞最后得出：设计是可以预期的、非确定性的、可以重复的、被建构的活动。对于"V"字形标志而言,同样也存在语构学、语用学与语义学上的符号学研究维度之美。在构成上,四个循环的"V"字构成一个"四方"之美;在语用上,四个循环的"V"字传达稳定、规整、可持续等建筑学含义;在语义上,四个循环的"V"字的含义充满"万科人健康丰盛、充满激情的性格特征"的符号之美。但"万科"的标志也并非十全十美。实际上,除了直接采用传统图

---

① 陈幼坚设计公司的解释是：四个"V"朝向不同角度,表达万科理解生而不同的人期盼无限可能的生活空间,提供具有差异化的理想居住空间。四个"V"旋转围合成中国传统民宅中的窗花纹样,体现万科专注于中国住宅产业的商业战略。四个"V"形状规整有序,象征万科推进更加工业化的全新建筑模式,从而提高住宅品质水准,减少环境污染和材料浪费。四个"V"相互呼应循环往复,代表万科积极承担社会责任,坚持可持续发展经营理念。四个"V"鲜艳活泼,寓意万科人健康丰盛、充满激情的性格特征。

案的抽象表达标志外，还可以直接采用中国传统文化要素来设计建筑辅助标志。抑或说，"万科"的语言符号没有与四个循环的"V"字图案达到匹配。

另外，"V"字形标志之美的最高含义：生活。"窗花"是建筑的缩影，也是生活的象征。万科的标志采用古典建筑之"窗花"，可谓选中了建筑的最高含义：生活。[①] 万科标志充分体现了建筑是人居学在"生活"维度上的最好哲学，企业一开始的定位，抑或品牌战略就是"Building infinite life"，即企业文化理念站在"生活"的高度建筑土木与未来。他们的口号"建筑你的生活，从懂得你的生活开始"，"建筑：生活是前进的"，"建筑：生活是年轻的"，"建筑：生活是分享的"，"建筑：生活是惬意的"，"建筑：生活是明媚的"，"建筑：生活是满怀希望的"，等等。"生活"成为万科 Logo 的核心，这是其品牌战略成功的重要方面。而恰恰就在这个方面，很多 Logo 设计忽视了"生活"的原味。

我们的世界是标志的世界。标志是区分文化、符号与生活的身份"界限"。设计师无视传统文化的设计，这样的设计是不成功的设计；无视符号美学要旨的设计是设计师所鄙视的；无视生活的设计也必将被生活淘汰。抑或说，在设计中，标志之美有自己的"取"与"舍"。美不过是一个具有描述性的形容词或美学宾词，而美学宾词的描述性具有个体的审美差异性，只有在特定的现象或语境下才有其概念的规范性，否则它的意义是不确定的，甚或是不能描述的。同样，我们学设计的人，也不大喜欢问"何谓设计之美"，因为设计没有美与丑之分，只有取舍之别。

标志设计中的"取"，即"观物取象"，以达到"立象以尽意"之目的，最终呈现为直觉形象，这就是标志设计的基本过程。

首先，"观物取象"是标志设计的基础性阶段。标志设计不是直接绘画或字母的直白书写。《周易·系辞上传》曰："《易》有圣人之道四焉：以言者尚其辞，以动者尚其变，以制器者尚其象，以卜筮尚其占。"这里的"制器尚象"不仅概括器物设计的规则，也是标志设计之道，对于标志而言，"观物取象"一词最能概括其要领了。比如图 5-4 安徽省电视

---

① 第一个国际性城市规划大纲《雅典宪章》（1933 年，国际现代建筑协会在希腊雅典会议讨论并通过）指出，居住、工作、游憩和交通是城市的四大基本活动。因此，建筑学应当是人居学。建筑人居学的存在根本是依据人的思维、语言与价值，而这些维度以"生活"为基点，否则，建筑就背离了人居学的根本含义。

台台标的设计取"迎客松"为"象",这里的"象",已然不是迎客松本然之"象",而是经过抽象化的物象,这个"抽象化"的过程,即"取",也相当于文学叙事中的"典型化"。

其次,"观物取象"之目的是"尽意",即"立象以尽意"。《周易·系辞上传》曰:"子曰:'书不尽言,言不尽意。'然则圣人之意,其不可见乎?子曰:'圣人立象以尽意,设卦以尽情伪,系辞焉以尽其言,变而通之以尽利,鼓之舞之以尽神。'"这段文字中的"立象以尽意"几乎成为中国文学与艺术中的永恒经典命题之一。它不仅回答了"意"与"象"在文艺中的"形式"与"内容"关系,还抽象回答了一切艺术中的"形"与"神"的关系。对于标志设计而言,如何"立象"就成为设计师必须经验的阶段。可以这么说:"在符号形式到达纯粹的象征性状态之前,它们必须经历了诸如模仿和类比之类的阶段。"[①] 这就是设计标志符号"立象"的要则,即"诸如模仿和类比之类的"。如图 5 - 4 浙江省电视台台标,浙江之声母"Z"与其钱塘江(即浙江)之"形",即采用类比或模仿之象征手法,并取蓝色为背景更衬托江南地域之缠绵诗意。

最后,标志形象优势——呈现为直觉形象。形象优势使形象处于一种绝对有利的形势。符号形象优势的获得是一个复杂的系统工程,它是多种优势的相互作用形成的,如色彩优势、线条优势、体量优势、结构优势、寓意优势、文化优势、区位优势、技术优势等。标志形象优势的获得在于设计师一次审美感受的"泄露",而这种感受的产生更是形式"优势事象"的诞生,它是通过设计灵感、文化历史、美学诗意感的释放,直接呈现于直觉符号形象——会说话的符号形象。

标志设计除了"取"之外,还是一个"舍"的过程。因为"标志"言下之意,就是选择具有特征性的"象"以标志 Logo。那么,设计师就必须舍弃次要因素。实际上,标志设计的"舍"是一种"陌生化"的过程,使得形式具有语言诗学的特征与特别的隐喻意义。

标志符号设计要有"陌生化"特征,即标志的美并非是直接告诉受众的。什克洛夫斯基的"陌生化"理论,对符号设计具有参考意义。"陌生化"也称为"反常化",意在强调作品的表现从再现的形式中偏离,使

---

① [德]海因兹·佩兹沃德:《符号、文化、城市:文化批评哲学五题》,邓文华译,四川出版集团·四川人民出版社 2008 年版,第 20 页。

艺术对象与现实对象疏离与漂移，从而产生一种熟悉的陌生化对象。什克洛夫斯基强调表现形式的陌生，即要达到语言符号的陌生。因为只有语言符号的陌生，才有形式的陌生，然后方达到对象的陌生。在什克洛夫斯基看来，"陌生化"不仅是一种方法，更是实现作品审美化的途径。因为美感来自主体的感受与体验，"陌生化"的目的是增强作品的可感性，激发主体的审美感受。比如安徽省电视台台标是一个倾斜的"A"之迎客松（见图5-5）——"陌生化"的迎客松。一般而言，语言符号有两个主要特征，即认知性与诗性。认知在语言符号中占绝对优势地位，诗性往往被压抑在认知表层。我们对"迎客松"的认知是靠知识逻辑理性支配的；而对"好客之松"的诗性则是依赖审美感性获得的。标志"陌生化"的目的是从符号的认知理性中求得诗性感性的生存，意在阻隔艺术语言符号的理性支配，冲破语言符号的工具性束缚，这样语言符号就成了感性存在的载体。也就是说，标志"陌生化"是从被压抑的符号诗性中复苏出来的美。

图5-4　浙江省电视台台标　　图5-5　安徽省电视台台标

对于标志符号的诗性特征，我们不能不想起雅各布尔森的语言诗学。在雅各布尔森看来，诗的问题就是语言问题。诗的本质必须通过语言来理解，只有悟化"语言"，才能获得语言的审美性，这是理解艺术性符号的关键。雅各布尔森在语言学和诗学关系上开创了新的学科，即语言诗学；这种语言诗学也就是艺术语言学或语言艺术学，其核心理论就是：语言具有诗性功能，并认为语言的功能是多样的，诗性功能是其中的一种。这种诗性功能是语言的自我表现性，其所指非常弱，而能指则强大。雅各布尔森把语言分为联想轴（Y）与组合轴（X）两部分。Y轴或称共时组合轴（共时轴）；X轴称历时组合轴（历时轴）。从而语言结构可分为历时的横组合轴和共时的纵组合轴，前者是显性的在场结构，后者是隐性的不在场结构。在场结构依赖词语的组合构成语言的转输；不在场结构依赖联想空间显现隐喻。所以，诗性语言的历时轴常服务于共时轴，语言的诗性依赖共时轴，共时轴越发达，诗性语言就越发达。雅各布尔森的这些语言诗学对于标志时间同样是适用的。

总之，标志设计的"取"与"舍"两个向度包含四个阶段，即"观物"（物象）—"取象"（意象）—"立象"（心体符号）—"呈现"（语言符号）。

通过以上几例分析，我们的结论是："Logo：Context > Content"，什么意思呢？就是设计的标志之语境（Context）永远大于内容（Content）。"语境"是指该标志的能指与所指是关联的，不能有偏离语意。比如工商银行的行徽之"工"与中国银行的行徽之"中"都是独一无二的，否则就是失败的设计。或者说，标志本身的"内容"具有限定性，如果你设计的工商银行标志也能视为中国银行标志，说明 Content > Context，那么，这样的设计就是无效设计。

第四节　影像符号的象征暴力及知识重组

象征是心体符号传达的固有欲望。象征符号的狂欢是后现代社会文化霸权的典型特征，这种文化特征明显不同于前现代与现代时期。对于统治者来说，文化符号极具历史性。在不同时空，符号霸权的方式是有差异的，同时，在后现代影像的知识构型与重组越加明显。

拉什与厄里在《符号经济与空间经济》中这样说道："前现代社会里，统治阶级的文化霸权，是通过充满意义、内容，居住着鬼神的象征系统来实现的。现代社会中，文化统治通过自由主义、平等、进步、科学等已经掏空或抽象的意识形态而实现。后现代资本主义的统治，则通过象征符号暴力来实现。"[①] 可见，在前现代、现代、后现代各个时期，统治者的符号霸权方式分别是"鬼神象征系统"、"抽象意识形态"与"象征符

---

① ［英］斯科特·拉什、约翰·厄里：《符号经济与空间经济》，王之光、商正译，商务印书馆 2006 年版，第 23 页。

号暴力"。对于统治者文化统治而言，与其说符号霸权，不如说是文化霸权。自卡西尔以来，符号思维是通达文化的一条进路，拉什与厄尔无疑是视符号思维是逼近文化哲学的一把钥匙，那么，"文化"与"符号"之间的"契约"如何成为后现代时期的"形象暴力"？

文化符号的暴力与文化自我身份在社会中的处境及其价值有关。德国海因茨·佩茨沃德（Heinz Paetzold）在谈及"文化"概念时，他列举了西方思想史中的四种迥然不同的"文化"含义[①]：第一种："心灵耕耘"与"农业耕耘"（西塞罗），即（与工具技术相关的）"劳作学"（威廉·佩尔佩特）；第二种："基督文化：上帝是文化的缔造者"（圣·奥古斯丁），"耕作"行为有了道德、宗教的意义；第三种："文化"与社会性密不可分（萨穆埃尔·普芬道夫），"历史性是人类文化的显著标志"（约翰·戈特弗里德·赫尔德）；第四种，一切文化，皆是（技术、道德、法律、历史、神话、语言、艺术、科学等）"符号形式"（卡西尔）。很明显，文化概念具有收敛性与历史性，尤其是卡西尔的"文化"概念是继承了前人的一种哲学超越，卡西尔哲学的"符号学转向""整合了'语言学转向'、'语义学转向'和'民族学转向'，并赋予了它们新的意义。"[②]其中"语言学转向"（维柯）、"语义学转向"（赫尔德）和"民族学转向"（卢梭）是卡西尔之前的三大文化哲学"奠基"与"丰碑"。可以这么说，卡西尔敏锐地看到"符号化的思维和符号化的行为是人类生活中最富有代表性的特征，并且人类文化的全部发展都依赖于这个条件"，[③]后现代社会方兴未艾的"符号经济"验证了卡西尔的先知。符号，抑或文化最为一种新的经济增长点成为后现代全球国家与地区最为"时髦"的话语，在空间、时间与意识形态诸多领域中的符号霸权俨然成为国家或集团的新核心。

在空间中，历史、隐喻与装饰是后现代空间中三个符号"怪物"，这恰恰是符号具有的文化特征与形式。在商业化市场，"历史"是一种社会资源，"隐喻"与"装饰"是文化的资本与美学诉求，它们共同构成"象征符号暴力"的策源地。根据拉什与厄尔的观点，"历史"作为社会资

[①] [德]海因茨·佩兹茨沃德：《符号、文化、城市：文化批评哲学五题》，邓文华译，四川出版集团·四川人民出版社2008年版，第3—4页。

[②] 同上书，第13页。

[③] [德]卡西尔：《人伦》，甘阳译，上海译文出版社1985年版，第35页。

源，大致有三种形态：神话形态、抽象形态与象征形态。在前现代时期，神话作为社会资源（特别是统治者的文化资源）的有效性是：管理与控制。比如在前现代时期，如果没有巫婆或祭祀，那个社会的管理与控制是不可想象的。在此，巫婆的伟大，并不是巫婆本身，而是巫婆所处的那个历史时代；在现代时期，"历史"作为资源是客体的抽象：（机器）意义、（物）功能、（技术）理性，或者说，在机器美学、功能至上与技术理性时代，"历史"符号的力量是"平面化"的。而后现代时期的"历史"符号资源，是从"物的真实性"转向"非物质性"的文化，即文化符号转变成了"生产力"的形式，历史文化于是成为一种消费的对象，人们消费的对象已经不是现代时期来自生产线上的"物"，而是直接来自眼花缭乱的"象征符号"。正如詹姆逊（1984）和哈维（1989）指出的："如果现代主义的统治已经掏空的抽象代码化空间，城市的水平面是几何形的街道平面图构成的栅格，垂直面是国际风格的高楼大厦，那么，后现代主义的统治靠的是，甚至要摧毁作为最后定向点的这些栅格，留下一个非定向、令人头晕眼花的空间。"[①] 同时，对文化的"隐喻"与"装饰"是后现代"符号暴力"的另一种释读。"论述隐喻意味着至少要论述象征、表意符号、模式、原始类型、梦、狂想、瞻妄、仪式、巫术、娱乐活动、纵聚合关系语言项、图像、表现物，当然还有语言、符号、意义和意思（这个清单是不完整的）。"[②] 这个清单虽然有点"老套"，但能激发对"隐喻"的复杂性社会视野的充分认识。我们对"隐喻"作为语言学的修辞不感兴趣，我们要关注的是"隐喻"作为一种"符号暴力"的工具的存在方式。这种工具通过"装饰"，成就了后现代社会的审美符号经济。按照亚里士多德提出的"隐喻"观：一种替代或转移（亚里士多德首次在《诗学》中提出"隐喻"，目的是使语言的生动，人们表达可以使用其他词代替），对于后代符号经济而言，"隐喻"的有效性不再是语言或逻辑的生动，而是市场使用"隐喻"获得资本的生动有效性。比如"易拉罐"经济，就是一种"隐喻"经济。在逻辑上，这种经济是"乏味"的；但在修辞上，它是正确的。由于人具有天生的隐喻能力与思维（维柯），

---

① ［英］斯科特·拉什、约翰·厄里：《符号经济与空间经济》，王之光、商正译，商务印书馆2006年版，第23页。
② ［意］翁贝尔托·埃科：《符号学与语言哲学》，王天清译，百花文艺出版社2006年版，第170页。

后现代社会的文化语义场中充满符号暴力不足为奇,因为语言或符号像习俗一样,产生于社会环境之中。或者说,审美符号化发生于后现代社会生产、流通和消费各个环节之中。"当代政治经济学的内容不仅被掏空了象征符号内容,而且逐步地被掏空了物质内容。日益追加生产的,不是物质客体,而是符号。这些符号主要有两种:一种主要具有认知内容,因而是后现代或信息物物品;另一种具有(最广义的)审美性内容,主要是后现代物品。这不仅发生于包含在审美成分的非物质客体(例如流行音乐、电影、杂志、录像等)的激增之中,而且发生于物质客体里符号价值或形象成分的不断扩大之中"①。在物质产品生产中,"设计成分占物品价值的比重不断增加。具体的劳动过程对增值的贡献日益变得不那么重要,而'设计过程'逐渐地占据中心地位。……物品常常通过'打品牌'过程,而获得符号价值的属性,经销商和广告人给物品添加了形象。这通常通过'象征符号暴力'来实现的,不是生产者实施的,而是靠商业服务者来操作的;不过,这也通过生产者、消费者双方的牵缠而实现的。"② 这种符号经济的特点至少有:

第一,符号经济的原材料与成果皆是信息。在后现代社会,物质生产的信息化与物质本身是等同的。也就是说,原材料与成果皆诉诸信息经济,信息经济则得益于集成电路(1957)、微处理器(1971)、基因拼接技术(1973)、微电脑(1975)的出现与发展。③

第二,符号经济中的"经济开发区"与"文化产业区"的界限不十分明显。譬如广告业这个文化产业的"新范式",广告商的商业经济开发与文化创作是一体的。"品牌的概念蕴含着形象,而增值也来自艺术家的形象。在密切相关的软件业,增值来自作者的符号学技术和能力。在文化产业中,增值来自形象,也来自符号学技术。"④

第三,符号经济的审美维度成为后现代经济不可或缺的一部分。"审美维度不是认知符号的流动或者信息流,而是审美符号的流动。……其结

---

① [英]斯科特·拉什、约翰·厄里:《符号经济与空间经济》,王之光、商正译,商务印书馆2006年版,第22页。
② 同上。
③ 同上书,第130页。
④ 同上书,第187页。

构条件是那种符号流动、文化资本创造、通过审美铸造的专家系统。"[①] 可以说，在空间中的符号经济成为这个时代的"骄子"。换言之，面对消费暴力符号同时，只好屈从于符号暴力形象的威望，主体俨然被沦为"低能儿"，即失去了自己应有的社会能力。

在时间里，"前现代社会有嵌入时间，通过富含感情载荷的象征符号来编写代码。现代主义统治的时间操作通过已经被解嵌入的进步元叙事，其进步动因是驱动的主体性，以及在工厂里和闲暇时不断精细的理性时间计算。后现代和晚近资本主义的象征符号暴力则凭借虚无主义来实现，甚至这最后的时间基础也要加以摧毁，把时间简化为一系列不相连接的偶发时间。"[②] 这里的"虚无主义"是我们要关注的。虚无主义，这个词最早来源于拉丁语中的不定代词"nihil"，由 nihilum 缩减而成，意为"什么都没有"。"虚无主义"由俄国现实主义小说家、诗人和剧作家伊凡·谢尔盖耶维奇·屠格涅夫（Ivan Sergeevich Turgenev, 1818 – 1883）在《父与子》（1862）中首次使用，后由弗里德里希·海因里希·雅各比（Friedrich Heinrich Jacobi, 1743 – 1819）引入哲学领域。作为哲学意义上的虚无主义认为：世界，特别是人类的存在是没有意义、目的以及可理解的真相及最本质价值。曾对虚无主义著书立说的著名哲学家有弗里德里希·威廉·尼采（Friedrich Wilhelm Nietzsche, 1844 – 1900）和海德格尔（Martin Heidegger, 1889 – 1976）。尼采晚期作品主要是关于虚无主义的，他将权力意志的一卷命名为"欧洲虚无主义"，并认为这是 19 世纪的主要问题。海德格尔将虚无主义称为"这样的存在什么都不剩"，并认为，虚无主义基于将存在缩减至纯粹价值。伦理道德中的"虚无主义"是用来指彻底拒绝一切权威、道德、社会习惯的行为。在虚无主义者看来，道德价值的最终来源不是文化或理性的基础而是个体。后现代主义思想将认识论及伦理体系推至极端的相对主义，这在让·弗朗索瓦·利奥塔（Jean – Franois Lyotard）及德里达（Jacques Derrida）的作品中清晰可见。文艺中的虚无主义，如超现实主义、立体主义都被人们批评说有虚无主义之嫌疑，另一些艺术运动，如达达主义则公开将虚无主义奉为信条。广泛地说，后现代文化符号拒绝理性、解释与经典，追求现象的体验、感觉的组

[①] [英] 斯科特·拉什、约翰·厄里：《符号经济与空间经济》，王之光、商正译，商务印书馆 2006 年版，第 152 页。

[②] 同上书，第 23 页。

合与艺术的经验直觉,披着文化与美学外衣的象征符号对消费者心理满足的有效性是直接的。比如拜物主义的浅薄精神恰好迎合了花哨的符号表情,对物的匮乏后的暂时性满足触发了符号美学欺骗的合理性;花哨的符号表情是花哨的文化性情的表白,其中时尚是符号霸权最有力的"援军"。日本唯美主义代表作家永井荷风(1879—1959年)在《浮世绘欣赏》中说:"看到我国对现代西方文明的模仿,从都市改造到房屋器具庭园衣服,一概迎合时代趣味和趋向,使我不能不悲叹日本文化之末路。"①究其原因,社会资本的诱惑及其文化的转型与动荡,使人们的思想产生时间上的失落与无序是主要原因,尤其是时间对于我们来说,是无意义的,因为我们缺少金钱,俗语"金钱就是时间"显得那么的荒谬与无奈。因为我没有金钱,再多的时间也就没什么意义了。我们的"进步元叙事"也就变得怪诞与离奇,"精细的理性时间计算"也失去了应有的价值。

在意识形态里,"现代主义统治……通过已经抽象的观念,例如机会均等、社会主义来操作。其符号暴力通过意义和功能来实施……后现代符号暴力通过几无意义的形式来实施"。② 这里的"无意义的形式",即后现代隐喻符号形式。为什么说这种形式是无意义的,抑或说是虚无的?从符号学视角看,如果说前现代时期,符号的谱系尚处于一个象征的实用主义阶段,现代时期符号谱系进入一个认识论的功能主义阶段,那么,后现代主义时期符号谱系则进入一个存在论的积极形式主义阶段。在意识形态中,前现代中的符号价值取向诸如象征、原始、宗教等,在现代时期则转向速度、科技、流线、机器、玻璃、力量的抽象伦理之中,而后现代形式中的生态、解构、隐喻、荒诞、无厘头、噱头等范式却在"虚无"中实现了符号暴力的新动向:各自文化自律与权力的无限扩张,比如娱乐界利用诸如明星私生活、全球小姐比赛等新奇的事件(并无意义)作为噱头,无非是吸引饥渴观众的眼球,以消遣被时间碾碎的生活。再比如政界往往问津敏感区(行为本身无意义)转移民众的视线,以达到集团的权力稳固。对于艺术性,符号或文化的自律性和权力同样在泛滥,它们通过介入展览馆、博物馆等公共领域实现自己的艺术欲望,他们的艺术成为"个人艺术"或"挂在墙上的艺术",艺术家有时干脆直接干预物品本身,凭

---

① 郑林:《艺术的圣经:巨匠眼中的缪斯》,经济日报出版社2001年版,第85页。
② [英]斯科特·拉什、约翰·厄里:《符号经济与空间经济》,王之光、商正译,商务印书馆2006年版,第24页。

借个人的权威冠以符号的形式直接将"物品"转换成"艺术品",这样的"物品",甚或"废品"本身是无意义的,但经过"符号化"后,它们似乎成为艺术了。由此,后现代艺术身份的困境已经来临,这是必然的。同样将艺术事件看成私人的,大大催化了艺术走向四分五裂与边缘化。因此,"'形象'的'通货膨胀'不可避免地导致其自身的贬值。美学现在只好到别的地方,而不是符号的肉体性化身中,寻找自己喜爱的基础。艺术家已不在通过再现方法创作,于是就开始直接干预现实。"① 于是,"不同发展阶段已经将我们从(虚幻的)'形象美学'带到(实体的)'实物美学',又从'实物美学'走向动态的'姿态美学',或'事件美学'。"② 这就是符号暴力的三个动态的发展阶段。如今"事件美学"占据了网络、媒体、商界、政界以及艺术等各个领域,无处不在地干预与控制着人类的日常生活。

为了阐释"象征符号暴力"的霸权给主体带来的不利,在此,有必要引出一个范畴"全球网络文化"。在时下的网络信息时代,文化传播与生产不再是少数人的专利。审美符号霸权的时代,网络文化是这个时代的最强音,无论你是谁,在这里都有发言的权力,文化因此具有了任意性、私人性或个人性。因此,"网络文化"这一集个体与社会于一身的符号确乎是"乌合之众",也预示着"我们正处于文化衰落的征兆之中"。

信息公路上的符号泛滥是当代人性正面临网络文化冲击的罪魁祸首,主体在享受当代审美文化符号的同时,也在遭受网络虚拟性符号的侵袭。在网络文化侵袭中,主体性弱化,缺乏创造力和表现力(如网络抄袭);主体情感反应迟钝,意识枯竭,想象力减弱(如网络复制);交流功能形式化,主体精神麻木,不思进取,话语僵化(如网络聊天);审美意识系统封闭,主体精神窒息,意识沉迷,人生审美活性丧失(如网络游戏)……这些都不是危言耸听。网络符号使主体人性虚拟化、话语交流功能丧失和审美意识系统封闭,不得不引起我们的自审与反思,因为我们的文化主体正在自我毁灭。

文化符号的暴力行为,直接导致传统文化及其主体正在走向虚无,甚

---

① [法] 马克·第亚尼:《非物质社会——后工业世界的设计、文化与技术》,滕守尧译,四川出版集团·四川人民出版社2005年版,第150页。
② [法] 马克·第亚尼:《非物质社会——后工业世界的设计、文化与技术》,滕守尧译,四川出版集团·四川人民出版社2005年版,第161页。

至毁灭，符号美学的暴力行径在心灵、经济中纠缠，在文化与市场中相互沉迷，这不是符号美学自身的错，罪魁祸首是符号经济被拜金主义与膨胀的功利文化心灵所刺伤。

为此，我们现在必须考虑另外一种新范畴：全球文化美学。这种美学的基质来自无法触摸的信息技术资料与高科技，其特点是全球性的符号地方化。因为大多数人都相信"民族的，就是世界的"。这种偏见在世界范围内正在蔓延，但我们必须清醒地认识到：这种偏见不是地方的文化符号化的错误，而是文化符号自身的狭隘与偏见，也就是文化的自律性问题。民族文化与民族性并非像有些人鼓吹的那样具有"现代性"，不同文化进程中的民族文化是特有的、世代相传的。任何一个地方化的"嫁接"使它走向全球，融入世界范围，至少在时间上是错误的，尽管在逻辑上是正确的。

在此，我们建议这样描述"全球文化美学"，即"全球符号美学"。因此，全球文化在朝"文化代码家族"奔走，不过这种文化已经不是"遗传代码"，而是作为一种数字符号的"计算机代码"。在文化家族中，如今已然不是传统文化的"父母"在指令文明社会人们的行为，而是靠"键盘"与"程序"在指令人们的行为。"指令性"，这个词语在"全球符号美学"词典中变得十分模糊；"相关性"，这个词似乎是最恰当的。

代码的观念似乎深入到文化全域，但很少深入到哲学的全域。于是，"问题"诞生了，如同阿尔贝特·施韦泽所说，"我们正处于文化衰落的征兆之中。"[①] 而且"文化正在自我毁灭"。[②] 施韦泽并非杞人忧天，"由于我们不在反思文化，实际上就离开的文化……这一切是这样发生的？关键在于哲学的失职"。后现代时期的代码文化在哲学的阵营里，就像一个从劳动者退休下来的"闲人"那样（具有无目的、无中心与无结构的特征）。但哲学并不明白，托付于它的文化符号理想开始在眼花缭乱的世界滑入符号经济与利益的光环里。

在一次《原乡的守望》（陕西师范大学美术学院青年艺术家任晓东2012个人漆艺术展）艺术展上，我际遇了一本影像画集（参见《今日艺术·盛世典藏》杂志影像专刊）。当我信手打开画册之后，它的影像如同

---

① ［法］阿尔贝特·施韦泽：《文化哲学》，陈环泽译，上海世纪集团·上海人民出版社2008年版，第46页。

② 同上书，第47页。

电磁波一样辐射我的身体与心灵,似乎进入了我的血液,其文化信号与能量强度不亚于蒙太奇式的胶片给我带来的图像信息。我愿意用一句最为简洁的语言表达我对《我的朋友们》的厚爱:她是有立场的。

在当代,我们正身陷一个影像泛滥的时代,抑或为"超影像时代"。现代影像符号的暴政统治着每一个人。它的作用真是太大了,如果我们还能用其他形式足以表达、交际或阐释这个奇妙的世界,那么,如今的影像符号就不会这么兴师动众了。但面对如此霸权的现代影像,果真现代吗?我看,未必!因为,这个浮躁与虚无的时代,影像几乎成为市场上通行货币,影像在文化与经济的共同支配下已经丢失了自己的"立场"。

立场,就是态度。立场,是艺术的裁判,没有立场的艺术品是没有意义的。因此,立场首先就是一个"意义"的问题。《我的朋友们》是有"意义"的。什么"意义"呢?古人云:"大,天大,地大,人亦大,故大象人形。"这句话的意义是说,天是大的,地是大的,但终究是大不过人的,因为人的思想是自由的,有立场的。在甲骨文中的"大",就像一位四肢伸展的正襟危坐的统治者的形象,即思想自由的人,因为在古代平民是不能有自由思想的。《我的朋友们》的意义之"大"就在这里:自由的大写的"人"。可以这么说,《我的朋友们》的自由不是散漫,也不是没"事",而是有"立场"的,如作品中的《贝斯手——老崔》(1989)立场:一个正在抽万宝路的"男人只因浪漫铭记爱情",如此编撰的故事:Man Always Remember Love Because of Romantic Occasion—Marlboro,在这里却又有几份哲理。我想,"老崔"的"嘴唇和指尖相配"背后的立场也是那个迷惘时代的缩影。

在今天这个影像"狂欢"的时代,有立场的摄影师或艺术家已经不多了。在我看来,现代影像符号俨然成为一种"碎片"感觉的组合,符号"整体"已经变得没有意义,批评家解读符号文本的"意义"也被"削平"。同时,符号的文化历史意义也被"断裂","影像"对"生活"的"经典背诵"已走向无度"戏说"的平面立场。《我的朋友们》与当代的影像艺术及其批评的游戏化以及"非影像"、"反影像"、"后影像"等哲学癖好盛行的戏说作品是不能比的。

试想,一个被审美化一路占领的影像空间,我们最缺少的是什么?很明显,我们需要那些冷峻思考的《我的朋友们》。在当下,狂欢的影像艺术的"问题立场"已然成为这个虚无时代的尖锐问题。但任何对于生活的没有节制的艺术调侃,都是对生活本身身份的一种灵魂的流放,任凭"影像"艺术如何包装与设计,也无法逃脱对自我生活文脉精神断裂的苟同而获得短暂快慰的命运。所以,当代影像符号能指到底诉求何种审美价值?由影像形式符号被"戏说"所启示的问题氛围不仅笼罩着人们的日常生存,而且也笼罩着艺术人的灵魂。因此,《我的朋友们》分明冲破了狂欢时代戏说的影像时尚的樊篱。

《我的朋友们》的"立场"还在于他们都是"交流"的。无论是独坐地板的《画家——催振宽》(1992)与大地"私语",还是《热恋中的年轻人》在"蜜语"(1989),甚至是《酣梦中的朋友——王斌》在"梦语"(1987),他们都在"交流"。英国人保罗·克罗塞在《批判美学与后现代主义》中说得好:"交流需要具体化的表述,不仅要表现具体化了主体性体验中所共通的东西,而且还要表现每一具体化了的主体特有的东西。后一点还需要特别强调。因为一个具体化了的自我必须从一个独特的立场来观看世界,它与其他人分享一个潜在的存在空间——有身体的、语言的和社会的能力;但是由这空间所包围的世界并不是固定不变的。它不可能确切地固定在空间中,也不可能绝对地被理解。"① 可见,摄影影像中既有"主体性体验中所共通的东西",更有"主体特有的东西","影像"与我们"分享一个潜在的存在空间——有身体的、语言的和社会的能力",但是《我的朋友们》"这空间所包围的世界并不是固定不变的……也不可能绝对地被理解"。实际上,影像艺术是一种"接受美学",没有交流的艺术一定是死的,也是没有价值的。《我的朋友们》就是一部接受美学,这部美学里有身体的、语言的以及社会能力的等诸多元素,它已经超越了"影像"本身,抑或说,它已经不是"影像"了,它是叙事的,它是接受的,它是故事的,它是交流的,它更是纪实的(见图5-6)。

那么,影像艺术靠什么叙事与交流呢?当然,要靠影像本身。世界是离不开影像的,艺术家用他的影像诠释了这条真理。影像艺术家的眼睛是"镜头",他们捕捉到的不是一般的图像,而是一种具有立场的影像符号,这些"符号负载着普遍的意蕴,但它在获得了形式之后,便努力要负载着属于自己的意蕴。它创造着自己的新含义,它寻求着自己的新内容,然

---

① [英]保罗·克罗塞:《批判美学与后现代主义》,钟国仕等译,广西师范大学出版社2005年版,第184页。

图 5-6　赵利文/摄影作品

图片源于赵利文摄影展《一个人的城市记录：1985—1995》。

后脱去人所熟悉的语言模型，赋予内容以新鲜的联想"①，这就是艺术家的天才，当然影像符号本身"一方面是对语言纯粹性之理想的坚守，另一方面是故意制造不精确的、不恰当的语言"②，这是影像符号立场中的一段斗争的插曲，它是影像对看客的善意"欺骗"。实际上，影像以及其他艺术是有自己的生命，是自然的，不需要过多的言说，一切语言都是苍白的，如同法国美术史家福西永（Henri Focillon，1881-1943）认为的那样——艺术作品是高高凌驾于阐释之上的，他说："一件艺术作品周围冒

---

① ［法］福西永：《形式的生命》，陈平译，北京大学出版社 2011 年版，第 44 页。
② 同上书，第 44 页。

出的批评的荒野是多么枝繁叶茂,但阐释之花没有起到美化作用,而是将它遮蔽了。不过,艺术作品的品性中定有某种元素是欢迎一切潜在解释的——谁能辨别呢?——它混迹于艺术作品中。"①

在《我的朋友们》中,我感受到的是:它的影像批评是"黑"的锐利与"白"的纯洁,一切"混迹于艺术作品中"的真谛交给了读者或"看客"以及那个社会。谁能在影像"批评的荒野"中找到一丝清泉,谁就拥有了一种思想的生命,否则,他(她)的思想荒野只能被影像的沙漠吞没,这也许就是批评的力量。

在此,我还想从《我的朋友们》中引发出另外一个与此相关的题域:当代影像符号如何确立自己的价值?这是一个非常重要的文化问题或文化符号学论题。从影像的图像宇宙学看,"宇"指无限空间,"宙"是指无限时间。影像就是记录无限时空的艺术符号。时间既是绵延而完整的,也是虚无而零碎的。影像符号可以是时间的"碎片",但影像艺术需要与时间的"碎片"决裂,因为影像艺术的殿堂是用完整时间材料建成的。

对于摄影师而言,他们的艺术材料是很特殊的,时间与空间就是他们的艺术材料,影像的意义不完全是由时间和材料的"碎片"形成的,而是作品的本身。马克·第亚尼从非物质社会即将来临的视角断言:"时间和空间将构成明日艺术家的'原材料',正如以往的年代里他们使用花岗石、大理石、木头和金属一样,他们现在又试图将他们的印记留在这些'非物质'之中。"② 实际上,影像艺术永远以时间与空间为材料,昨天是,明天也是,我们看到的影像的"非物质"对象才是我们需要的。一般而言,影像空间的材料是由时间节点构成的,而时间节点又是由时间上的文化符号构成,绵延时间节点上的文化在影像艺术中获得时间节点文化的重生,否则,时间永远处于流逝状态。摄影师一旦获得时间节点上的文化空间,即影像,它的本身就会脱去艺术家思想或视角的负累,即强加在作品身上的艺术家主观意识形态。换言之,此时的影像已经诞生了一种新的生命形式。法国女作家尤瑟纳尔(Marguerite Yourccenar,1903—)在《时间,伟大的雕刻家》中这样说:"一尊雕像完成之后,从某种意义上

---

① [法]福西永:《形式的生命》,陈平译,北京大学出版社 2011 年版,第 38 页。
② [法]马克·第亚尼:《非物质社会——后工业世界的设计、文化与技术》,滕守尧译,四川出版集团·四川人民出版社 2005 年版,第 168 页。

讲，便是其生命开始之时。"① 同样，影像美学思想是影像自身逃脱艺术家思想荒野的一匹骏马，这匹骏马的未来已经不是艺术家所能预料的，但它一定是艺术家思想马圈里出来的一匹马。可以说，影像艺术是建立在时间上的空间捕捉行为，但一旦作品成为文本之后，文本就超越了时间。古埃及有句谚语："一切都惧怕时间，而时间却惧怕金字塔。"那是为什么呢？那是因为金字塔是埃及人的圣经，也是人类的《圣经》，金字塔是对生命的敬重之塔（金字塔：掩护尸体），是对天穹的征服之塔（它最高处达146.5米），是对自然礼赞之塔（它与自然同色），是对美的诉求之塔（死后也享豪华）……因此，用时间搭建的金字塔一旦建成后，时间反而惧怕难以穷尽的意义之塔。

那么，为什么影像艺术的思想建构不是"碎片"化的时间呢？时间经验具有文化的隐性特质，它不同于空间符号结构的显性特质。因此，影像的时间维度看上去是假定的，但这个假定是必需的，就像空气的假定性存在一样，因为我们看不见空气，但空气无时不在。艺术家在记录时间影像时，就是在将文化符号的隐性结构通过图像空间形式假定在栅格内。可以想见，空气是绵延的，不能间断。当然在特定需要的空间中可以间断，它与影像的存在是一样的。影像中的艺术空间充溢着文化空气，它是具有绵延性，是不间断的，否则就是时间文化节点上的"碎片"。从这个意义上说，摄影师的工作是危险的，因为他要在好似流水一样的时间之上，成功地堆积起一座文化概念的穹顶，为了得到一个十分牢固的支撑，他的影像空间必须有类似于蜘蛛网的建构，足够精巧、坚韧而不至于一阵风吹来便散了架。② 尼采将人概括为"建构的问答天才"，"这个天才借助隐喻和虚构，'在不稳定的基础上，事实上是在流水上面'，建树起生活和思想的社会以及个人的大厦。"③ 影像师，就是这位"建构的问答天才"。实际上，时间的生命永远处于修改状态，就如同文学家作品的生命一样，这是因为，作品一旦修改成不能再修改的体系与符号，对于文化学来说就死亡了。因此，时间的生命是活的，是不能停止的，即便你死亡

---

① 郑林：《艺术的圣经：巨匠眼中的缪斯》，经济日报出版社2001年版，第125页。
② [德]弗雷德里克·尼采：《论非道德意义上的真理与谎言》，参见尼采《哲学与真理》，田立年译，上海社会科学院出版社1979年版。
③ [德]沃尔冈·韦尔施：《重构美学》，陆扬、张岩冰译，上海世纪出版集团2006年版，第155页。

了，优秀思想还是活的。那么，影像作为时间符号的内在特质就产生了，即影像艺术符号永远是活的，而且永远处于年轻状态，甚至百年或千年之后更具有文化生命的活力，如老影像照片，但前提是它本身具有生命力。

为此可以说，当代影像艺术必须拒绝"碎片"。当代媒体中的影像被符号经济的包装后，碎片化的影像充塞媒体以及城市空间。从根本上说，影像的价值在于追求时间上的认同感与空间上的归属感，它们才是影像艺术的审美价值与历史价值。时间认同依仗的是影像文化符号上的历史性；空间归属主要依赖影像审美符号的符合个体的产别性特质。时间的历史性意味文化的继承，抑或"回忆"，一张具有这种回忆味道的影响照片，一定具有时间上的认同性；而空间的产别性意味文化的民族性，抑或"身份"，我们能从一张具有空间归属感的影像中获得一种文化的"身份"。所以说，影像艺术家都善于营造时间长度与空间感，影像艺术在营造时间长度上有点像中国的园林设计。中国传统园林艺术多以曲折蜿蜒取胜，路线的曲折，距离的拉长，"它能够延缓欣赏者的行进速度，增加欣赏者的观察视点，造成时间相对拉上"① 的效果。换言之，成功的影像师必须学会营造时间长度与空间感，即一张照片影响的时间足以接纳一个世纪的文化缩影，其空间感足以包容我们能想象的宇宙。不过，要说明的是，影像空间里的时间距离是文化上的，抑或是审美心理上的，而不是实际的物理距离。英国有位美学家叫布洛，他曾研究并提出"距离说"的理念，他的这个"距离说"就是影像符号空间里的时间距离说，即文化上的心理距离。影像艺术的时空设计，是艺术家的"天才"表现，有时空距离感的影像，才是它自身存在的历史价值与美学价值。

影像的艺术生命在于拒绝文化的"碎片"。当代花哨的影像艺术必须同"碎片"文化决裂，否则，符号文化的碎片将淹没人类思想的长河，一旦人类思想的清泉遭受影像"碎片"化霸权统治的污染，也将一命呜呼哀哉！

不要忘记后现代社会作为影像艺术的杰出代表——当代传媒。它也专注于现象与问题、话语与范式、民主与权利、消费与教育等文化构型，传媒的文化构型迫使人类从口头传统与书面传统的单一依赖中解放出来。人类的知识状态与性质也随之发生巨变，传媒业、文化界与执政当局重新思

---

① 彭吉象：《中国艺术学》，高等教育出版社 1997 年版，第 260 页。

考包括文化决策与投资在内的传媒文化构型显得迫在眉睫。也就是说，我们不要仅仅看到影像的"碎片"，也要看到它的社会增益层面。

古希腊人尊崇建筑、雕塑等空间艺术，他们以此享受时间向度上的文化权利，印刷术与造纸术的发展迫使中世纪教会对《圣经》的垄断成为神话，克里斯托弗·哥伦布（Cristoforo Colombo，1451－1506）对空间的兴趣倚重航海罗盘的发现，秦始皇恐于口头传统的多元化而实施官方语言的绝对统一，帝王修建庙宇或皇宫不惜巨资消耗掌握制空权，当代电视传媒近乎为"造星"的加工厂，诸如此类的文化现象与传媒在公共空间中的文化构型是直接关联的，廓清斯有利于唤醒后殖民时代的传媒中心主义者或当局对传媒的正确立场。

在社会性上，传媒是公共空间里的一种社会行为范式。当代传媒见证了公共空间中诸多社会事务，"公共空间"范式要比任何时代都要引人注目。表征人们对公共空间极度关怀的一项指数是：各种各样的话语身份纷沓空间理论研究领域，如空间叙事学、空间现象学、空间地理学、空间符号学，等等。用米歇尔·福柯（Michel Foucault，1926－1984）在《不同的空间》一文中所说的话：当今时代，也许是一个空间时代。[1] 因为，在福柯看来，时间不过是公共空间的一组非连续的点。随着信息时代的狂飙突进，"公共空间"的范式界定显得日渐迫切，它关涉空间里的物质、符号与个体。尤尔根·哈贝马斯（Jürgen Habermas）在《公共空间》（1962）中提出，"公共空间"是一个"布尔乔亚的公共范畴"（布尔乔亚，法语 bourgeoisie，即资产阶级），这一解释显示传统"公共空间"已从物质空间向非物质空间及民主政治向度转变。换言之，公共空间俨然是一种典型的文化与政治范式。对此，当代法国新闻与传播领域著名学者雷米·里埃菲尔（Rémy Rieffel）精准地说道："公共空间的特点可以用几句话来概括，它不仅是物质空间（又丰富多彩的舞台和竞技场组成），而且更是符号空间（它将极为不同的个人相连）；它是广泛的思想解放运动，令个人自由增值；原则上，它对所有公民开放以形成需要共同词汇和共同价值的公共舆论，以便政治、经济社会、宗教和文化的行为者能够讨论、互相反驳和互相回应。"[2] 在此，雷米·里埃菲尔的阐释昭示：在某种意

---

[1] 参见［法］福柯等《不同的空间》，《建筑、运动、连续性》1984年第5卷。
[2] ［法］雷米·里埃菲尔：《传媒是什么》，刘昶译，中国传媒大学出版社2009年版，第133页。

义上,"公共空间"与"民主"是一对关系紧密的盟友,至少在物质空间、符号空间以及自由空间之上,它的民主性表现在"个人相连"、"令个人自由增值"、"能够讨论、互相反驳和互相回应"等方面的公民权利上。实际上,公共空间中的公民权利在一定程度与传媒权等值,它们拥有"丰富多彩的舞台和竞技场"、"广泛的思想解放运动"、"共同词汇和共同价值的公共舆论"等公共资源。在时间性上,公共空间诉诸传播手段来实现它的时间属性,比如公共空间中的雕塑、建筑等传播实体符号,就是记录时间的有意味的空间符号,以至于哈罗德·伊尼斯(Harold Innis,1894-1952)这样坦言:"政治帝国倚重的是空间,基督教帝国倚重的是时间。"[1] 换言之,公共空间或空间中的传播媒介成为控制时间的符号,比如金字塔就是时间控制权的标志,巴比伦城的威望是要依赖公共空间中的雕塑与建筑的。[2] 进一步说,身份与地位必须倚重空间及其时间上的文化构型,而传媒在文化构型上显得特别有天赋。

那么,公共空间中的传媒是倚重何种力量来自由地实现其传通的智慧?一般而言,文化在时间上的不断延续,使它与无限延展的空间形成了一个文化间性。公共空间总是在填补文化在时间维度上的缺陷,专注于建设空间归属感以及对空间的控制权,苦心孤诣地借此来传达非均值化的时间缺失感。马丁·海德格尔(Martin Heidegger,1889-1976)"诗意的栖居"的空间构想就是这份苦心的直接体现。海氏所担心的"技术的栖居"就是后现代传媒在加速空间混乱与文化殖民的同时,反而造成交流信息的障碍与共同词汇的贫乏。传媒网络表面上使公共空间成为公众共同分享的民主空间以及没有隐私权的空间,但在混乱空间中,信息公众显然是没有传播权的,往往受制于传媒殖民,反而会失去时间上的身份与空间上的归属。于是,世界各国在这条反传媒道路上出现了抢夺时间与空间的信息战,比如马来西亚对传媒采取"技术壁垒",法国政府实施"文化例外论",加拿大政府提出传媒"配额制",等等,它们皆是传媒技术栖居之后的自我文化生存构想的典型案例。因此,当代公共空间中的传媒准入制度的松懈,并非所有公众都能实现空间上的文化交流。严格地说,"他与

---

[1] [加]哈罗德·伊尼斯:《帝国与传播》,何道宽译,中国传媒大学出版社2013年版,第108页。

[2] 同上书,第166页。

其他人分享一个潜在的存在空间——有身体的、语言的和社会的能力。"①——只有具备这种能力的公共空间才是真正的自由空间。"身体的"、"语言的"和"社会的"三种能力的空间日益反映在具有文化构型的传媒空间里,身体的参与是传媒在公共空间文化构型的前提,语言是传媒在公共空间文化构型的纽带,社会是传媒在公共空间文化构型的保障,三者共同致力于还原被摧毁的时间,并共同致力于文化构型与知识重组的公共事务。

从传媒维度看,人类文化发展大致可分为口头文化、书面文化与传媒文化三个历史时期。印刷术与纸张的广泛传播是口头文化期与书面文化期的"分水岭",书面文化期与传媒文化期分界线是以电子技术进入传播领域为特征。在信息传媒时代,人类文化正在发生一场新的重组与构型革命,即传媒文化期的来临。"传媒文化期",亦可称为"视听文化期",其优越性在于超越口头传统与书面传统的单一性,具有超强的文化构型与知识重组能力,主要体现在以下方面:

第一,现象与问题构型。社会现象本来不以传媒存在而存在,只是当传媒介入某一现象的时刻,这一现象很快就成为公众关注的问题,比如酗酒、腐败、难民等长期社会未能解决的社会现象,一旦媒体介入其中以"焦点访谈"、"对话"、"新闻"等面孔出现在公众面前,这些现象立刻成为公共问题,并唤醒公众的普遍权力,迫使它朝有利于问题解决的方面发展。传媒在对社会现象及其问题构型的同时,既成熟了传媒本身,也日益形成了一种"公共经验形式"知识。② 我是说,有些现象是不成"问题"的,传媒凭借自己的"公共经验"构型这些现象使其成为问题的能力,媒体"炒作"就暗示"现象"成为"问题"的预设。

第二,话语与范式构型。"正能量"、"微博"、"两会"等话语的急速传播,是传媒拥有诠释与定义现实的权力,尤其是传媒能够唤醒沉睡的词语并引起公众高度关注。在当代,民众的学术话语往往不是学者本身能创造的,通常由媒介出版物控制或媒体操作。带动一方经济的能量与动力也不全在于一方父母官非凡的智慧与能力,《印象·刘三姐》或《印象·

---

① [英]保罗·克罗塞:《批判美学与后现代主义》,钟国仕等译,广西师范大学出版社2005年版,第184页。
② [法]雷米·里埃菲尔:《传媒是什么》,刘昶译,中国传媒大学出版社2009年版,第136页。

西湖》的"印象经济"是对传媒知识经济构型的最好注脚。"印象"因此成为公共空间中的文化范式与知识经济范式。可以说,传媒构型范式的能力取决于它所采取的叙事策略与解构现象的能力,还取决于传媒话语的推销与组装的能力及其消费者对这一知识话语的敏感性。

第三,民主与权利构型。借助传媒的文化构型实践,公共空间不仅是一个物理空间范畴,还是一个政治空间范畴。公民在全球化的网络、媒体中看到了一个新希望:公民的民主与权利,文化多样性、生存权与消费权等理念在公共领域传播,并能有望成为现实。一些"网络维权"、"反腐在线"、"电话举报"等便捷的打造民主的方式不胫而走,传媒在民主与权利上的文化构型正悄然活跃在公共空间里。"美国之音"、"民族非洲电台"、"自由阿富汗电台"等广播机构就是试图通过传媒的民主与权利的构型能力,以达到后冷战时期的传媒殖民。

第四,消费与教育构型。相对于口头传统,传媒作为新口头文化,不再仅像原始文化或书面文化那样静止与固定,它在互动、对话中实现了文化的快速传播与消费,知识可以翻译成计算机数据,教学由机器可以完成,教师与课本及其地位受到挑战,他们也不是文化传播的唯一,传媒正在"敲响了教师时代的丧钟"。[①] 传授知识与消费文化的方式正在改变个体或政府对消费的决策与投资,也在日益影响新时期人们的消费观与教育观。

第五,身份与形象构型。文化改变身份,身份决定形象。1989年,欧盟抛出《电视无国界指令》与《媒介指令》就意在恢复欧盟在国际舞台的身份与形象,以应对后苏联以及美国咄咄逼人的传媒殖民。传媒对文化的构型导致公众的身份与形象发出新的变化,美国当代批评家弗雷德里克·詹明信(Fredric Jameson)在谈及后现代空间的生存迷茫时,他忧心忡忡地认为:"这种文化既无中心又无法视觉化,在这一文化中,人无法为自己定位。"[②] 这是信息时代传媒对文化构型后的个体失去传统所造成的;反之,也说明文化重新构型期正在逼近,人类的文化身份与形象面临重组。

传媒的文化构型力迫使人类步入"后现代状态",唤醒人类冲破对口

[①] [法]让-弗朗索瓦·利奥塔:《后现代状态:关于知识的报告》,牛槿山译,南京大学出版社2011年版,第182页。

[②] [法]福柯等:《激进的美学锋芒》,周宪译,中国人民大学出版社2003年版,第95页。

头传统与书面传统的单一依赖,但新文化期的来临,必然产生过渡期文化阵痛与焦虑,诸如后现代空间的不连续性、时间的虚无主义、传媒至上主义、传媒殖民化等一系列传媒文化构型"问题"。更为重要的是,传媒在构型文化的同时,我们的知识状态与性质发生了根本变化,"知识不是根据自身的'构成'价值或政治(行政、外交、军事)重要性得到传播,而是被投入与货币相同的流通网络;关于知识的确切划分不再是'有知识'和'无知识',而是像货币一样成为'用于支付的知识'和'用于投资的知识'。"[①] 在这种情况下,传媒(广告、出版社、杂志等)对知识的传播变成了货币在流通领域的决策与投资,知识分子在这种流通洪流中的前途令人担忧,特别是知识分子的传统权威形象、话语范式、教育方法、审美观点等遭遇到前所未有的严峻考验,更为棘手的是知识分子还不习惯将知识作为货币流通到传媒之中,更没有投资知识的资本与勇气,甚至知识分子鄙视知识经济化。当然,部分知识精英有幸受到诸如"百家讲坛"、"权威杂志"、"高端访问"等媒体决策者的投资。这样会出现一个新问题,当这些知识精英长期占据卫星频道或权威杂志输出知识的时刻,知识逐渐沦落为一种致命的赌注。知识领域中的失败者或小人物很难输得起抑或干脆放弃,幸存下来的知识分子要么依从政府资助,要么依赖民营企业投资或其他社会赞助,还有一部分受学术团体或学院帮助。他们的身份与地位受这些资助或赞助机构支配,学术研究方向也受到资助方的限制而去研究自己不愿意研究的领域。一方面科研经费成为这些知识分子争夺的对象;另一方面也成为政府安抚知识分子的良药,大量研究成果闲置成为公开的秘密,知识状态也随之发生变化。拿信息计算机存储而言,他们的知识构成或性质也必将发生质的变化:从知识信息变成知识信息量,前者是传统的书面系统依赖文本传输,后者要倚重计算机系统传输。"知识只有被转译为信息量才能进入新的渠道,成为可操作的……如果不能这样,就会遭到遗弃。"[②] 这种可怕的普遍的知识性质的变化,我们可能看到的是,未来我们拥有的知识与失去的知识是等值的,甚至后者数值更大。我们也有理由相信,知识将成为知识精英或发达国家操纵的货币形式,知识的民主将成为永远的呼声或口号,发达国家与发展中国家的差距

---

① [法]让-弗朗索瓦·利奥塔:《后现代状态:关于知识的报告》,牛槿山译,南京大学出版社2011年版,第17页。

② 同上书,第13页。

也不会缩小。从这个维度上分析，传媒在知识决策与投资上的价值非凡，它也因此将成为未来个人或国家之间开战的平台或理由，让-弗朗索瓦·利奥塔（Jean-Francois Lyotard，1924-1998）担心未来国家"为控制信息而开战"[①]，并非危言耸听。空间中的传媒已然带有十足的政治与经济目的的意味，传媒这把"双刃剑"正在演变成民族认同、空间主权、文化侵蚀、信息垄断等攻击性很强的软兵器。

要补充强调的是，传媒对文化的构型力以及对知识状态的改变往往取决于传媒自身与感受传媒等多重维度。传媒自身在传媒策划、传媒交流及技术等因素上与传媒消费不一定呈绝对等值，一流的传媒水平对于一群传媒感受较低的公众或没有政治立场的人群而言，是糟糕透顶还是恰到好处，都是不确定的。也就是说，传媒的文化构型力与传媒消费者的知识程度、文化修养、宗教思想、职业状态与年龄性别的不同而变化，并不完全取决于传媒帝国单方面的技术水平、意识形态的霸权力量。因此，一切高估传媒殖民权的思维都是有偏见的。我们要对传媒的文化构型力及其知识状态改性持谨慎态度，并积极投身有益于满足人们生活，有益于人类文化进步的传媒文化构型之中。传媒殖民者必须认识到传媒文化构型的特殊性，走出传媒帝国的幻想，回到人类文化平等、民主与公正的交流轨道。

面对文化与知识重构时代，如何正确发挥传媒在公共空间中文化构型力，并促进公共空间朝民主、和谐、自由等方面前行，这是关涉传媒的价值取向与自我生存，也关涉传媒消费者或传媒对象国的文化形态与知识性质。传媒对公共空间中的文化构型迫使知识成为流通货币，知识状态与性质随之发生巨大改变，个人与国家面临一场新的文化革新与重组，这更重要的是迫使传媒业、文化界与执政当局要重新思考自己在国家利益上的角色定位与施政方略，包括文化决策与投资。

第五节　文化传媒符号的政治偏向

在媒介符号时代，"全球化"俨然成为世界范围威胁民族文化或土著

[①] ［法］让-弗朗索瓦·利奥塔：《后现代状态：关于知识的报告》，牛槿山译，南京大学出版社2011年版，第14页。

文化的怪物。特别引人注目的是，全球化的传媒殖民成为"魅乡"的一种新变异文化。

15世纪以来，欧洲国家在重商主义刺激下，皆"亟亟以拓地殖民为务"①，但从20世纪以来，伴随全球信息化的降临，"传媒"公然成为诸多国家新的"殖民善地"。② 在信息殖民化中，许多发展中国家在高度信息化进程中既加速了自身的现代化进程，又在信息殖民中失去了对信息传媒的自律性与他律性的基本理解能力。未来地球村民众或国家之间的竞争绝非是传统意义上的经济或武器的竞争，而是传媒信息的疯狂殖民与血腥掠夺。谁拥有传媒信息的技术与主动权，他一定是雄霸与提升生产力的一方③，后现代传媒力量已经在证明。如此，信息受众在陷入信息奴危险地的同时，自身也成就了生产力高度发展的神话。换言之，传媒殖民社会的现代化等同于社会发展风险的不断增加。

在信息时代，传媒殖民是文化殖民的新符号，其中信息殖民是传媒殖民最为常见的一种形态。早在2000年，《解放军报》曾刊载署名文章指出："随着世界信息领域的不对称发展，出现了某些信息技术高度发达的国家。他们利用对信息资源及其相关产业的垄断地位，对信息技术领域发展相对落后的国家实行信息技术控制、信息资源渗透和信息产品倾销，以达到相应的政治、经济、军事等目的，这就是'信息殖民主义'现象。"④ 这种信息殖民主义是信息化社会传媒殖民的表现形态之一，后者具有鲜明的文化含义、历史的嬗变轨迹及其时代特征。

从范式形成分析，"信息化社会中的传媒殖民"包含三个基本范式："信息化"、"传媒殖民"与"社会传媒"。第一个范式起源于20世纪60年代日本学者梅棹忠夫，后被欧美广泛接受而认同。它既是一个时间性范式，又是一个具有鲜明时代性的范式。第二个范式是欧洲资本主义殖民化

---

① "殖民为务"，语出《清史稿》120卷之《志95》"食货一"条："光绪……部议因定分别裁留。于是方正泡、蕻梨场、二道漂河、头二道江、蚂蜒河、大沙吉洞等河，亟亟以拓地殖民为务。"

② "殖民善地"，语出《清史稿》57卷之《志32·地理4》"黑龙江"条："室韦直隶：光绪三十四年，拟设治吉拉林……中根河最大，出内兴安岭，西北流，两岸沃野膏原，为殖民善地。"

③ 根据《北京晚报》2012年8月8日报道（消息源于http://www.sina.com.cn）：在首期节目播出后的20天里，《中国好声音》广告费从每15秒15万元飙升到每15秒36万元。以每期节目22分钟广告，每15秒广告费36万计算，一期《中国好声音》的广告费达3000多万元。

④ 参见《信息殖民主义猛于虎》，《解放军报》2000年2月8日。

体系发展的次生产物，伴随信息化的发展而凸显于社会之中。第三个范式强调传媒的"社会性"，它反映出信息化社会的传媒处于各种复杂关系之中，而非纯粹的文化性。这三个范式共同建构成当代信息传媒的共性：信息化、殖民性与社会性。从根本意义上说，信息化社会里的"殖民性"与"社会性"是一组悖论范式，因为社会媒体的"社会性"通常是利他性的，能积极介入社会诸领域而满足信息受众的需求，而社会媒体的"殖民性"除了"利他性"之外，还兼具"非利他性"的社会倾向，比如它通常伴随损害媒体受众利益、虚假广告的欺诈、新闻事实的无限夸大、淫秽色情传播、政治化传媒煽动，等等。可见，传媒的"殖民性"在其"社会性"发展中扮演表达、交流、互助与促进等社会性意义之外，还有一定的社会风险性存在。为此，要在复杂的漫无头绪的传媒信息入侵中保持清晰视界，冲破信息殖民控制，不断改善传媒殖民信息供应质量及其受众的科学反应模式，有效防止重蹈过去资本主义殖民体系在世界范围内的再建构，规避新的文化殖民的风险，就要发展民族文化与提升自我的世界形象，这将是新时期传媒与反传媒阵营论战与交锋的焦点。

　　从发展历程看，世界信息体系的殖民化过程与欧洲资本主义殖民体系的发展与建构是同步的。早期欧洲殖民扩张时间段是从 15 世纪末开始到 18 世纪中期，其特征表现为欧洲国家向亚洲、非洲、美洲等国家强势输出与渗透文化、经济等包括信息在内的价值观，乃至政治权利控制。从 18 世纪 60 年代开始的英国工业革命到 19 世纪中后期，欧美国家在工业革命推动下，社会生产力极大的提高，欧美国家在亚、非、拉美等国家的资本殖民扩张野心急剧膨胀，使得这些地区迅速沦为半殖民地与殖民地。19 世纪 70 年代至 20 世纪初，随着电讯、传真等传媒信息化工具的兴起以及工业革命跨入活跃期，欧美国家的殖民过程也进入了空前的发展阶段，世界范围内的殖民化体系进入新阶段。20 世纪中后期以来，随着计算机、电子技术的高速发展，信息化成为全社会发展的普遍性共识，欧美等国家先进的传媒技术及其理念成为新一轮瓜分世界的殖民工具，信息殖民化成为这个时期殖民体系的最大特征。值得注意的是，在这个时间段，发展中国家的传媒技术也开始向发达国家输入与渗透，也是这个时期殖民体系的"全球化"的新特点。比如1999 年 7 月 14 日，中国第一家互联网公司中华网在美国纳斯达克上市，之后的"新浪"、"搜狐"、"网易"、"百度"、"盛大"、"携程"等一些"中国概念"在美国股市走俏。2007

年赴美上市的中国概念股多达50家，尤其是2010年之后，在美掀起一股被称为"史上最密集"的中国互联网企业赴美IPO新潮，但除了新浪、百度、网易三大门户网之外，中国传统媒体的体量不大，经营能力等欠佳，① 说明世界信息殖民领域的不对称发展十分明显。

在特征维度上，当代"传媒殖民化"之目的不同于以往以土地、商品与原料等为特征的殖民化，它的殖民形式也不同于传统诉诸军事战争、文化霸权、经济掠夺与权力控制为特征的殖民化。从当代世界范围内的传媒殖民发展现状看，传媒殖民化是以信息为介质，以文化、科技、艺术与美学等为殖民形式，目的在于掠夺殖民地的信息资本。"信息资本"包括以往殖民体系中所有的瓜分与掠夺对象，它在全球化或现代性掩饰下，其合法性与隐蔽性被公然置于太阳底下而具有合法性，它给殖民地的思想启蒙、经济发展与文化进步等带来了巨大的推动，但其背后也隐藏许多鲜为人知的社会问题，如殖民地国家的信息依赖、单一传媒经济体的脆弱、传媒受众的执拗、物本身的忽视、身份认同的困境、文化意识形态控制等一系列后信息殖民化"问题"。从这个意义上说，世界范围内的殖民体系并没有伴随民族国家解放运动的兴起而土崩瓦解，而是以新的面孔，即信息化殖民体系出现在今天的全球化体系之中。

首先，全球范围内的"传媒殖民"主要以跨国信息传媒公司为阵地，以信息控制与殖民为手段，向境外掠夺信息资本。如在法国，哈瓦斯（Havas）在1995年的收入多达446亿法郎，其中34%来自海外的信息资本收入②，1992年美国电影和电视制品的出口额多达25亿美元，而进口额仅为9000万美元，时代华纳、迪士尼、派拉蒙、环球、索尼等国际影视公司在全球影视贸易中占据主导地位。③ 英语在欧洲录像制品市场上占有30%的份额（*Statistical Yearbook*，1995）。④ 1996年日本动画在美国的零售额约5000万美元，美国传媒产品成为日本跨国公司投资的重要对

---

① 杨雷萍：《在美上市的中国传媒公司分析》，参见崔保国《2012：中国传媒产业发展报告》，社会科学文献出版社2012年版，第338—345页。

② ［美］爱伦·B. 艾尔巴兰等：《全球传媒经济》，王越译，中国传媒大学出版社2007年版，第146页。

③ 同上书，第18页。

④ 同上书，第83页。

象。① 可见，美国、日本、法国、英国等信息殖民体系在全球范围内进行扩张。其次，全球范围内的社会主义国家"传媒殖民"的区域信息殖民化受中央权力管控明显。许多发展中国家，传媒信息体系被国家多级体系监管与控制。换言之，当代传媒殖民呈现出区域性的内部"殖民化"的新特点，它不同于跨国传媒殖民化，区域传媒殖民化表现出的特征是遵循区域内政府与政党政策的监管，特别是政治立场问题，一旦越轨将受到严厉惩罚，同样，区域传媒殖民化中的跨国传媒与出版也受到特别机构的监控。必须注意到区域传媒殖民在享受殖民权的媒体官方与监管部门之间的"经济立场"中，容易产生徇私舞弊，特别是有偿新闻内容和播放形式与信息本身的合理性发生严重偏离，信息传媒方只看到新闻给自身带来的盈利，一些小报更是疯狂地殖民信息而靠抄袭或侵权生存。问题根源在于市场的仲裁者在政府与市场的夹缝中生存而失去应有的职业道德与法律承诺，当信息殖民化中发生的"信息虚假"、"执法不力"、"职业道德下滑"、"侵权行为"等不良传媒现象的时候，政府与政党便出台新的监管手段与法律，国家行为继续干预传媒市场，这就是区域信息殖民化的政府权力干预市场的"怪圈"，它严重影响信息传媒民主的健康发展，信息传媒的公平性、准确性与民主性等传媒市场的价值维度受到扼杀，最终损害了信息传媒的可信度，降低了信息传媒的职业道德水准，失去了公众对信息传媒的支持。② 另外，地方信息殖民与跨国信息殖民的并购成为一种新态势。传媒公司并购包括兼并、认购、合资等形式向预设市场殖民扩张，因为这样更容易进入预设市场国，还大大减少投资成本与逃脱政府现有政策的干预，如英国电信与美国微波通信公司的结盟、USWest 与 TCI 为在英国提供有线服务而建立的合作联盟等。③ 在美国，传媒业 1996 年用在合并与收购上的总支出比 1995 年增加了 24%④，在一定程度上，传媒集团化是传媒殖民发展的必然趋势。传媒集团控制与展览是传媒经济发展的有效手段，但也带来诸如信息垄断、资源占有与价值偏向等霸权、非民主与单一的集团性殖民文化弱点。

---

① [美] 爱伦·B. 艾尔巴兰等：《全球传媒经济》，王越译，中国传媒大学出版社 2007 年版，第 227 页。
② 同上书，第 213—220 页。
③ 同上书，第 266 页。
④ 同上书，第 268 页。

从问题立场看,"传媒殖民"不仅能用以描述拥有信息资源与技术国家的全球化殖民的一种新态势,还能用以描述它是对于其相关联的传媒信息发展趋势的一种价值批评,而批评的程度取决于这种信息传媒趋势对其合法性地位日益高涨的程度,还取决于它与现代性矛盾的程度。运用这种新范式能直击现代性进程中的"传媒问题",并能引入一种关于传媒的"问题意识",即使借助"传媒殖民"这一范式与意识不能直接改变传媒现实或传媒现实被重塑,也能从原则上剖析传媒问题之所在,并使公众转移注意力,接受社会的自我调控与发展,让消费媒体信息的受众朝理性道路发展,发现后现代传媒的兴起背后"现实的消失"、"身份认同困境"、"物本身的漠视"等诸多隐蔽性的传媒问题。

新媒体时代的来临,信息传媒缩短传播者与信息受众之间的距离,而拉大物本身与受众之间的距离,便捷的互联网传媒瞬间让现实消失在云数据高速公路上,现实的物本身在"云空间"中丧失自我,以至于物本身及其受众国文化发生更大范围身份认同的困境,因为凭借感觉是无法辨别互联网上的所有传媒物的真假,信息或被解释的物本身需要受众更多的知识储备,否则大众媒体那些平庸的知识体系很容易入侵民众的思想圣地。若对传媒殖民久而久之的麻木与平庸,一方面使得传媒无往不胜的得到强大;另一方面也使我们一如既往地对物本身的漠视。前者的后果是形成传媒受众日益向下而又毫无节制的平庸,后者反照传媒殖民之兴。因此,从这个意义上说,"传媒之兴"还意味后现代社会中的物本身的漠视程度达到前所未有的历史之兴。这一现象与虚拟化传媒殖民霸主地位有密切关联,或者说是殖民国家正在向更成熟的殖民体系过渡时的一种现实状况的标志。如果说15世纪的欧洲殖民系统是建构在现实的物本身(如土地、资源等)之上进行战争掠夺与入侵,那么,后现代世界范围内的殖民体系则建构在虚拟的传媒(如广告、电影等)交流方式上进行"民主化"了的占有与入侵。在形式上,民主殖民比起战争殖民要文明与健康得多,因为很明显民主殖民意味在常规公民与合法框架内处于一种自主运作态势,而战争殖民是处于非常规公民与非合法化框架内的非自主操作状态;在手段上,战争与交流的殖民化方式有本质区别,在这一点上,战争殖民并非以自愿或满足为前提条件,而民主殖民必须采用的对策是在无穷的信息系统中筛选最有用的信息,并尽可能采用最为先进的传媒手段让永远处于紧张的时间公众花费更多的时间来欣赏或认同传媒信息(如广告),尽可能地使受众成为对传媒对象下的执拗民众,这是传媒殖民履行向社会提供信息所承担的最大任务与叙事策略。

为培养执拗民众,传媒殖民的"误构"与"寄生"等叙事策略便出场了。所谓"误构",就是传媒殖民要对它的民众进行以熏陶与培养执拗品格为目的的传媒虚拟声像叙事,而"寄生"则是指传媒能指的即刻意象在传媒受众头脑中的持续性寄存。当受众对传媒信息中的商品索然无趣而瞬间死亡时,就说明这种传媒声像叙事的误构没有发出积极信息而宣布死亡。何以用"误构"来阐释传媒声像叙事?因为我们的传媒受众本来不是执拗者,传媒殖民的知识模式是一种对话模式,这种对话模式的本质在于求变与移植,在悖论推理中实现自己的合法化,即在"一个范式的庇护下进行的研究逐渐使分歧和共识稳定下来"[1],传媒殖民正如让-弗朗索瓦·利奥塔(Jean-Francois Lyotard,1924—1998)的"误构"哲学体系的建构:在对话互动中实现自我。可以说,传媒的声像叙事就是在悖论推理对话中实现自己知识的合法化,从而创造性的实现自我的殖民价值。一旦它的目标对象被误构,那么传媒信息即将"寄生"在受众(宿主)心体内。当传媒能指成为寄生之君的时候,它是不劳而活的,依附于宿主的养料而繁衍生存,并不断攻击宿主,最终使宿主成为购买或消费信息商品的执拗民众。但传媒信息寄生也如同生物寄生一样,宿主与寄生物能在协同进化中实现互利共生,这种模式姑且称其"互利性传媒模式"或"精明寄生性传媒模式",实践证明,这种传媒模式常常是有效的、持久的。

从当代传媒现实看,传媒殖民化误构的逻辑是把一切潜在的信息立即导演成具有能使宿主成为购买或消费信息商品的误设"执拗民众",而毫不顾及叙事本身及其事实内容,包括其叙事内容与传媒事实的符合程度。其叙事的有效性完全取决于被寄生民众的收视率,传媒集团的叙事活动都具有殖民或跨界性质。"它们逐步告别对地区、文化、意识形态和政治上的忠诚"[2],在误构与寄生殖民道路上一路凯歌。但信息殖民时代的"执拗民众",作为殖民对象或误设观众,其类型或角色转换已然不同于传统

---

[1] [法] 让-弗朗索瓦·利奥塔:《后现代状态:关于知识的报告》,牛犇山译,南京大学出版社2011年版,第214页。

[2] [德] 托马斯·梅耶:《传媒殖民政治》,刘宁译,中国传媒大学出版社2009年版,第28页。

殖民时代的受众了。当代法国学者雷米·里埃菲尔（Rémy Rieffel）曾根据观众对"9·11"恐怖袭击事件的不同看法将观众分为三类："第一类是'接力型观众'，他们适应悲情事件，表达自己的同情，捍卫人道的、和平的以及宗教的价值。……第二类是'被围型观众'，其特点是对事件的反应被节目限制……第三类更加微妙，可以称'冲突型观众'（不仅观点冲突，而且还是冲突的产物），他们的特点是聚焦应采取的政治路线。"① 在此，执拗民众对信息殖民显示出的三种不同的立场，它们分别是执拗于媒体的平台价值、执拗于媒体的认知价值与执拗于媒体的社会价值。接力型观众"显示了一种和平主义者的总动员"，② 而这种立场完全来源于媒体作为中介的平台，他们的执拗性在于不同媒体能满足他们的不同情感及其表达；被围型观众在"感谢"媒体或"批评"媒体给自己带来认知之余，显示出人类固有的执拗于单一面的情感；冲突型观众则显示出一种社会路线的政治立场，既有对事件本身的反感，也有对媒体的怨恨，他们"不仅观点冲突，而且还是冲突的产物"。很明显，这三类观众显示出一种传媒殖民化误构的逻辑。所以说，"一个孤立的电视观众的想法是纯粹的幻想，电视画面的力量其实取决于不同的参数，比如其本质内容、根据我们自己的经验与画面维持的关系，以及我们生活的文化和社会环境"。③ 在信息殖民中，执拗民众自身成就媒体事件的同时，自己也成为事件的产物，这就是信息殖民时代"观众"的角色转换，更为重要的是成就了传媒殖民的合法性。

那么，在媒体殖民时代，传媒殖民的误构与寄生又是通过哪种理念去完善它名义上的合法性呢？后现代传媒殖民要遵循跨文化交流规则，使它的传媒视觉图像能在最经济的时间内迅速扩张到能够到达的地方与信息受众的心体。因此，传媒殖民的叙事的戏剧化表演与竞技成为关键，抑或说传媒设计之相通常借助移植、拟像与绑架等具有戏剧化的表演而占据媒体空间，这些策略化的立场始终旨在传达给它们预先设定好的舞台人物、对话及其预想中的殖民对象。换言之，媒体殖民对象不仅是舞台下的预设受众，还在于舞台上的假想演员，这些舞台秀常常受控于媒体殖民者：经纪

---

① ［法］雷米·里埃菲尔：《传媒是什么》，刘昶译，中国传媒大学出版社2009年版，第87页。
② 同上书，第87页。
③ 同上书，第88页。

人或经纪公司。抑或说,被拟像化的舞台秀的身体、表情、服装,一直到道具、音乐、布景,都被导演以移植、美学等中介方式呈现给预想的传媒受众。尤其要关注的是审美成为媒体殖民时代的宠儿,也是这个时代的传媒之谋中最为通行的绑架手段。在传媒产业、资本与消费平台上,艺术与美学成为传媒信息通行的硬币。对于殖民家而言,被美学化的轰动新闻,抑或是艺术化的虚假行为,它能够迅速地燃烧到世界的每一个角落。这就是说,民众被媒体绑架的事件是随时的,就如同电视始终处于遥控器的统治之下一样。实际上,媒体殖民最为秘密的武器就是"遥控器",因为"哪怕只是观众瞬间的关机都会带来直接的盈利损失"[1],或观众无意间的换台也会带来直接的盈利损失。为此,媒体殖民者们绞尽脑汁地想出许多花招,尤其在吸引最大数量受众上加强节目的视觉及其美学绑架策略。比如压缩或过滤电视剧的片头或片尾,快速进入广告宣传,或直接接入电视剧,在其途中实现绑架性广告植入。与个人消费品不同,传媒殖民叙事的影视商品的"新鲜性被展示出来的那一刻便烟消云散,并且,在失去其使用价值的同时,也失去任何商业交换价值"[2]。正是在这个维度上,托马斯·梅耶(Thomas Mayer)断言:"大众传媒没有时间,也不知道时间为何物。"那么,传媒殖民时代的信息叙事策略必然要求在时间之外寻求信息空间意识,时间只是传媒叙事中的一个不连续的点,当这个"即刻意象"成为新闻后,就不再成为空间中的唯一。但在任何时代与领域,传媒殖民合法化都是一个时间过程,这个过程不是简单的交流或给大众带来福祉,一定还带来许多复杂的社会问题。在这一点上,任何传媒范式的增长都不例外。因此,传媒殖民合法化的叙事批评理论是合理的。

面对日新月异的传媒叙事与策略,世界各国开始行动起来应付传媒殖民化,比较典型的案例是法国面对美国传媒殖民而提出了反殖民化的"文化例外论"对策。1986年,在乌拉圭回合谈判中,法国针对美国影视作品大举殖民法欧的背景下,提出"文化例外论"的反传媒殖民范式。旨在控制美国在欧洲的节目播出,从而保护本国影视文化和发扬本国民族传统文化。比如在节目内容上法国对播出指标与制作层面都有严格限制,地面无线频道至少有40%的国产法语作品,至少播出60%的欧洲影视作

---

[1] [德]托马斯·梅耶:《传媒殖民政治》,刘宁译,中国传媒大学出版社2009年版,第68页。

[2] 同上书,第33页。

品，并接受视听委员会鉴定其是否有意义，全国性的无线电视频道每年至少拿出3%用以投资萧条的电影生产，以防国产电影滑坡。① 另外，根据贝尔纳·古奈（Bernard Gournary）在《反思文化例外论》中的描述：加拿大和瑞典每年由艺术委员会对本国的音乐制作者发放补贴，补贴涉及加拿大作曲家所做的各类音乐作品，包括当代古典音乐、爵士乐和族群音乐等。② 可以看出，欧洲国家在传媒领域实行保护主义政策，或"国家配额"政策已经成为共识，无论反对声音有多大。"文化例外论"批评者即便在传媒文化民族主义或地方主义外衣的庇护下，他们自己也无法无视自己的民族文化与本土文化的存在，因为"文化多样性"已经成为全球的共同计划与行动。

在现代化建设中的我国，应看到世界范围内传媒殖民的新现象、新特征与新问题。信息、文化是一个国家赖以生存的基础，每一个国家都应在世界传媒民主中保留与实施自己的传媒权与文化权，法国、加拿大等国"文化例外论"的反殖民战略值得我们反思与借鉴。

第六节　传感论美学：心体符号的当代理论假设

在媒介符号时代，到处都是被溢出的美或美学。媒介技术与美学有何种关联？美学又能给媒介技术带来哪些革命？抑或说，美学视角下的心体符号在当代的应用又是怎样的"景观"呢？③

西方古典美学的演进史告诉我们：它的研究趋于哲学化。形而上学美学滥觞于柏拉图（Plato，约前427至前347），理性主义美学涌现于文艺复兴，德国古典美学盛极一时，黑格尔（Hegel，1770－1831）理性美学登峰造极。他们强调美学的理性，偏重美学的哲学思辨。然而，美学终究不能躺在"自上而下"的玄想里。19世纪中后期，德国心理学家、美学家G.T.费希纳（Fechner，1801－1887）终于开始革除"自上而下"美

---

① 张咏华、何勇等：《西欧主要国家的传媒及转型》，上海人民出版社2010年版，第257页。

② [法]贝尔纳·古奈：《反思文化例外论》，李颖译，社会科学文献出版社2010年版，第69页。

③ 参见潘天波《变化的传播偏向》，中国社会科学出版社2014年版。

学之命，开辟"自下而上"的实验美学之路。费希纳逆传统哲学美学研究之潮流，发起"应用美学"（Applied Aesthetics）研究的先声，把美学研究第一次带进实验室。20世纪西方实验美学研究突飞猛进，美国的实用主义美学、德国的机器美学、日本的感性工学等最具代表性。在中国，1992年6月8日云南省美学学会在昆明成立并举行学术研讨会，研讨美学研究如何面向现实、面向社会主义建设等实际问题。在这次会议上，美学家李健夫（1946— ）首次提出美学的应用价值，并具体提出设计、开发与研究有关自然景观与审美文化的可行性与价值性，这是中国应用美学研究的先声。比芬兰赫尔辛基大学1993年成立"国际应用美学学会"（IIAA）要早1年，比美国理查德·舒斯特曼（Richard Shusterman, 1948 - ）在《实用主义美学》（1999）中提出"应用美学"要早7年。2003年5月30日，北京师范大学成立"科学技术与应用美学实验室"，该实验室旨在对新兴学科的美学交叉研究、美学对科技发展的影响、科技产品中的设计美学问题、美学的传播等问题展开深入研究。2005年4月15—18日，莫斯科红宝石展览中心举办"第八届国际应用美学展"，它的议题包括设计艺术、时尚装潢及手工艺产品等多项应用美学最新转化成果。2008年第20届国际实验美学大会在美国芝加哥市橡树园区（Oak Park District）召开，会议交流主题有视觉行为和审美评价过程、认知与视觉艺术、创造性（力）、音乐知觉、审美经验与结构、审美经验与情绪（感）、个体差异、艺术文化的螺旋发展、神经认知心理美学、认知与文学、建构理论与视觉、审美经验与欣赏、结构与视觉艺术、结构与文学、艺术的工具（理论与测量）等应用美学领域中的相关议题。20世纪50年代，捷克设计师、艺术家佩特尔·图奇内（Patel Tucci）首次提出"技术美学"（Technology Aesthetics）范式。1957年，瑞士国际技术美学协会成立，标志作为应用美学的技术美学正式诞生。20世纪80年代以来，美国、中国的技术美学研究颇有建树，1984年美国现代美学家托马斯·门罗（Thomas Munro, 1897 - 1974）《走向科学的美学》（汉译版）走向中国。中国美学家徐恒醇率先推出《技术美学原理》（1987）。上述应用美学研究活跃于艺术设计、工业生产、劳动工具与科学技术等领域。

在后现代，计算机、通信与传感日益凸显于现代信息科技领域中，它们都与美学有不解之缘。从美国第一台"电子数字积分计算机"（1946）问世到第一台"微处理器"（1971）的诞生以来，计算机技术改变了后现代社会人们对客观世界的认识以及人们的生活、生产方式。致力于技术批评理论的美国学者安德鲁·芬伯格（Andrew Feenberg，1943— ）指出："正是计算机才促成了后现代性中的'后'。"① 计算机是人的延伸，它的许多秉性与人（大脑、意识与语言）之间具有天然的契合性，以至于德国数据艺术研究者曼弗雷德·莫尔（Manfred Mohr）在《程序美学和计算机辅助艺术》一文中坦言："美学研究可以同科学研究并驾齐驱，齐心协力地探究人类活动的许多分支领域。"② 面对计算机与美学耦合研究的"并驾齐驱"，文化批评家弗雷德里克·杰姆逊（1984）（Jenna Jameson，1934— ）断言，在新时期，一种全新的计算机美学已见端倪。如在日本，1984年学者川野洋的《电子计算机与美学》引领日本应用美学研究之路。伴随计算机技术在生产与生活领域的扩大，特别是计算机绘图软件的诞生，计算机设计和计算机绘画艺术同美学的耦合性研究开始备受世人瞩目，如数字计算机艺术成为世界很多大学开设的新课程。可以说，计算机美学必将成为未来科学研究的一个新兴应用技术领域。

信息论美学研究也一直是技术美学所关注的重要领域。20世纪40年代末，信息论开始成为现代科学进程中的新宠儿。当美国发明家塞缪尔·莫尔斯（Morse, Samrel Finley, Breese，1791—1872）用点、划、间隔等"电文"传发世界上第一份"电报"的时刻，信息通信技术从此取代了昔日的狼烟、驿站快马传话或旗语的信息传通手段。在法国，信息论与美学的耦合研究（1952—1958）始于亚伯拉罕·莫尔斯（Abraham Moles，1920— ），他的《信息论与审美感知》（1958）标志信息论美学开始走向公众视野。在1966年，《信息论与审美感知》被引入苏联并翻译成俄语引起苏联学者的关注，罗马尼亚弗·叶·马塞克（V. E. Masec）的《信息论美学导论》（1972）标志信息论美学研究在苏联得到新生与发展。在联邦德国，信息论与美学的交叉研究始于马赫·本泽（Max Behse，1910— ），他的《信息论美学原理》（1969）深刻揭示信息"存在"或"共实在性"美学本真。在第五届国际美学大会（荷兰阿姆斯特丹）上，信息论美学被列入大会讨论议题之一。另外，中国学者黄海澄（1933— ）《系统论、

---

① ［美］芬伯格：《可选择的现代性》，陆俊等译，中国社会科学出版社2003年版，第145页。

② ［法］福柯等：《激进的美学锋芒》，周宪译，中国人民大学出版社2003年版，第422页。

控制论与信息论美学原理》（1986）也系统阐释了现代三大方法论中的美学思想与基本原理。从国内外研究情况看，信息论美学研究日趋完善，它成为信息技术美学中最为繁荣的一门应用美学学科。

计算机美学与信息论美学是信息技术美学研究的两个重要分支，但值得注意的是，在信息技术中与美最接近的第三支——"传感的技术美学"研究至今姗姗来迟。"传感论美学"是信息技术美学的一个分子学科假设。这种假设至少基于以下几点考虑：

首先，来自传感技术是计算机技术与通信技术的"掮客"的原因，传感技术的高低直接决定计算机与通信获取信息的优良。换言之，传感论美学在计算机美学与信息论美学之间的掮客作用决定自身存在的可能与价值。传感器具有微型化、智能化、集成化、人性化的特点，它是处于计算机中枢与通信神经系统之间最为敏感的"感觉器官"，这里的"感官"与审美意义上的"感官"在感性上是谋合的，因为人的感官与传感器的感官是对应的。

其次，从"美学"词源学看，18 世纪德国启蒙主义者鲍姆加通（Baumgarten，1714 - 1762）所开创的"美学"（德文 Aesthetik），其含义即为"感性的认识之学"，它与传感器的"感性"之学是匹配的。因此，作为"感觉器官"的传感与美学具有天然的血缘关系。比如在全媒体时代，传感技术在影视、出版、互联网等传媒中的应用就十分广泛。就媒体生产而言，它的"生产的特征是信息性高于物质性"[1]，传媒物质性淡化的同时，其审美性诉求在传感的维度上找到了契合点。因此，传媒物质生产的信息化与审美性在传感器中实现价值等同的可能。

再次，传感论美学视野下的传感原材料与成果皆诉之于信息与美本身，她们得益于信息技术，抑或美学。诸如集成电路（1957）、微处理器（1971）、基因拼接技术（1973）、微电脑（1975）等传媒信息工具的横空出世。[2] 传媒信息正是凭借这些传感技术实现信息生产与美的流通。

最后，就传感器设计而言，其可变的物理量或生化量的转化是通过可测的数据信号量完成的，而可测数据信号又通过声、色、光、磁等参数实现信息的传通，这些参数的品质与技术最终是通过人的感官"验收"与

---

[1] ［英］斯科特·拉什、约翰·厄里：《符号经济与空间经济》，王之光、商正译，商务印书馆 2006 年版，第 130 页。

[2] 同上书，第 130 页。

"评判"的。因此，传感品质不仅得益于技术，还得益于它的裁判是具有审美能力人的感官，而人特有的审美意识就是通过感官来实现的，这是传感论美学研究合法性的重要基础。正是有了这个基础才可以说，传感论美学研究的理论假设是存在的，而且是可能的。

传感技术是后现代工业革命的衍生物，工业生产与流通迫切需要计算机技术、半导体技术、通信技术、生物材料技术、人工智能技术、仿生技术等高科技，特别是信息技术领域中的传感技术日益成为全球最热门的高科技前沿之一。后现代工业生产系统在传感技术的助推下，生产的信息化成为全球化的重要特征。正如斯科特·拉什（Scott Lash）与约翰·厄里（John Urry）指出："信息结构正在日益成为生产系统的中心，日益与其共外延。"① 无论在理论层面，还是实践层面与应用层面，信息技术中的传感技术迫使生产系统更具人性化或审美化，传感论美学的理论研究迫在眉睫。

从理论层面看，传感论美学是以美学理论为依托，以传感理论与美学理论的耦合研究为技术路线，以传感的美学（参数）属性、美学传达与美学接受为研究对象，深入研究传感的物理向量或化学向量与人的审美感知向量之间的耦合机制的一门未来新兴美学应用学科。首先，美能通过传感技术传通与表达，这个特征是传感论美学学科大厦的基石，如同信息论美学大厦的基石以"美是信息"一样。其次，传感器的设计与集成，它和一件艺术品的符号创作与设计是同理的，不同的是传感器同时又承担了计算机与通信之间的"感觉器官"。传感的美学属性表现在传感器的美学智能或人性化上，这是传感与美学耦合机制形成的预设条件；另外，传感的美学属性、美学传达与美学接受是传感论美学在接受美学上的基本规定，具有美学属性的传感是美学接受的前提，美学传达与美学接受的功能是传感的美学表达与传递的主体要求。传感的美学接受主要体现在被测传感信号的仿生学体验以及艺术感受性上。比如在传播与新媒体领域，媒介的传感器的敏感元件、转换元件与信号调节器等构成上的形式、色彩与图像，就具有人机工程学意义上的美学传达性，这些传感器发出的数据信号就是传感的美学接收信号。媒介，抑或信息媒体的传感载体，如广播、电

---

① ［英］斯科特·拉什、约翰·厄里：《符号经济与空间经济》，王之光、商正译，商务印书馆2006年版，第148页。

视、报刊、互联网、移动网络等，它除了使用固体传感媒介（如半导体、磁性材料等）以外，还包括智能传感媒介（如芯片、存储器等）与虚拟传感媒介（如网络、电信）等，后两者更具美学个性。媒介的传感构成对象的不同，它的子传感媒介也是多样的。比如电信通常使用6种媒介，即运输（邮政和快递）、电线（有电缆线）、电缆（同轴电缆）、无线电话（微波频道）、地球卫星传输、光缆（大带宽光缆）。① 这些媒介的传感技术在理论层面上都与美学有千丝万缕的关联。诸如运输传感、有线传感、无线传感、卫星传感、光纤传感等传感形式对象在信息采集、传输与转换中的物理或生化向量与美学向量必须是耦合的，原因很简单，一个不美的数据信号与图像是公众不愿接受的。

在实践层面，传感参数设计是传感论美学关心的核心对象与构架，也是传感论美学的体系性内容。也就是说，传感论美学要解决信息传感的美学感受系统，必须在传感参数设计上达到美的感受性与合理性的理论架构系统。从本质上说，传感器是弥补或延伸人感官的功能缺陷。声、光、气、味、压力等传感向度就是人的听觉、视觉、味觉、嗅觉、触觉的感官对象，那么，传感数据信号就是由声感、光感、味感、电感等要素构成。根据人的感官，信息传感的种类则可以分为听觉传感、视觉传感、味觉传感、嗅觉传感、触觉传感等。不同的传感参数也就形成不同的传感信号类别，比如热传感、磁传感、温度传感、超声传感、电弧传感、共振传感、压力传感、生物传感，等等。从审美角度看，视、听觉是审美的主要感官，所以视觉传感与听觉传感是信息传感设计的重要研究内容。纽约品牌顾问集团（Desgrippes Gobe）负责人马克·戈贝（Marc Gobe）曾说："设计师是半个美学家。"② 这句话对于传感设计同样适用。从媒介的视角看，信息传感参数设计一般包括物理参数、生化参数、几何参数、拓扑参数、艺术参数等，其中物理参数设计包括向度（方向、速度、位置）、力感（压力、重力）、场感、光强度、热辐射、电弧、超声、磁、共振等内容；生化参数设计包括纳米、活细胞等内容；几何参数涉及体量、造型、角度、面积、体积、惯性矩、厚度、宽度、高度等内容；拓扑参数涉及空间、结构、点覆盖、环面、密度、分布、曲线、连续、测度、质度、量度

---

① [英] 斯科特·拉什、约翰·厄里：《符号经济与空间经济》，王之光、商正译，商务印书馆2006年版，第35—36页。
② [美] 马克·戈贝：《情感品牌》，向桢译，海南出版社2004年版，第5页。

等内容；艺术参数有听觉（声音）、视觉（影像、色彩）、触觉（触感）等内容。这些传感参数的设计是传感论美学研究的重要对象与内容，诸多参数彼此沟通与协调，相互制约，共同形成一个复杂的传感网状结构信息流，"它不是认知符号的流动或者信息流，而是审美符号的流动。"① 它对于传感的美学传达与接受品质起到至关重要作用。

在应用层面，传感论美学不是传统美学的哲学思辨美学，而是一门信息技术的应用美学，更是一种理论科学、当然"科学常常不是为了直接应用的……我们可以把科学中纯粹美学性的追求，看作是在从立即应用到无限延迟应用，这样一个连续体的一端"。② 换言之，未来信息技术中的传感论美学的未来应用领域是可观的。拿传播来说，传感论美学与传播媒介具有天然的紧密关系，媒介的技术美学关涉传媒在社会诸多领域中传播的审美效果。作为审美对象的传媒艺术品必然以某种媒介符号信息为载体，向公众传播美学思想。比如，"在文化产业中，增值来自形象，也来自符号学技术。软件的价值是根据创造者的符号学成就而转移到产品中去的。"③ 而符号技术与传感技术具有理论上的同源性与统一性。同时，传感论美学与日常生活、生产也是紧密联系的，如交通工具传感器参数设计的美学指标中人机性能（适应性、舒适度、智能型、响应性等）是判断其质量的重要向度，还如家用电器的智能传感、食品与空间检测的生物传感、医疗器械的红外线传感、机床车间的数据传感，等等，它们都离不开传感论美学，传感论美学的应用前景十分广阔。

鉴于以上分析，传感论美学在理论上有自己独立的研究对象、研究内容与研究框架，在实践上有自己的研究参数与研究取向，在应用上也有它的无限空间。因此，传感论美学作为一个信息技术理论的新成员是可能的，具有一定的学科合法性与理论存在的必要性。

传感论美学在通达计算机美学与信息论美学之间的技术美学价值毋庸置疑。不仅如此，在文化立场上，传感论美学还具备独特的文化构型能

---

① ［英］斯科特·拉什、约翰·厄里：《符号经济与空间经济》，王之光、商正译，商务印书馆2006年版，第152页。
② ［美］索拉索：《21世纪的心理科学与脑科学》，朱滢等译，北京大学出版社2002年版，第248页。
③ ［英］斯科特·拉什、约翰·厄里：《符号经济与空间经济》，王之光、商正译，商务印书馆2006年版，第138页。

力。根据传感论美学在视觉传感、听觉传感、触觉传感等维度上的功能表现，传感论美学的文化构型至少有以下几类：

第一，视觉接受构型力。从接受美学视角看，误构与误读是信息传播美学的一组接受视觉接受理论范式。"误"体现了传感论技术打破了传统技术的中心与边界，"误"入了一个去中心、无边界的虚拟技术区。让－弗朗索瓦·利奥塔（Jean Francois Lyotard，1924－1998）"误构"哲学体系道出了传感论美学的建构目的：在互动中实现自我。这种"互动"也是"误构"的方法，比如"现场直播"类传播节目在传感技术的支持下很容易形成"景观化"[①] 新闻的视觉接受构型之中。之所以说它是"误构"，是因为很多视听传媒本身的出发点是提高新闻透明度，贴近新闻事实，但在传播传感美学现场图片的背后，却隐藏着新闻的失败：图像景观大于有见解的新闻事实本身，而这不是出于这类视听传播的主观意愿。因此，传感技术信号的误构不是错误的集成，而是科学的人机互动与智能化中实现自我的价值；同样，误读也不是错误的接受，而是具有创造性的解读。这样的视觉接受特点，很明显使传感论美学具有创构知识的能力。

第二，听觉体验构型力。美国学者门罗·E. 普莱顿（Monroe E. Price）提出，模式与比喻是信息传播的一组再构理论范式。从传播媒介再构立场分析，这组范式对于传感美学的文化构型具有启示性阐发。因为，当具有规律的信息传感在听觉中形成稳定的传达效果时，这个"模式"就成为传感论美学的一条约定俗成的理论；相反，那些还没稳定的传感理论我们只能凭借"比喻"的修辞来描述它。换句话说，模式与比喻本身是传感论美学建构知识与文化的重要途径。

第三，直觉印象构型力。直觉思维是一切科学发现的最好导师，其或然性与非逻辑性思维特征决定在传感论美学中的巨大价值。因为对传感的感知图像在使用逻辑思维时会破坏其创造性，直觉是传感论美学的重要诉求，传感信号的物理能或化学能通过传感器转换成信号能的时候，直觉的感知是接收信号的门户，而直觉的判断非常具有主体差异性。也就是说，直觉的差异形成了直觉文化构型的重要原因。

信息传感所使用的传感技术对公众或文化的传播作用一般被放大，这

[①] ［法］雷米·里埃菲尔：《传媒是什么》，刘昶译，中国传媒大学出版社 2009 年版，第64页。

种高估传感论美学价值的风险是致命的。传感论美学研究给美学带来科学性的同时，也存在很多诸如信息传感文化方面的风险，尤其在主体、知识、生产、商业、接受等美学维度上，传感在技术美学中的风险是存在的。传感技术的普及正如"文字的传播毁灭了一个建立在口头传统上的文明"①一样，它正在将知识产权、信息生产、媒介流通、编码解读等一系列危险转嫁到信息论美学领域。比如报纸与电视能让投放信息主获得商业价值，但不要忘记"喇叭和广播的使用促成了希特勒的上台"。②为此，我们看清信息论美学的价值与风险，才能有效、合理地建构传感论美学。从学科的"问题"立场上分析，传感论美学"风险"至少有如下几点：

第一，传感信息建构主体权力在缩小，信息知识权力结构扩张成为传感符号暴力。信息掮客（如经纪人）成为作者的"第二个自我"，因为掮客熟悉市场信息交易规则，这些"经纪人承担了培育作者的角色给予鼓励、忠告，提出改写建议"③，传感论成为信息掮客的"保护伞"。

第二，传感技术作为工具理性知识，在信息传播中很容易混同"感性知识"。对一般公众而言，传感论美学在悖逆传统美学的本质对象与价值取向的同时，也混同了理性与感性的直观区别。

第三，传感技术迫使信息生产从过去的硬性生产走向柔性生产，全球化信息殖民变革轻而易举。柔性生产的设备、工厂、原材料，甚至员工都在"扁平化"的结成块上，资本扩张帝国的跨地区信息殖民只是一种"想象"的事情，淘宝网销售只是房间里的想象性运作。"柔性生产不仅仅是知识密集型的，它同时是自反性的生产。"④ 用斯科特·拉什与约翰·厄里的话说："由于涉及个体化，它是自反性的。"⑤ 所以，信息论美学的自反性构成了对生产的威胁。

第四，传感知识日益成为流通的硬币，传感知识结构的自反性生成速度与社会公众的自适应速度形成逆差，尤其是知识被解构成为碎片，或用

---

① [加]哈罗德·伊尼斯：《帝国与传播》，何道宽译，中国传媒大学出版社2013年版，第87页。
② 同上书，第166页。
③ [英]斯科特·拉什、约翰·厄里：《符号经济与空间经济》，王之光、商正译，商务印书馆2006年版，第118页。
④ 同上书，第165页。
⑤ 同上书，第166页。

于支付，或用于投资。正如让-弗朗索瓦·利奥塔指出："关于知识的确切划分不再是'有知识'和'无知识'，而是像货币一样成为'用于支付的知识'和'用于投资的知识'，即一方面是为了维持日常生活而用于交换的知识，另一方面是为了优化程序性能而用于信贷的知识。"① 这样，传感将知识性投资风险与经济利益纳入并行轨道，而传感之美也自然成为资本运营的生产要素，这种生产要素的内核具有明显的资本剥削的味道，特别是它成为资产阶级生产线上的一个诱饵或谎言，对于稳定工厂的民主、和谐与合法性上具有传统资本剥削无可比拟的现实价值。从这个意义上分析，传感之美在商业或资本主那里，具有一定的权力性与民主性的政治意识形态的殖民含义。

第五，传感编码技术给个人解码带来丰富性，也给文化知识在图像与话语重构中带来风险，比如传媒在传感遮蔽下，新闻事件传播远比知识本身重要。原因很简单，解读公众获得图像美学的快感要远比工具知识性优先得多，公共话语与表达范式的图像再构成为新知识构型的新力量。

除上述传感论美学对文化、社会及知识体系带来一定风险外，还诸如政府权力公信力、世界政治去中心化、社群传统话语结构与再构、公众话语表达范式的重构等维度上也存在许多问题与风险的再评估议题，这些问题风险也昭示传感论美学理论建设的迫切性与意义。

综上所述，随着计算机美学与信息论美学的深入研究，传感论美学亦将成为未来新兴应用美学研究领域。传感技术日益成为通达计算机与通信的中坚掮客，它在物理、几何、拓扑、生化、艺术等参数设计上，它有智能化、人性化的审美特征。传感与美学的耦合研究出现了稳定的研究对象、研究内容与研究参数及其应用领域，传感论美学在未来信息技术美学定会有自己的合法席位。另外，传感技术在空间数据中的掮客身份越来越抽象化与审美化，以至于信息主体、知识变量、生产流通、编码解读等维度上的美学风险也等同于传感技术进步。为此，我们在提议传感论美学的理论假设同时，也应该明确它在多大程度上的合理性，以便我们更加合理地建构传感论美学理论框架。

---

① ［法］让-弗朗索瓦·利奥塔：《后现代状态：关于知识的报告》，牛槿山译，南京大学出版社2011年版，第17页。

第七节 书法符号"气味"说

书法是中国文字特有的艺术化符号表现形式。书法，即"人法"。书法有"气"，也有"味"。"气味"性书法是书法符号与心体的"合一"。

清末民初书法家李瑞清[①]提出的书法"气味"说。从生命美学考察，"气味"统摄书法形式表象的生命体征；从接受美学分析，"气味"是书法品鉴者感受的一种审美批评向度；从身体美学阐释，"气味"说阐释出书法是"手"与"心"的交响艺术，书法"气味"是它固有的美学神韵。"气味"说是中国书论美学命题的高度凝练与范式超越。

墨，有墨香，书法自有"气味"。在中国古代书论家中，谈及书法"气味"者并不为多见。李瑞清的书法"气味"说，究其词语本源而论，它包含"气"与"味"的双重规定。作为主体性名词的"气"，"气味"是书法的可见、可感的生命之身姿；作为客体性动词的"味"，"气味"则是书法可嗅、可鉴的美学之神韵。"气味"说高度凝练出书法的创造主体与欣赏者及其两者的美学对话模式，它是中国书论中不可小觑的"艺味"理论。

实际上，"味"是中国古典美学的重要范畴。早在《老子》第35章提出："'道'之出口，淡乎其无味"。这里的"味"已超乎味觉的生理层次，趋向于审美享受的美学概念。《老子》（第63章）又曰："为无为，事无事，味无味。"可见，老子提倡的"无味"之味隐藏几分哲学含义。南朝宋人宗炳（375—443）在《画山水序》中曰："圣人含道应物，贤者澄怀味象。"这里的"味象"是真正美学意义上的审美之"味"，这是对老子哲学命题"淡乎其无味"的一次重大理论发展。之后，"味"不断出现在中国古典诗学中。比如刘勰在（181—234）《文心雕龙》曰："滋味流于下句"、"余味日新"等。不过，钟嵘（约468—518）首次将"味"范畴引入纯粹美学王国。他在《诗品序》中曰："使味之者无极，闻之者动心，是诗之至也。"之后司空图（837—908）在《与李生论诗书》亦曰：

---

① 李瑞清（1867—1920年），清末民初著名的教育家、书法家、画家。他是中国近现代教育的重要奠基人和改革者，也是中国现代美术教育的先驱，中国现代高等师范教育的开拓者。

图 5-7 王羲之《兰亭序》

图片资料：《王羲之书法全集》，中国画报出版社 2002 年版。

"倘复以全美为工，即知味外之旨矣。"① 命题"味外之旨"是对"味之者无极"的继承与发挥。另外，《颜氏家训》也曰："陶冶性灵，入其滋味，亦乐事也。"张岱（1597—1679）在《琅嬛文集·答袁箨庵》指出："《琵琶》、《西厢》，有何怪异？布帛菽粟之中，自有许多滋味"。李渔（1611—1680）在《闲情偶奇》言道："作《南西厢》者……今之观深此剧者，但知关目动人，词曲悦耳，亦曾细尝其味，深绎其词乎？"……"味"

---

① 参见司空图《司空表圣文集》卷2，上海书店出版社1989年版。

一直成为中国古典诗学的重要美学范畴。

在书论史上,以"味"论"书"者,最早见于王羲之(321—379)。王氏《书论》曾记载:"若直笔急牵裹,此暂视似书,久味无力。"这里的"久味"之"味",乃指审美品鉴之意(见图5-7)。之后,南朝齐梁书法家袁昂(461—540)在《古今书评》提出书法"韵味"之说,这是中国书法美学中的第一个"艺味"之说。唐代张彦远(815—907)于《古今书评》曰:"殷钧书,如高丽使人,抗浪甚有意气,滋韵终乏精味。"书法"滋味"说始出。近代改良运动领袖康有为(1858—1927)在《购碑第三》中说:"临写既多,变化无穷,方圆操纵,融洽自成,体裁韵味,必可绝俗,学者固可自得也。"① 很明显,这是中国书论"韵味"论的继承与提升。不过,书论史上论及"气味"者鲜见,较早把"气味"引入书法美学的是宋人姜夔,他在《续书谱》中指出:"有锋以耀其精神,无锋以含其气味,横斜曲直,钩环盘纡,皆以势为主。"② 此处"气味"已指向书法之"精神"。李瑞清(1867—1920)在《玉梅花庵书断》言:"书以气味为第一。不然但成手段,不足贵矣"。③ 用今天的话来理解,这里所说的"气味"是书法固有的东西,既是书法的"精"或"神",也是一种独立于书法表象的身姿,更是欣赏者所品鉴到的一种美学神韵。

"气味"本指嗅觉感到的味道,后引指人的性格或情调。晋代葛洪(284—364或343)《自叙》曰:"不喜星书及算术……由其苦人而少气味也。""气味",亦指"神态"。白居易《闲意》曰:"渐老渐谙闲气味。"清人"书以气味为第一"之"气味",已经超越非美学意义。换言之,"气味"的范畴已从实用走向审美,既有生命美学或身体美学的规定,也有接受美学的内涵。它已然走向一种全新的生命美学形式,具有特有的形式价值。因为,对于艺术而言,"当一个符号获得了显著的形式价值时,形式价值则反作用于符号本身,其力量之大,以至于它要么将含义耗尽,要么脱离常规趋向一种全新的生命"。④ 那么,书法的"气味"作为形

---

① 陶礼天:《艺味说》,百花洲文艺出版社2005年版,第155—156页。
② 漆剑影、潘晓晨:《中国历代书法名句简明辞典》,中国旅游出版社1996年版,第264页。
③ 陈方既:《中国书法美学思想史》,河南美术出版社2009年版,第386页。
④ [法]福西永:《形式的生命》,陈平译,北京大学出版社2011年版,第34页。

的生命具有哪些独特的美学内涵呢？

从生命美学考察，书法具有鲜活的生命符号。

第一，书法是生命美学的感性符号形式，"气味"是书法艺术的生命化体征。就形式而言，书法的形式感是线条排列组合的内在的、有机的结构性视觉美感。"气味"就是书法内在的、有机的结构性视觉形式。"气味"是书法艺术的生命化视觉体征。书法有"气味"就有"生命感"。反之，书法就失去了生命。用宗白华的观点说，它是"生气远出"的可视、可感的生命美学形式。《管子·枢言》曰："有气则生，无气则死，生者以其气。"就是说，"气味"是书法的生命美学状态。马王堆汉墓曾出土帛书《十大经·行守》中曰："气者，心之浮也。"换言之，书法之"气味"乃是书法家"心之浮"的生命美学状态。书法家的"心"通过"手"的艺术表现，即将艺术家的世界观通过书法视觉符号形式铸就书法自身独特的审美"气味"。正如法国著名华裔书法家程抱一[①]指出："真正的视觉之歌——书法，延续了四千年而从未中断过，这种表意文字的书写是将独一无二的宇宙观'化成符号'的过程。"[②] 因此，书法"气味"是可感、可见的符号生命体征，是具有生命美学的感性形式。

第二，书法之美拥有人的生命感，书法"气味"是生命之道的生命化呈现。一切艺术皆是人的艺术。因此，生命感是一切艺术的本源。书法是笔与纸的奏鸣曲，它的生命感来自艺术家手中的笔与纸。笔的生命在于纸上的舞蹈，抑或心灵的舞蹈。有时它轻歌曼舞，有时候它却疾飞奔腾，连同它的伴侣纸也是有生命的，因为"每张纸都是一个随性吸纳的生命体，有时候墨不易渗透，有时候却很快地洇开，呼吸，捕捉光线"。[③] 可见，书法之美与生命之美是等值的。中国古人常把"气"与"心"或"灵"联系在一起。譬如《礼记·祭义》曰："气也者，神之盛也。"因此，书法"气味"之美拥有人的生命感，"气味"是人的生命气盛的表现。试想，书法一旦失去生命感的"气味"，它的生命还在吗？不过，在

[①] 程抱一，法国著名华裔作家，法兰西学院院士、诗人、书法家。1948年随父赴法国定居，在巴黎第九大学取得博士学位后，任教于巴黎第三大学东方语言文化系，他被法国媒体称为"中国和西方文化间永不疲倦的摆渡人"。他的《美的五次沉思》（2006）堪与朱光潜的《谈美书简》及宗白华的《美学散步》相媲美。

[②] ［法］程抱一：《美的五次沉思》，朱静等译，人民文学出版社2012年版，第130页。

[③] 同上书，第136—137页。

老子看来,"气"为道所生,也就是说,气是道的博闻生命化呈现。那么,书法"气味"则是书法之道的生命化呈现,透过"气味"的脉动与飘曳,可以窥见书法线条之道——灵魂美之所在。难怪有人说:"书法是我们真实内心的一部地震仪,同时也是瞬间却又恒久的烙印。"①

第三,书法"气味"是发乎于情的生命气韵。气,是生命之力;韵,为生命之姿。书法气味是一种特有的线条生命之气韵。书法气味总是"发乎于情"。也就是说,书法之"韵"是"至动而又条理的生命情调"(宗白华语)。不同的书法体,其生命情调是有差异的,但"气韵"是书法的共同生命特征。谢赫提出"气韵生动"之说,他将"气韵"演绎成中国美学之重要法则,并认为"气韵"是绘画的首要法则,它与书法"气味"说有异曲同工之妙。对于书法,唐代人孙过庭在《书谱》中曰:"假令众妙攸归,务存骨气"。唐张怀瑾于《评书药石论》曰:"若筋骨不任其脂肉……在书为墨猪。"可见,书法之"气"对于书法之韵姿有特别的规定。

从接受美学分析,气味是书法的形式美感直接诉诸人的审美感受。韵之本为情,它是生命的外在节奏。抑或说,"书法是一种灵魂的音乐"。②可见,书法是思想凝固在线条上的音乐,它直接诉诸人的感官,并具有音乐般的节奏与美感。书法艺术的形式是"有意味的形式"(克莱夫·贝尔),这种"意味"就是"气味"的呈现。苏轼(1037—1101)在《论书》中曰:"书必有神气、骨肉、血,五者缺一,不成书也。"讲的是书法本身之美,而书法"气味"说凸显出书法独特的审美视角。"味"是一种审美享受。对于审美者而言,它抑或是一种审美感觉。在英语中,"sense"(感觉)这个词还有三种解释:判断力、理性、意义。它来自法语"sence",而"法语中的'sence'这个词有三种解释:感觉、方向,意义。"③也就是说,书法的"气味"感是一种"判断力",是有"意义"的美感形式,也是一种具有理性的判断力,是具有一定方向的东西。这种"方向"取决于艺术家与审美者之间共同的审美感觉的契合力,这是书法"气味"的生命"意义"所在。"气味"道出了书法接受美学的全部真谛。

---

① [法]程抱一:《美的五次沉思》,朱静等译,人民文学出版社2012年版,第140页。
② 同上书,第134页。
③ 同上书,第22页。

从身体美学阐释,书法"气味"说到底是书法彰显出来的生命"神韵",它全来自艺术家身体器官,特别是"心"与"手"的奏鸣。包括书法在内的任何一种艺术,常常是艺术家抒发与寄托情感的凭借。曹丕(187—226)在《典论·论文》中曰:"寄身于翰墨,见意于篇籍。"所以说,艺术的形式"气味",也是艺术家心中的"气味"。福西永在《形式的生命》中有许多精彩表述:"人通过他的手与朴素的思想建立起来。手开采着思想的矿石,赋予这矿石以形式、轮廓,而且就在这书写的动作间,赋予它们风格。"① 这句话道破了书法的天机:书法是手的杰作,手赋予了书法的形式、轮廓与风格。在此,"手简直就活的生命体"。② 书法之"气味"是身体美学维度上特有的本质范畴。首先,书法的"气味"是"手"思考的结果。人的身体本身就是一件艺术品,比如"手"创造了一切艺术,也成就了自身。"手意味着行动,有时它似乎在思考。"③ 这是书法神韵之美的关键,没有手之"思考"的书法,只能是临帖,它是没有生命的;其次,书法之"手",抑或"气味"还是一种技术的象征。俗话说,"心灵"才能"手巧","手感"也是心灵的外化。书法技术来自长年累月的"手"之训练,以至于有"手法"一词表达艺术的创作技巧,书法的技巧抑或说这种"技术可以通过多种形式来解释:一种活力,一种力学理论"④。书法之"手感",就是一种具有技术的活力感,也是一种书法力学理论的呈现。因此,书法"气味"也是一种技术的象征,是书法手的力学所释放出来的审美物质;再次,"气味"是完整的,这取决于书法的生命是一个整体。书法艺术"形式绝不是内容随手拿来套上的外衣"。⑤ 一件书法艺术品,就是一个完整的生命体。所谓"章法"与"谋篇",也是书法重要的"气味"。也就是说,书法"气味"的生命具有"完型"美学特质;最后,书法之"手"能改变书法"气味"特性,不同的手,有不同的书法艺术。对于一件书法作品而言,即便是"同一种形式保持着它的若干维度,但不同的材料、工具和手改变着它的特

---

① [法]福西永:《形式的生命》,陈平译,北京大学出版社2011年版,第158页。
② 同上书,第158页。
③ 同上书,第184页。
④ 同上书,第98页。
⑤ 同上书,第39页。

性。"① 可见，不同的手，也就有不同的书法"气味"。同样，不同鉴赏者对同一件作品，其"气味"也是有别的。

一言以蔽之，"气味"是一种独立于书法表象的生命符号形式。它既是书法生命美学之气韵，也是书法身体美学之神姿，还是书法接受美学之向度。同时，书法既是"手"的杰作，也是"心"的呈现。书法"气味"范畴突破传统艺术"气"和"味"的单一规定，也超越了传统书论的美学内涵。

第八节 设计能指符号的狂欢

在当代，艺术设计能指符号近乎"狂欢"。从广告影视文化产业符号的运作与包装设计，再到工业产品符号形式的设计，这些符号形式被尽情"戏说"与"解构"。"形式"成为一种"碎片"感觉组合，艺术符号"整体"已经变得没有意义，解读符号文本的"意义"也被"削平"。同时，产品符号的文化历史意义也被"断裂"，产品对"形式"的"经典背诵"已走向无度"戏说"的平面立场。

今天设计的"问题立场"成了一个时代的尖锐问题。毋庸置疑，任何对于形式的没有节制的调侃，它们都是对自身身份的一种灵魂的流放。任凭"形式"的艺术如何包装设计，也无法逃脱对自我文脉精神断裂的苟同而获得短暂快慰的命运。所以，设计形式符号能指到底诉求何种审美价值？由形式符号被"戏说"所启示的问题氛围不仅笼罩着当代人的日常生存，而且也笼罩着艺术设计与美学人及其商人的灵魂。换言之，当代设计符号与设计心体已然被纠缠在美学和货币之间。

艺术设计身份是产品自身拥有的科学性与人文性统一的审美文化形象。它既来自设计主体对历史性审美文化文脉的自我认同，又与自我与他者共同构成的生存境遇不可分离。因此，艺术设计身份离不开设计文脉的支撑。实际上，文脉接通了审美主体民族文化与历史空间上的回忆与对话。从时间向度看，艺术设计负载着历史文化的符号认同信息；从空间向度看，艺术设计又在场景空间上发挥着自身审美文化的归属性。那么，设

---

① [法] 福西永：《形式的生命》，陈平译，北京大学出版社2011年版，第64页。

计美学在设计中证明自己合法性的首要问题当是产品的审美价值身份与审美文化文脉。身份与文脉意味着艺术设计包含着设计文化的本土性与多元化、现代与传统、中国与西方、科学与主体的多重关系。因此，对文化的认同感与归属感是艺术设计主体的身份追求与文脉信息的展现，然而西方从手工艺设计阶段发展到工业设计阶段，再到后现代设计阶段的艺术设计走过的历史中的逻辑却启示我们：主体文脉与形式身份在聚合与断裂中曲折行进。

在历史维度上，手工艺设计阶段的特点是"同源同体"，即生产者、消费者与设计者同源于一人或一作坊，同属于设计、生产、使用三位一体。此时，低下的生产力（科学形式）与集体劳作（主体文脉）构成设计"合"而不离的特点。因此，生产的科技性与设计的主体性是"同源同体"的，艺术设计身份与文脉关系是统一的。但进入工业设计阶段，随着资本市场的形成，对机器科学的崇拜，工业设计从科学性与主体性中分离出来。工具、机器、科学成了设计的主题词。"机器美学"（法国，勒·柯布西耶理论）是主体从艺术设计中失落的典型表现。俄罗斯的"构成派"、荷兰的"风格派"，还有一些"未来主义风格"都是科学工具理性霸权的一种身份表现，而"工艺美术运动"与"新艺术运动"就是设计艺术主体文脉的觉醒。但随后的"装饰主义运动"与"国际主义运动"又在显示着科学与主体的冲突、撕裂与碰撞，艺术设计身份与文脉发生阻隔与偏离。后现代主义设计是对现代主义设计的一种在身份与文脉上的颠覆与解构，也是对现代主义纯而又纯设计的一次反叛，同时也是设计对科学身份垄断的质疑与破坏，更是人性主体文脉的重构与回归。它们体现了西方科学主义与人本主义走向融合的一种趋势，在设计上表现为功能主义与式样主义相妥协的一种态势。"解构主义设计风格"、"符号学设计风格"、"生态主义设计风格"等都是试图用设计符号来解读社会及思想的体现。同时，它们更是用"解构"、"符号"与"生态"等方式来设计世界。无论是"解构"或"结构"，还是"符号"都试图在回答一个问题：设计是为了生活的设计，设计是为了人的设计，设计是文脉信息的传达。可见，设计艺术的美学诉求：形式身份与主体文脉。前者关涉符号形式，后者关涉符号心体。

科学体现在设计中，既有自然科学，又有社会科学。科学又分科学技术、科学理论与科学方法。技术、理论、方法都是设计的"物"的支撑。

现代物理、化学与电子技术为现代设计注入新动力，现代科学理论与方法在设计中也灌注了新的活力，系统论、人机工程论、离散结构论、模糊论等现代方法在艺术设计中被广泛应用。心理学、艺术学、美学等社会科学也广泛应用于艺术设计。从审美的功利角度来看，艺术设计的科学性在于获得产品的形式优势身份，而形式优势的灌注当有自己的基本文脉选择。首先是对形式身份的选择。形式优势的选择是选择者的形式冲动，对质料的一种科学破坏活动。破坏的目的是达到对形式质料的重构与超选择的过程，它是根据产品生产者、受众与设计人的审美情趣、市场资本方位与质料资源的不同方面进行科学选择；然后是对形式语言身份的优化组合。形式语言的组合是一种"意象"的优化配置，而"意象"的组合势必打破日常符号形态或选择已经失去的日常语言符号形式才能达到一种形式美感。"意象"的组合在传达过程中，这是一种感觉的组合。组合的过程产生了符号语言流变，它是一次形式的审美提升，它指向诗意的本质，产生形式"陌生化"的身份效果；接着产生形式优势达到"形式的陌生化"。产生形式优势或称为形式优势的传达是艺术设计的意识"内感外射"机制的运动。形式的"内感"在于体验、组合、配置、优化、重组。而"外射"在于传达、展现、灌注、施加，最后形成具体的产品。因此，形式身份的发生实质在于形式优势的灌注。

那么，形式优势的灌注体现为设计的诗学文脉诉求的一般美学特性有哪些？其一，艺术设计事件的发生是一次形式与内容的颠覆与再造。其二，艺术设计形式优势的获得在于一次审美感受的"泄露"，而这种感受的产生更是文化历史的厚重感、哲学诗意感与美学审美感的诞生。其三，艺术设计对象，一旦获得一种形式优势，对象的审美意义就获得灌注。其四，形式优势具有审美性与功能性的双重追求，因此形式优势从某种意义上说，也是内容优势。可见质料是相对的，虽然质料是可以转化的。亚里士多德就强调"质料是不可分割的"，因为相对于低级形式的质料，它是形式。相对于高级形式，它就是质料。其五，形式优势的功利性在于：和谐。在毕达哥拉斯看来，形式的和谐是美的。在康德来看，内容是凌乱的，因为他强调先验的形式，即一种具体事物之上的形式，超越的形式或主观的形式。而选择的形式，就意味着切割形式，获得自我对先验形式的表达。反思现代艺术设计，艺术设计的文质与几何质在美的规律中偏离。设计产品彰显数学数字与几何形体的叠加，其实是审美身份失落的一种价值表现。美学的价值理性缺场导致设计美学单项度发展势头。因此，设计产品在刻意书写文化与哲学标志的同时，必将失去形式本身的身份优势。艺术产品的设计，其实就在于形式优势身份的科学灌注。一次设计行为就是一次"形式事件"。之所以称为"形式事件"，意在强调设计的艺术图景性、真实性与目的性。所以艺术设计是一种形式冲动后的感觉新组合、意象新配置和关系新优化，最后达到"形式陌生化"的身份效果。

形式身份的优势灌注一方面要依赖科学技术，另一方面更要依靠本土的与民族的文脉信息。因此，发掘本土的文脉中最新鲜的文化性血液是艺术设计身份认同的基础。艺术产品越是本土的就越是世界的（本土的个性价值正是他域文化所没有而被接受的），世界化的过程就是本土化的过程。当代中西艺术设计中的生态设计与人性设计要获得各自产品身份认同要走的路还很长，其关键要寻求中西文脉在设计中的审美意识的共通点。艺术设计的最高诉求当在于产品诗性诉求，中西艺术设计的诗性最高表现当是审美意识，艺术设计不过是审美意识的表达与再现。艺术设计中的审美意识表现诗性文脉的一般特质是哲学性、崇高性和审美性。在这一点上，中西设计是共通的。设计的形式符号与意义深度的哲学关系是一种文化意义上的解读与阐释。因为哲学是文化的最高抽象与精练。设计的宗教性表现为一种产品在情感上为人们栖息找到适应与寄托，而设计的审美性是产品设计与环境、与人的一种心理上的适应，这种审美诉求是产品获得形式质的必然要求。其次中西艺术设计中的审美意识表现在诗性的典型特征：文化性。设计是"文化的肌肤"，它使得设计物的真实性、物的审美性与物的功用性，同文化的符号性、文化的实用性与文化的理想性获得了一致。比如中国传统设计在文化阐释上集中体现了一种形式主义与功利主义的传达，道家重自然，追形式；儒家重理性，求功利。中西诗性的艺术性在设计中的诉求表现为对产品的形式、形态在审美意识上的"非物质化"与"开放性"。"非物质化"、语言性、感觉的组合都是艺术设计走向艺术化的表现；"开放性"是在产品与使用者的交流与对话中产生的一种异质文脉的身份碰撞。艺术设计要找到在审美意识上的共通点，势必要寻找到主体文脉的共通点。主体理性是设计之"理"的支撑，而"文脉"是设计之"理"的生命。从本体论意义上说，主体的人性、人文性、文化性构成了主体设计的三大文脉。因此，艺术设计就是主体文脉的合理展开。

西方人把人性构成作几何式划分，即分为知、意、情（或为原欲、情感、智性）。人性文脉的核心元素也是"知"、"情"、"意"。其中"意"为意欲、原欲、本能的需要；"情"是原欲的表现；"知"为智，是在"欲"与"情"上的理性。其中，原欲是人性最原始的构成元素（如同叔本华的"意志"或尼采的"强力意志"）。人类的集体无意识冲动在于原欲，设计从本质上说，就是人类生存的设计，这种生存的最本质欲求就源于人性的原欲。情感是原欲在大脑"神经空间"上盛开的一朵花儿，欲动总是伴随着情动。所以，情感是设计的第二元素。如果说"原欲"是第一元素，即设计的最小"经验元"，那么，设计活动的心理情感直接促使"经验元"成为活动事实。设计在情感适宜、适用与适合上满足了人类情感的需要。智是神经活动的维护者和守护者。智性在意识系统中是一个完整的有机体，它在平衡、整合、展开过程中担负人性自然展开的使命。知、情、意是人性不可分割的基本元素，是艺术设计的文脉展开的基元。

其一，设计是人躯体感官向外的展开。人的躯体感官有运动觉、视听觉、肤触觉等多种感觉，艺术设计不过是感觉器官的向外展开。运动觉在设计中的展开，如交通工具是人类步行速度有限性的展开，挖掘机是弥补人类手臂有限性的空白。所以，设计中的运动觉产品在人机工程学上首先要考虑到设计的运动觉的适应性。视听觉在设计中的展开，如影视设计等视觉传达设计，它是为符号视听觉需要的活动。"三月不知肉味"就是听觉满足的体验，也就是音乐产品设计的诉求；"丑货双重滞销"是视觉传达设计发生障碍的生动表现。肤触觉在设计中的展开，如空调设计，制冷设备设计对肤觉的刺激，空调外表的平整光滑的触觉又是和肤觉是相辅相成的。

其二，设计是主体人的生存活动方式。设计与人性是"同形同构"的，主体人性的生存，即生存的各种关系的展开。因此产品设计就是人与产品的关系，产品与自然的关系，产品与环境关系的设计。这三大关系恰是人性关系的展开，即人与人的关系，人与自然的关系，人与社会的关系。20 世纪西方设计有三大诉求：一是"形式为功能服务"；二是"形式服从销售"；三是"形式追随激情"。"功能"直接满足人性的需求。"销售"利益是产品价值资本的追求，过分膨胀会导致对自然、环境的过分侵略与剥削。"激情"是人性的回归与区分，它是文化资本的膨胀，情感个性的欲求。因此，产品设计与主体人的生存关系展开是相关联的。主体人的生存关系展开是主体心理个性结构的多极性的表现，它是产品形态多样性的动因。心理个性的单纯性是产品形态多元性的基础，心理结构的完整性是产品形态完美性的保障。因为，生存的自觉性是设计自觉性的原因，艺术的设计是生存自觉活动的表现，主体人总是自觉按照"美的规律"去设计自我与设计世界的。

其三，设计的指标是类的指标。设计的指标就是人的生存指标和历史社会的指标，它必然会指向美的指标。设计的指标具有指向性，一方面，它指引人类艺术设计朝向类的方向前进；另一方面，美的指标不是绝对化，艺术设计的精神追求或审美追求既要尊重它，又要保护它。生活现实与实践是艺术设计的真正教科书。美的指标蕴藏在生活中，如历史上的设计史与设计理论是设计的"丰碑"，它们都是美的指标的历史资源。因此，美的指向性设计有将来与历史两种态度。对历史要敬重、要反思；对未来要尊重、要保护。一切设计是为了人性的需要：本能需要、情感需要与知性需要。人文性是一种诗意文脉的关怀，体现了和谐设计、节制设计、艺术设计、民主设计的特点。设计关怀、人机和谐、环境和谐、使用和谐、结构和谐；设计关怀、资源节约、形式节制、精神和艺术化以及普遍设计、大众设计、民主设计，它们都是人文性设计的表现。文化性是设计的文脉特质。设计是对文化的解读与阐释，"文化"是设计的灵魂，"文化"在设计中往往通过形式表现，所以说"文化是设计的肌肤"。

后现代设计中的艺术化设计追求就是一种主体文脉回的觉悟。后现代设计体现一种个性化、多元化、非物质感的文化诉求，这三大诉求与当下的虚无主义时代的精神文脉是相关联的。设计中追求个性化是主体个性失落与崩溃的反证。在现代主体的异常与丧失中，设计恰恰为其整合与弥补。因为设计从本质上说，它是人的设计，更是生存的设计。设计中的多元风格诉求是主体个性化演化出来的另一种反证。个性别无他择：走向多元。这是既有国别个性，又有民族个性；而多元性是其必然的生存态。现代设计中的立场焦虑与派别之争也是设计多元性的显现。传播媒介从物质走向非物质，从产品本身走向非物质的服务。从物质享受走向享受精神，设计中的非物质感追求是信息时代的产物，也是现代科学与人性撕裂的诉求。从资本角度看，设计的艺术形式身份与文脉当是外在商品，这种形式可以称为文化资本，它与产品的商业资本构成产品的两大资本。商业资本更多表现为内容资本,文化资本则表现为形式资本。形式资本具有自律性,而内容资本具有他律性。这是因为形式资本是无形资本,具有主体文脉性,是一种精神自律性的东西。而社会大众消费内容资本时,必然要求艺术设计的功能性(产品的易用性具有的价值属性)。因此,艺术设计必然是审美自律与社会他律的"双赢",也就是艺术设计必然是科学身份与主体文脉的共生。

科学身份与主体文脉在形式的抽象中获得生存,形式的抽象是艺术设计的审美诉求。抽象从质料形式中施加审美新质,超越原质料形式,剥离形式本身,而达到艺术形式的审美存在。产品的"形象"与设计的"意象"在艺术设计的各种媒介与方法的作用下,达到一种适度的"距离美",这种距离美表现为:合理、适度、理想。合理是产品设计结构的科学性与用途的普适性;适度是产品设计存在的环境、资源、形式相对应的节约性、有限性、再生性;理想是产品在艺术性、科学性、市场性、文化性上达到预期的一个标尺。可见,产品的审美自律本身也包含了产品的社会他律,也就是说,艺术设计是主体的科学设计。

在艺术设计中,审美自律人性文脉展开性强,那么,产品在社会他律身份上则弱。反之,社会他律性强,审美自律性则弱。审美自律在孤立主义上犯的毛病,恰恰与社会他律在边缘主义上的毛病一致。因为自律走向形式的自由,而没有内容的他律约束,形而上的形式或没有质的形式会使产品追随形式主义的尾巴。反之,它会崇尚"机器美学"的实用主义。现代艺术设计中的"消费"型产品,就是审美自律走向资本他律的表现。"消费型"设计是一种"快餐型"设计,其诉求的往往是形式身份快感。消费主体向往一种审美体验,体验从各种"小资"、"模拟"、"拼凑"、"克隆"等形式身份的中获得精神快感。但产品本身的工具理性位居次要位置,产品美学理性的过度泛滥,也同样是设计价值目标的缺失。其实质是主体文化失落的表现,主体性的失落直接导致文化身份的丧失。中国文化身份的丧失在设计中的典型表现:盲从与媚外,而恰恰这些设计风格又迎合无为与虚妄的主体精神满足,"诗意生存"设计假象背后是主体虚妄的真实。因此,审美自律成了社会他律的谎言,艺术设计躲进了美学虚无主义王国,科学与主体相互歧视又必然走向对话的真实。

当下艺术设计中的虚无主义从根本上说是艺术设计身份的失落与文脉的虚无,也是功能主义的工具理性与样式主义的价值理性单向度发展的危机。西方美学在现代发展中的一个很重要方向是实现学科的应用化,将基础理论学科在应用理论形态(实用主义美学)和应用实践产品形态(应用美学)两个层面上进行拓展。这种拓展面临两个问题:一是艺术,是强调"美"的内涵,重美学的价值理性;二是科学,强调实用与效用,重工具理性。价值理性与工具理性如何统一的问题是当代设计的重大"问题",纯为美设计就会陷入孤立主义,为功能设计势必导致边缘主义。而应用美学应有的实践品质能保证艺术与科学的审美自律与审美他律的统一,也就是保证了艺术设计中的价值理性与工具理性双向度的发展。而恰恰我们的美学在当代又"非常缺场",导致设计美学发展模式单一。

随着社会的发展,尤其是后工业设计时代的今天,人类的审美设计意识系统发生了深刻危机与转型,审美设计意识语言的运行出现了种种新的"变异",它实际上是审美设计意识语言运行与创造过程中"贫乏和困惑"的新表征。如何寻求设计艺术语言的发展道路?寻求一种既与艺术自然生命相同,又属于人性文脉整体的设计,超越西方设计中心主义,在文脉的多元共存中保持身份意识,这也正是设计艺术的可行策略。

第九节 哲学《红楼梦》的空间符号

《红楼梦》近乎是一部包裹在形式符号空间中的哲学文本,它在哲学性、物质性(以工艺符号为代表)与隐喻性三个"空间性"上实现了互相阐发、互相呼应与互相补充。作品的空间符号叙事策略不仅反映作者高超的技巧,彰显出空间叙事的非线性、非连续性与多维性的优势,还提升小说伟大的文学思想与深邃的哲学理念,并能再现封建贵族家庭现实生活的无比奢侈与糜烂的情景,深刻揭露金陵贵族名门贾、史、王、薛四大家族面临的深刻危机以及走向衰亡的历史命运。

公元前4世纪,柏拉图的《对话录》开启文学与哲学的"对话",巴尔扎克的《人间喜剧》引入"哲学研究"的先例……"文以载道"一直是我国文学的优秀传统。可见,文学与哲学的天然盟友关系由来已久。

《红楼梦》近乎是一部包裹在语言符号形式中的哲学文本。如果将《红楼梦》文本放在今天的时代背景下反观,我们必将有更为直观的符号认知。现代空间是困扰当代社会发展的范式，也是困扰人类最后的哲学范式，它也因此成为哲学非此不可的关怀对象。自现代社会以来，"从欧几里德那里传下来的'空间是连续的均质化'的概念完全崩溃了，代之以一种新的空间概念：空间是非连续的，空间像无数星罗棋布的点一样，超出了我们人类的知觉尺度"。[①] 然而，现代人占有的空间比任何一个历史时期都要广袤，但失去的空间也比任何一个历史时期都要广阔，诸如空间生态、环境恶化、伦理危机等一系列空间问题接踵而至。面对空间问题，哲学思考担当起时代的文化先锋。如近年来登陆中国的国外"空间"哲学文本有大卫·哈维的"辩证乌托邦"之《希望的空间》（2006，美国）、阿瑞安·穆斯特迪的"视觉城市"之《城市空间规划设计》（2007，西班牙）、巴什拉的"空间现象学"之《空间的诗学》（法国，2009）、莫斯可的"数字哲学"之《数字化崇拜：迷思、权力与赛博空间》（加拿大，2010）、格利高里与厄里的"时空社会学"之《社会关系与空间结构》（2011，英国）、阿西莫夫的"科幻空间"之《新疆域——关于生命、地球、空间和宇宙的更多的新发现》（2012，美国），等等，空间观念俨然成为全球关注与焦虑的哲学范式。由此观之，哲学是时代文化与发展的精神武器，这与文学的历史价值与美学价值是同理的。从这一点看，《红楼梦》的哲学符号文本分析是可能的，因为它也是在它所处时代的空间性反思的文本形式。

刚刚面世的《未来10年中国学科发展战略：空间科学》（2012，中国科学院）也在告诉我们，空间是未来不可或缺的研究领域，人们对空间科学的立场关涉是人类生存、生命质量及地球未来等题域。现代以来的空间已经困扰哲学家的思维，也牵累文学人的神经。法国当代著名哲学家米歇尔·福柯（Michel Foucault，1926 – 1984）在《不同的空间》中坦言"当今时代也许是一个空间的时代"，同时他认为："今天人们焦虑不安地关注空间——这很重要，它毫无疑问地超过了对时间的关注。时间也许只显示为空间中延绵的诸要素分布的诸多可能的游戏之一。"[②] 20世纪德国著名哲学家马丁·海德格尔（Martin Heidegger，1889 – 1976）崇尚的空

[①] ［法］马克·第亚尼：《非物质社会——后工业世界的设计、文化与技术》，滕守尧译，四川出版集团·四川人民出版社2005年版，第173页。

[②] ［法］福柯等：《激进的美学锋芒》，周宪译，中国人民大学出版社2003年版，第21页，该文最初刊载《建筑、运动、连续性杂志》1984年第5卷。

间:"诗意的栖居",反对"技术的栖居"。① 哲学领域中的空间叙事,以迅雷不及掩耳之势拓展到任何一个可能达到的时代空间。20世纪哲学对空间的异常关注在文学上产生重大的影响,现代小说空间形式研究者约瑟夫·弗兰克(1945,美国)首先提出"小说空间形式"理论。他认为,小说的"空间形式"是"与造型艺术里所出现的发展相对应的"。② 实际上,小说首先是时间艺术,但"时间也许只显示为空间中延绵的诸要素分布的诸多可能的游戏之一",可见空间形式是小说叙事的重要依托场域。20世纪法国著名的文学评论家、理论家及小说家布朗肖《文学空间》(2003,法国)是小说叙事空间中的力作。近年来,中国也有一些学者开始关注文学空间的叙事研究,如肖庆华的《都市空间与文学空间——多丽丝·莱辛小说研究》(2008,中国辞书出版社)、谢纳的《空间生产与文化表征——空间转向视阈中的文学研究》(2010,人民出版社)、蒋翃遐的《戴维·洛奇校园小说的空间化叙事研究》(2012,中国社会科学出版社),等等。

　　文学的突破离不开先进哲学的指导。先进哲学能给予文学叙事的灵魂,甚至包括小说的形式。究其原因,哲学与文学在解读社会的宗旨是一致的,只不过哲学是通过抽象的逻辑思维认识世界,文学是通过形象的语言形式反映社会生活。从这个意义上分析,我们视《红楼梦》为文学形式的哲学文本一点也不为过。《红楼梦》所描述的四大家族的空间环境离我们已经久远,但透过作品清晰看出作品所处时代空间中的哲学思想。

　　从哲学空间分析,文学的空间符号叙事关涉自身政治伦理的再现或批评策略。《红楼梦》的空间叙事蕴含许多政治批评的哲学任务和批评系统。在这个系统中,建筑符号空间是最为有力的空间叙事对象之一。因为,建筑从来就是"木头的画卷"、"混凝土的诗篇"和"凝固的音乐",建筑空间是社会意识与文化思想最为集中的符号空间。特别是中国的章回体小说,它与非连续性空间叙事策略有天然的亲缘关系。小说作品就是建立一个物质世界以及这个世界背后的精神空间,离开物质空间建构的文学作品,包括语言本身,如同失去砖石木头的建筑一样子虚乌有。《红楼梦》之"红楼"本就是一个富家闺阁空间,作品的题目无疑在诠释建筑

---

① 刘小枫:《人类困境中的审美精神》,知识出版社1994年版,第561页。
② [美]约瑟夫·弗兰克等:《现代小说中的空间形式》,秦林芳译,北京大学出版社1991年版,第1页。

符号空间是文本的一个重要叙事对象。

《红楼梦》的空间哲学阐明了四大家族的时代环境与悲剧空间诞生的必然,小说文本架构是以符号"楼"为核心空间意象展开叙事的,小说中"楼"的符号意象俯拾皆是:"蟾光如有意先上玉人楼"(《第一回》)、"一望里面厅殿楼阁,也还都峥嵘轩峻"(《第二回》)、"红粉朱楼"(《第五回》)、"说话之间,已来到了天香楼的后门"(《第十一回》)、"朱楼画栋"(《第十七回》)、"崇阁巍峨层楼高起,面面琳宫合抱"(《第十七回》)、"工细楼台"(《第四十二回》)、"翡翠楼边悬玉镜"(《第四十八回》),等等。《红楼梦》的悲剧又恰恰在这样的"雕梁画栋"之楼中发生,仙台琼楼并不是作者赞许的空间,而是作者着意颠覆的空间。比如蘅芜苑的"冷"以及怡红院与潇湘馆的"香",它无疑是一个具有哲学空间意味的叙事对象。可见,《红楼梦》的空间叙事的哲理性在于体现了时代精神特质,这与"哲学是时代精神的精华"是同理的。

大观园抑或是一种符号,它是我国清代园林建筑的代表,《红楼梦》空间叙述首要的是以贾府等庭院为媒介符号,而庭院内外最突出的就是园林建筑,它构成了丰富的小说空间符号意象结构。"天上人间诸景备"的大观园空间符号叙事,是文本抽象空间符号叙事的影像,也是这个空间叙事任务在审美空间上的折射。比如荣禧堂的对联曰:"座上珠玑昭日月,堂前黼黻焕烟霞。"这样的奢靡空间是小说着意刻画的抽象空间的表象,也是作者政治空间批评的符号对象。从本质上说,建筑,人居也,它是文化以及个性的延伸,甚或是制度的产物。我国古代崇尚"高台"与"夸饰",《国语·楚语》曾记载,大夫伍举批评楚国灵王修建章华台"土木之崇高、彤楼为美"的思想,这里"崇高",即建筑之"雄伟","彤楼",即建筑采用丹漆髹绘和雕刻花纹之夸饰。《红楼梦》第三回写道:"正门之上有一匾,匾上大书'敕造宁国府'五个大字。黛玉想道:这必是外祖之长房了,想着又往西行不多远照样也是三间大门,方是荣国府了……林黛玉扶着婆子的手,进了垂花门两边是抄手游廊,当中是穿堂当地放着一个紫檀架子大理石的大插屏,转过插屏小小的三间厅后,就是后面的正房大院,正面五间上房皆"雕梁画栋",两边穿山游廊厢房挂着各色鹦鹉画眉等鸟雀。"这里的"雕梁画栋"是典型的封建社会建筑空间的艺术特色,空间内自然也是"雕梁画栋"的生活,更是空间内人物性格与旨趣的延伸。空间环境最能体现空间中的生活哲学,荣国府的腐朽与糜烂生活在这样的叙事中得到展示。"雕梁画栋"是我国封建帝王建筑中最为常见的风格,如在汉代,据《汉书·外戚传》曰:"其中庭彤硃,而殿上髤漆。"《后汉书·应劭》曰:"尚书郎奏事明光殿省中,皆胡粉涂壁,其边以丹漆也。"同书《梁统列传》曰:"柱壁雕镂,加以铜漆,窗牖皆有绮疏青琐,图以云气仙灵。"在《红楼梦》中多有这样的描述,如"宝玉……但见珠帘绣幕"画栋雕檐",说不尽那光摇朱户,金铺地雪照琼窗玉作宫。"(《第五回》)这些史料足以证明帝王建筑之夸饰,《红楼梦》的建筑符号空间是封建社会一脉相承的文化空间,是那个时代腐朽文化思想的空间延伸,也是那个时代的文化制度的文本再现。

《红楼梦》的空间世界以大观园为依托,以空间布局中的物质符号,抑或工艺器物为隐喻,构成了丰富的小说物质空间的意象。在这样的空间意象中,"空间常常是作为打断时间流的'描述'"。[①] 因为小说空间符号叙事维度上的器物是静止的,器物作为人的亲缘之物而存在,它离人最近,也是最有感情的器物。器物的物质性保证了叙事时间的非连续性,也诞生空间的广阔性,所以小说空间叙事中的物质性器物是通向精神生活的隐喻性空间对象,它能帮助作家深入到主人公思想的最为幽深之处。

器物符号向来就是权力与情感的寄托物。譬如青铜器成为权力的象征,这不是它本身固有的,器物原初意义上都是为实用诞生的。但在使用过程中,人们总是希望通过器物本身寄托情感与思想。《红楼梦》近乎是一个"器物世界",有玩器、素白银器、金漆、茶器、酒饭器、漆器、瓷器、法器、安插器、乐器、俗器、画器、铜鼎器、木器,等等。这些器物符号如漆器就是贵族的器物,抑或权力的符号。因此,作为符号的器物是小说空间叙事中必不可少的,它既是生活的器物,也是文化的符号。一个国家或时代,有健康的器物,就有健康的文化。而纤弱的贵族工艺就是纤弱的贵族生活与文化的反映。汉唐以来,明清是我国工艺发展的鼎盛时期,并继续沿着贵族化发展道路。贵族工艺成为《红楼梦》的一个重要叙事向度,它不仅是小说对四大家族生活富庶与奢侈之叙事需要,也贵族生活中不可或缺之物。在《红楼梦》作品中,四大家族的生活食具、娱乐庆典用品、祭祀法器、家具陈设、日用车马、屏风挂毯、书房用具、庭

---

① [美]苏珊·斯坦福·弗里德曼:《空间诗学与阿兰达蒂·洛伊的〈微物之神〉》,参见 James Phelan J. Rabi·now itz 主编《当代叙事理论指南》,申丹等译,北京大学出版社 2007 年版,第 205 页。

院处所等，处处皆见贵族工艺之器的身影。这里枚举几例漆器为证：第三回记："于是老嬷嬷引黛玉进东房门来。……两边设一对梅花式洋漆小几。左边几上列有文王鼎、匙箸、香盒；右边几上陈设汝窑美人觚，觚内插着时鲜花卉，并茗碗、痰盒等物。地下面西一溜四张椅上，都搭着银红撒花椅搭"，这里的"鼎"、"匙箸"、"香盒"、"觚"、"茗碗"、"痰盒"、"银红撒花椅搭"等或是漆器，或是瓷器，但"梅花式洋漆小几"当确是一件精美漆器。"洋漆"，又称"泥金"。明代时，由东洋日本传入，即用金粉和大漆调和后涂绘于漆器上的一种装饰技艺，故得名"洋漆"。清雍正、乾隆年间是洋漆生产鼎盛期，清宫廷内"造办处"就设有"洋漆作"，专门生产洋漆器。第四十回记："右边洋漆架上悬着一个白玉比目磬，旁边挂着小锤。""这里凤姐儿已带着人摆设整齐……每一榻前有两张雕漆几，也有海棠式的，也有梅花式的，也有荷叶式的，也有葵花式的，也有方的，也有圆的，其式不一。"第五十三回记："榻之上一头又设一个极轻巧洋漆描金小几，几上放着茶吊、茶碗、漱盂、洋巾之类，又有一个眼镜匣子。"第六十二回记："宝玉正欲走时，只见袭人走来，手内捧着一个小连环洋漆茶盘，里面放着两种新茶"，"目前所知清宫中的茶几，有黑漆描金海棠式、描金彩漆方胜形、填彩彩云龙双环式、黑漆嵌螺钿花蝶小几等多种。"可见，四大家族贵族器物品类多样，精美绝伦，共同构成荣国府或大观园纤弱的生活环境，生活器具是小说生活环境的重要叙事对象，因为物质符号是精神文化最为集中的体现，《红楼梦》物质世界的器物符号足以显示贵族的富庶与对贵族漆艺的崇尚的审美情趣，无疑为小说的主旨与情节的发展提供叙事策略与物象凭借。

空间的器物符号本来就是与心体联系的器物，器物的符号与社会文化深度的结合是《红楼梦》空间叙事的哲学依据。比如第十七回描述："原来四面皆是雕空玲珑木板……皆是名手雕镂，五彩镶金嵌宝的。"第三十七回记："贾母喜得忙问：……一面说，一面又看见柱上挂的黑漆嵌蚌的对子"。第四十一回记："两边大梁上，挂着一对联三聚五玻璃芙蓉彩穗灯。……这荷叶乃是錾珐琅的"，这里的"五彩镶金嵌宝"、"黑漆嵌蚌"、"錾珐琅"等漆艺都是"镶嵌"艺术，它是漆艺之古老技法。在西周时期就有螺钿镶嵌漆器，唐宋时期的螺钿与金银镶嵌十分流行，发展到明清时期，螺钿等镶嵌技艺日臻完美，成为清代贵族工艺之最高水平的代表。在装饰上，黄金与螺钿的美学符号属性成就了漆艺的贵族性，也满足了贵族的奢侈与炫耀,《红楼梦》的漆艺叙事向度最能展示与彰显文本的环境特征与人物身份。再如第二十六回记:"只见小小一张填漆床上,悬着大红销金撒花帐子。"第四十一回:"只见妙玉亲自拣了一个海棠花式雕漆填金云龙献寿的小茶盘,里面放一个成窑五彩泥金小盖钟,捧与贾母。"此处的"填漆床"与"雕漆填金云龙献寿的小茶盘"是漆艺中的精品。"填漆"是我国古代常见的髹漆工艺品,即堆刻后填彩,磨出花纹。《髹饰录·坤集·填嵌》记载,填漆有"磨显"与"镂嵌"两种做法。如现藏故宫博物院的大清乾隆年间的"填漆戗金菱凤盒",就是一种填漆戗金式漆艺品,极为富丽堂皇。第五十三回记:"地下两面相对十二张雕漆椅上","这边贾母花厅之上……又有小洋漆茶盘,内放着旧窑茶杯并十锦小茶吊,里面泡着上等名茶。一色皆是紫檀透雕,嵌着大红纱透绣花卉并草字诗词的璎珞。"这里的"雕漆椅"、"紫檀透雕"等皆为"雕漆",它又称"剔红"、"剔彩"、"堆朱"等名目,是典型的宫廷漆器。在清代,由于乾隆十分厚爱雕漆,所以北京雕漆出现空前繁荣的局面。第四十回也记:"未至池前,只见几个婆子手里都捧着一色捏丝戗金五彩大盒子走来。""戗金五彩大盒"是一件名贵漆器。戗金,一名"镂金",在日本称"沉金",即在推光漆或罩漆完成的漆器上用针或雕刀刻出线条或细点进行纹饰,在刻痕内填金漆的一种技法。这些漆器工艺成为《红楼梦》物质叙事的重要向度,它是反映四大家族纤弱物质生活的"温度计"与精神世界的"风向标"——一种文化与心体的符号。

从空间"隐喻"层面看,《红楼梦》的空间符号叙事的隐喻性是明显的。"隐喻"一词源自希腊语"metaphora",该词由词根"meta"(超越)与"phora"(pherein)(传达)构成。"超越与传达"是一套特殊的语言文本修辞。"隐喻性"是小说空间叙事中最为深沉的意义"超越"形态,它亟待走向"传达"。"隐喻"的形成需要两个基本条件,即物质向度与哲学向度,前者是形式向度,后者是意蕴向度。隐喻向度是小说批评视野中的必要因素,小说文本中的物质客体与精神客体是互证的,并非是隔绝的。小说空间向度的文本价值在于揭示物质显像之后的抽象,即小说叙事的抽象空间向度,在本质上,它是一种隐喻性空间符号形态。

其一,线索结构的隐喻性。用"喻"传"隐"是"隐喻性"的根本特征。小说结构安排通常在文本叙事中通过暗示性完成,而暗示性线索必然借助空间叙事的隐喻话语权实施。《红楼梦》成书于1784年(清乾隆四十九年),以金陵贵族名门贾、史、王、薛四大家族由鼎盛走向衰亡的历史为暗线,展现了封建社会终将走向灭亡的必然趋势,而金陵贵族的鼎盛与漆艺的鼎盛同出一辙。《红楼梦》之工艺叙事向度,深刻反映了我国封建社会在走向没落前的内在机制与危机。作品中漆彩流光、富丽堂皇的漆物装饰几乎达到中国漆艺之顶峰,然而在这个漆物鼎盛的背后,它如同金陵贵族名门贾、史、王、薛四大家族一样,已经向人们昭示其鼎盛已然开始走向衰亡的历史命运。所以说,《红楼梦》所刻画的清代康熙、雍正、乾隆时代的社会生活图景,在所谓的"乾隆盛世"之背后,实则暗藏封建王朝鼎盛背后的诸多复杂矛盾与危机,这与清代国家重视工艺发展景象不谋而合,华文千彩的工艺淋漓尽致折射出权贵腐朽没落之象。

其二,批评话语的隐喻性。"喻"的基本参量是相似、想象与转换。小说文本的话语批评不同于杂文或哲学,暗示性隐喻向度是小说空间叙事所青睐的,即通过想象,把具有相似性的精神形态的东西转换成文本符号形式。《红楼梦》批评话语之隐喻性参量,即通过想象的空间叙事,把物质世界所体现的与四大家族一致性的精神世界转换成文本符号。对经历家庭变故的曹雪芹来说,他对糜烂腐朽的贵族宫廷生活深恶痛绝,诸如工艺就是这糜烂生活的隐喻物之一。清代工艺是典型的贵族漆艺,其特点是雕刻满眼、堆砌繁缛与精美绝伦,工艺别出心裁的雕镂与髹饰使清代漆艺风格变革成为可能。贵族工艺浸透贵族的体温与性情,也是《红楼梦》所要揭露的封建王朝走向没落的时代标志。对此,自然也成为作者批评的对象,因为贵族的工艺是纤弱的。正如看似鼎盛的清代中期社会一样,在雍正与乾隆年间的清代社会的繁荣,也正好是清代漆艺发展的黄金时期。根据中国第一历史档案馆收藏的《清内务府养心殿造办处各作成做活计清档》记载:"雍正元年十月二十六日,奏事郎中双全交描金龙漆皮捧盒大小四十个……奉旨:此架还好,不必换。黑堆漆匣做法、花纹亦甚好,着留样,嗣后若做漆水匣子等件有用此做法的俱照此做。钦此。""雍正十三年……传旨:漆水不好,着造办处另漆,改做黑漆里画洋金菠萝。钦此"。这说明帝王对漆艺消费审美情趣与奢侈,不搜刮地方,还亲自管理并仿制漆艺。在烦琐拘敛、满眼雕刻与精湛镂饰的漆艺世界里标志着封建王朝没落时期的"回光返照"。也正是在这个意义上,工艺成为《红楼梦》叙事的一种可靠的隐喻性物质批评对象与策略,从而为《红楼梦》文本意象增添阐释的合理性与合法性。

其三，贵族意识形态的隐喻性。海德格尔在欣赏希腊神庙时有一段精彩的叙述："一座希腊神庙，他单朴地置身于巨石满布的岩石中。这个建筑作品包含着神的形象，并在这种隐蔽状态中，通过敞开圆柱式门厅让神的形象进入神圣的领域。贯通这座神庙，神在神庙中现身在场。神的这种现身在场是自身中对一个神圣领域的扩展和勾勒。在这些道路和关联中，诞生和死亡，灾祸与福祉，胜利与耻辱，忍耐与堕落——从人类存在那里获得了人类命运的形态。"[①] "希腊神庙"与"神的形象"的整体勾勒，从而"在那里获得了人类命运的形态"，这就是隐喻的神奇魅力。在《红楼梦》作品中，四大家族的生活食具、娱乐庆典用品、祭祀法器、家具陈设、日用车马、屏风挂毯、书房用具、庭院处所……处处皆见工艺身影，居住空间被物质符号填满。文学是生活的集中反映，现实工艺"贵族风"生活世界与《红楼梦》四大家族的生活世界及其对地方工艺的管理是同构的。如清代除官办漆器生产以外，地方漆器生产也是贵族们的漆器消费的一个来源。地方漆器每年按献贡送抵朝廷，如扬州进贡的漆器大小件品类繁多，"在扬州进贡的各种漆器中，尤以镶嵌漆器最为著名，特别是运用珠宝镶嵌工艺制作的百宝嵌漆器，深受朝廷喜欢。"[②] 清代的漆器装饰风格是在"国家化"意识形态中走来的，这种"豪华的、华丽的、绚烂的器物"带有几份"官气"生活风格，它的特点是国家直接支配工匠以及生产资料，以生产奢侈品为主。这种生产制度下的漆器生产是不计成本的，也是不考虑手工业者的剩余劳动。清代皇家御用品均由宫廷造办处督造，据《大清会典事例》（卷一一七三）载："原定造办处预备工作，以成造内廷交造什件。其各'作'有油木作所属之雕作、漆作、刻字作、旋作。"这里的"漆作"是清代造办处下设一作，承做宫廷漆器。雍正初期，雍正皇帝主要是委托怡亲王负责办理漆器制作的有关事项，从皇帝亲自督促造办处添置漆器品来看，漆器的"贵族风"与《红楼梦》描写的四大家族糜烂生活方式与物质享受是同构的，漆器风格几乎成为四大家族富贵的象征。清代漆器重绮丽雕饰与"错彩镂金"之美正好迎合了贵族的物质生活需要。《红楼梦》文本中描写的绮丽、雕饰之风大盛，也正是贵族以及封建社会国家意识形态在文艺上的直接表现。

---

① 孙周兴：《海德格尔选集》（上），上海译文出版社1996年版，第253页。
② 参见何松《集玉文化之大成的经典名著——〈红楼梦〉中的玉文化诠释（三）》，《中国矿业报》2006年7月1日第B07版。

哲学性及其物质性与隐喻性构成《红楼梦》空间符号叙事的"三位一体"。其中，物质（工艺）空间构成不仅是《红楼梦》敞开的现实世界，还是封建社会精神世界的客观反映。文本典型环境中典型器物符号不仅为小说描写环境与点染气氛增添文本的叙事力度，还达到了文本批评的哲学思想力度及其深刻性。《红楼梦》正是利用物质空间符号叙事展示小说时间上的文化隐喻层面，也正是利用隐喻空间符号叙事来达到小说时间上的文本结构的完整性与故事进程的丰富性，以至于为小说叙事在时空维度上达到文学的哲学高度。为此，《红楼梦》的物质空间符号叙事已然上升到文本哲学意义层面，在物质符号叙事向度以及文本隐喻批评策略之中完成小说的特定哲学主旨。

第十节　情感符号作为课堂教学的 IRs

情感是心体符号的核心要素。尽管人们认为课堂教学过程融会了非理性的情感因素，但在学科意义上，揭示其内在关联性研究成果只限于教育学或教育心理学范围。一直到 20 世纪中后期，情感现象在认知科学、美学、计算机科学、社会学等多个领域俨然成为活跃的学术话题，也或隐或现地成为学校教育的一部分。那么，被纳入课堂教学的情感在何种程度上是教育理性的？课堂教学师生互动仪式是以学生个体为中心，还是以集体情境为原点？在参与中的共同关注/集体情感连带又是如何影响记忆及其认知的呢？课堂教学旨归是暂时情感还是长远的社会"情感能量"？这些问题依然是颇受学界关注的前沿题域。随着涂尔干、戈夫曼等微观社会学研究的逐步推进，美国社会学家兰德尔·柯林斯提出并阐释一种"激进的微观社会学"，即"互动仪式链"（IRs）理论，它给出了一个如何分析情感视野中的课堂教学的新模型。

就理论渊源而言，"情感"范式有过漫长的辩论与发展历史。在中国，"美善相乐"是先秦审美价值取向之一，即"情"合于"道"。《礼记·乐记》曰："乐者，通伦理者也。"[1] 说明，乐者是合于道德伦理的情感愉悦。在西方早期，"情感"未曾被柏拉图或康德看好，他们或用理

---

[1]（清）孙系旦：《礼记集解》全三册，中华书局 1989 年版，第 982 页。

性，或用概念去压制"情感"在人性中的作用。比如，柏拉图（Plato，约前427至前347年）在《斐多》篇中认为，感情与欲望是人灵魂的一匹黑马。一直到逻辑实证主义时代的人格教育仍被压倒于理性之中。直至20世纪，"情感论"才成为主情主义美学的核心范式被重新提出，或主张艺术是抒情的表现（克罗齐与科林伍德），或认为"使情成体"是媒介与情感的融合（鲍姆桑葵），或认为"生命冲动"是情绪性的心理体验（帕格森），或主张心物是同构对应（阿恩海姆与考夫卡），或认为情感是美学应当注意的最"边缘地区"（弗洛伊德与荣格），或主张艺术是情感的形象符号（卡西尔与苏珊·朗格）。活跃的情感论研究豁然呈现出一个新趋势：情感由内而外成为一种符号形态，内化的符号是外在仪式的一种情感力量。

在社会学领域，"情感"也是一个颇具学术潜力的题域。弗洛伊德（Freud, 1856-1939）等研究发现，人的潜在意识情感与其历史遗传发展存在某种平行关系，他在《图腾与禁忌》中援引[1]歌德《浮士德》中一句名诗来表示："将由你父亲传下来的东西，变成你自己的一部分。"涂尔干（Emile Durkheim, 1858-1917）、戈夫曼（Erving Goffman, 1922-1982）逐渐将"潜在"的情感仪式分析延伸到"功能"的仪式领域。当代美国著名社会学家兰德尔·柯林斯（Randall Collins）提出并阐释出一种"激进的微观社会学"理论，即"互动仪式链"。[2] 该理论（以下简称"IRs"）的核心机制是：在互为主体性关注中，个体与群体之间产生情感连带，参与者体验到群体团结的一种成员身份，使个体在代表群体的符号中产生情感能量，并伴随维护群体的正义感而尊重群体，防止受到违背者的侵害。对此，柯林斯（2009）指出："互动仪式给出了一个如何分析社会实践活动的模型，无论我们在哪里看到的这些实践活动，无论是新的或是旧的。它对具体观察这些过程是必要的。"IRs理论对于课堂教学的启发是：教学所依赖的主体互动仪式是以"情感"为中心展开的，IRs理论能为课堂教学提供研究与实践的模型与证据。

IRs理论被引入课堂教学的假说至少存在三种可能，这主要导源于IRs理论与课堂教学之间具有可交叉的共享地带：一是教学的主体间性，

---

[1] ［奥］弗洛伊德：《图腾与禁忌》，文良文化译，中央编译出版社2005年版，第169页。
[2] ［美］兰德尔·柯林斯：《互动仪式链》，林聚任、王鹏等译，商务印书馆2009年版，第87页。

或说教师的主导性与学生的主体性可以同时被纳入 IRs 理论的"情境论"之中，即互动仪式之"情境"非以个体（教师或学生）为出发点，这能解决长期以来的教师主导性与学生主体性的矛盾纷争；二是教学过程可视为一种微观的互动仪式，师生的仪式性身体被纳入了相互关注与情感连带及其知识接受之中，这在实践上印证了 IRs 中的互为主体性的情感动力；三是课堂教学最终目标是培养学生社会性的"情感能量"，抑或说"发展的情感能量"，这是课堂教学的终极价值诉求。因此，IRs 理论与课堂教学在"情感"区域存在"对话"的共享空间。

实现 IRs 理论走向课堂教学的应用性研究，也是新时期课堂教学面临的挑战而选择的。利奥塔（Jean－Francois Lyotard，1924－1998）指出："（在后现代）对传递确定的知识而言，教师并不比存储网络更有能力；对想象新的招数或新的游戏而言，教师也并不比跨学科集体更有能力。"[①]网络教学在互动、对话中实现了知识的快速传播。知识可以翻译成计算机数据，教学由机器可以完成，教师与课本及其地位受到挑战，抑或说新传媒远距离教学正在"敲响了教师时代的丧钟"。毋庸置疑，没有身体参与的"慕课"（MOOC）或远程在线课堂在何种程度上具有合理性和合法性，它至少在 IRs 的身体参与、互为主体性、群体情境及情感能量的优势下需要重新考量。抑或说，课堂教学的优势在于能够通过身体的参与，在互动仪式中获得互为主体性的情感能量。

古罗马诗人贺拉斯（Quintus Horatius Flaccus，前 65 年至 8 年）认为，教学是一种"寓教于乐"的活动。在 IRs 看来，这种教学活动就是一种互动仪式。教学仪式离不开"情感"，但将"情感"整合到教学仪式也经历了长时期争辩历程。柯林斯（2009）指出，历史上最早关于仪式的社会学思考是由中国思想家做出的，比如孔子及其追随者强调礼仪表现对社会秩序至关重要。对于教学而言，孔子的"教学相长"理论揭示出教与学的互动仪式中的辩证关系。"知之者不如好知者，好之者不如乐之者"[②]也是儒家的情感教育理念，它与斯宾塞（Herbert Spencer，1820－1903）的"快乐原则"有同工异曲之妙。建构主义学习理论认为，学习过程是一个双向建构的过程，学习要以学生为中心，学生是教学的主体。人本主

---

① ［法］让－弗朗索瓦·利奥塔:《后现代状态：关于知识的报告》，牛權山译，南京大学出版社 2011 年版，第 164 页。

② （清）刘宝楠、（清）皮锡瑞:《论语正义》，上海古籍出版社 1993 年版，第 85 页。

义学习心理理论的重要代表罗杰斯（Carl R. Rogers，1902 – 1987）也主张"以学习者为中心"的情感教育，重视情感在教学中的作用。科尔伯格（Kohlberg，1927 – 1978）主张情感教育是实现道德发展的基本途径。那么，何谓"情感教育"？美国当代教学专家查尔斯·M. 赖格卢斯（Charles M. Reigeluth）在《教学设计的理论与模型》第2卷中援引比恩（Beane）的观点："'情感教育'指的是面向个人社会发展、情绪、感情、道德、伦理等方面的教育。"[①] 可见，"情感教学"包含伦理与价值等多重要素。不过，赖格卢斯（2011）在该书还援引了多人论及教育情感"问题"："比尔斯（Bills）在1976年就谈及，情感的定义十分含混和散乱，而且情感的测量也非常困难，因而，除非我们更好地理解情感到底是什么，否则教师在课堂上是难以有效地应付情感问题的。马丁（Martin）和布里格斯（Briggs）在1986年得出同样的结论。他们列出了21项与情感有关的术语，其中包括自我概念、心理健康、团体动力学、人格发展、道德、态度、价值观、自我发展、感受和动机等。1990年，比恩（Beane）阐述了同样观点：能够确定情感在课程中地位的明确和一致的理论或者框架的发展，一直非常缓慢……首先，在如何界定情感的问题上还存在许多分歧，因而导致情感应当在课程中处于什么地位的问题上众说纷纭……尽管如此，目前这一领域中存在的混乱现象还是需要我们做出努力的，因为，我们在学校中做的任何事情都与情感有关。"课堂教学中的"情感"争辩在IRs理论中得到一定程度的缓解，至少在"情境"、"身体"、"仪式"等维度上调和了以上分歧。

首先，在IRs理论框架下，课堂教学的核心前提是"情境"，非以个体为出发点。这种理念改变了人本主义以"学生"为中心的教育观，也消解了教师与学生的主体性争论。柯林斯在《互动仪式链》（2009）中提出："微观社会学解释的核心不是个体而是情境。"因此，他（2009）说："互动仪式（IR）和互动仪式链理论首先是关于情境的理论。"换言之，IRs理论不是以个体为出发点，而是以情感为出发点。当然，如柯林斯（2009）所言："这并不是说，个体不存在……我的分析策略，是以情境动力学为起点；由此我们可以得出我们想要知道的个体几乎一切方面，都

---

① ［美］查尔斯·M. 赖格卢斯：《教学设计的理论与模型：教学理论的新范式》第2卷，裴新宁、郑太年、赵健主译，教育科学出版社2011年版，第596页。

是在不同情境中变动的结果。"那么,"情境"与"个体"之间的关系如何呢？柯林斯在《互动仪式链》(2009)中强调："个体是以往互动情境的积淀,又是每一新情境的组成成分,是一种成分,而不是决定要素,因为情境是一种自然形成非产物。情境不仅仅是个体加入进来的结果,亦不仅仅是个体的组合。"一个班级单位的课堂教学就是一个互动情境结合体,抑或是一个"瞬间际遇"。在这中间只有主体间的"互动",它如同一场足球赛事,只强调个体无法实现整体的力量。微观个体是宏观集体的有机构成,他们互为主体性。一个学生个体的情境可能在一个班级或整个其他情境中蔓延,直至制约与影响知识的传播。正如苏联心理学家维果茨基(Lev Vygotsky,1896 – 1934)指出："只有通过学生的感情才能传播知识,其他一切都是僵死的知识,扼杀了对活的世界的各种理解。"① 因此,课堂教学不单以获得知识为 IR 利益,还是为了获得情感及其连带的"情境收益"。

其次,"身体"在课堂 IR 中的重要性不言而喻。20 世纪以来,"身体"作为一个范式备受福柯、梅洛 – 庞蒂、西蒙娜·波伏瓦、维特根斯坦、威廉·詹姆斯、约翰·杜威、舒斯特曼等哲学家的关注,他们试图阐释身体在我们仪式经验中的功能及其身体的自我意识,并捍卫身体在体验与认知中的功能作用。理查德·舒斯特曼(Richard Shusterman)在《身体意识与身体美学》中坦言："充满灵性的身体是我们感性欣赏(感觉)和创造性自我提升的场所……'身体'这个术语所表达的是一种充满生命和情感、感觉灵敏的身体,而不是一个缺乏生命和感觉的、单纯的物质性肉体。"② 对于情感认知而言,仪式中的"身体"及其意识的参与是至关重要的。柯林斯(2009)指出："仪式本质上是一种身体经历的过程。"当人们的身体聚集到一个地点(课堂),仪式(课堂教学)就开始了它的"相互关注/情感连带"过程。比如远程在线教学的效果远逊色于学校课堂教学,是因为后者有仪式性的身体参与体验与认知。柯林斯在《互动仪式链》中用曲棍球锦标赛(2002)胜利时的身体摞堆、苏联与美国在德国会师(1945)用身体接触庆祝胜利等案例分析了仪式性身体接触在 IR 中的重要性。在教学中,师生的仪式性身体"对话"成为一种"情感

---

① [俄]列夫·谢苗诺维奇·维果茨基：《教育心理学》,龚浩然等译,浙江教育出版社2003年版,第172页。

② [美]舒斯特曼：《身体意识与身体美学》,程相占译,商务印书馆2011年版,第11页。

连带"。一个眼神的碰撞、欢庆的掌声、一次拥抱、满堂笑语……都是身体的情感交流与体验。课堂上的谈话离不开共享的掌声与笑声,它们都是课堂集体中互相关注与情感连带的延伸体。掌声是身体有节奏的分行诗歌,它把赞誉与认可传递给对方。柯林斯说(2009):"笑声是由身体通过有节奏地重复呼吸爆发而产生的。"同时,笑声也是互动仪式的符号。柯林斯(2009)这样指出:"对于群体成员而言,代表这些互动的符号拥有令人愉悦的内涵,这有利于使它们成为受维护的神圣物,也可以提醒人们在未来的际遇中再次建立群体互动。"从神经心理学看,掌声与笑声是身体行为对情感反应的神经施加影响后改变了血液的内部运动的形式,从而引起人们情绪变化符号,从而建构形成被体验到的仪式情境。也如舒斯特曼(2011)所言:"集中感受某人的身体,意味着将之置于其周围背景的最显著位置上;在某种程度上必须这样感受,才能构建那种被体验到的背景。"另外,黑板、幻灯片、粉笔也是课堂教学的一部分,它们也因此成为仪式性的身体媒介,抑或为教师情感的连带与身体的延伸。比如,从复杂丰富的思想到简练精要的板书,粉笔扮演了教师思想直观延伸的仪式物,学生的情感刺激与它们有着某种联系。维果茨基(2003)所言极是:"情感事实上是反应的某种系统,同某些刺激物存在着反射上的联系。"这种反射上的情感联系只能发生于有身体接触的课堂。

最后,情境中的"仪式"是 IRs 理论另一出发点。教育总是在互动仪式中进行,比如升国旗仪式、成人礼仪式、一次演讲、庆典活动等。因此,"仪式"表现为一种规范化、程序化和制度化的行为模式。其中,课堂教学是一种最为常见的互动仪式,而且仪式中的情感教育是与教学密切相关的课程认知策略的重要一环,它也是一个具有想象力的教师技术素养的表现载体。课堂互动仪式的首要特征是主体的相互关注。"关注"的动机是以"主体间性"为特征。所谓"主体间性"是指主体的"他者"性。因此,关注是主体间性的体现。同时,高度的关注是学习兴趣的起点(如导语),也是对话的火花(如提问与讨论),更是记忆的契机(如练习与复习),因为它能相互唤醒学生的神经系统及其机制运动。柯林斯(2009)指出:"互动仪式理论的核心机制是,高度的相互关注,即高度的互为主体性,跟高度的情感连带——通过身体的协调一致、相互激起/唤起参加者的神经系统——结合在一起。"可见,情感连带是主体间性的深入体验与关注的过程与结果,也是获得身份认同的基础。情感连带目的在于培养学生群体身份感,即群体团结的一种成员身份的感觉,这有益于个体在仪式中获得情感能量,即个体在代表群体的符号中产生情感能量。

另外,教学作为情感的"仪式",课堂互动仪式的基本类型有正式仪式与非正式仪式。正式仪式一般是在教师主导下有计划、分层序进行,如课堂提问、练习与讨论等;非正式仪式一般以小组或同桌的同学自由交流与讨论。在课堂教学的 IR 中,教师不仅是"习明纳尔"式的主导者,也是"互动仪式链"的监控者。实际上,教师容易陷入被关注的焦点而成为课堂教学互动疲劳的不利情感连带者。此时"消极互动"或"对抗性互动"极易产生,如果不能正确发挥教师"互动仪式"的作用,那么,课堂教学则可能成为一种失败的仪式。当然,课堂教学仪式的水平也取决于学生主体。比如科尔伯格经典的"海因茨偷药的故事"暗示儿童的道德水平有前习俗水平、习俗水平和后习俗水平。为此,在课堂教学仪式中,教与学的仪式需要教师精心的设计与监控,根据不同的习俗水平确定教学仪式的计划与内容。

科学研究表明,情感在课堂教学仪式中能够维系心理功能与神经机制的双重作用。一方面,情感可以把学生引向一个"关注焦点";另一方面,情感又将教学过程中对认知大脑作用下的连带与非连带要素进行整合,从而使情绪大脑发挥理性推理与判断知识的作用。比如通常情况下,课堂上引人入胜的故事叙说要比枯燥干瘪的讲解更能让学生容易接纳,愉快的课堂教学要比严肃沉闷的情境有效果。认知神经科学研究者让被试学习包含中性物体和负性物体的两类图片,研究结果显示被试对负性图片(如手榴弹)比中性图片(如气压计)能更加准确地加以判断与记忆。"对比"教学法容易让学生记住"负性物体",是基于对比的"关注"能唤醒情绪大脑的记忆意识。因为,被心理学家称为"情绪记忆"的特点在于情绪能唤醒或增强记忆的效果。比如人们对 2001 年的美国"9·11"恐怖袭击事件与 2008 年的汶川大地震的记忆。柯林斯在《互动仪式链》(2009)中也指出:"互动仪式的核心是一个过程,在该过程中参与者发展出共同的关注焦点,并彼此相应感受到对方身体的微观节奏与情感。……仪式是通过多种要素的组合建构起来的,它们形成了不同的强度,并产生了团结、符号体系和个体情感能量等仪式结果。"因此,课堂教学的设计通常是基于"身体的微观节奏与情感",是学生的心理功能与神经机制的两个维度上的 IRs 的设计。

在教育心理视角，"相互关注"是"情感"的心理功能所发挥的作用，相互关注的情境设计是课堂互动教学设计的核心。达尔文指出，人类以群居的方式进化，其中情绪具有优化人们互动方式的进化价值。[①] 课堂教学往往要创设新奇的彼此感应的"焦点"，从而激发情绪脑与认知脑的互动连带作用。维果茨基（2003）在《教育心理学》中援引古希腊名句"哲学始于奇"进而指出："激动和关注应成为任何教育工作的出发点。"为此，柯林斯（2009）指出，互动仪式（IR）有四种主要的组成或起始条件：（1）两个或两个以上的人聚集在同一场所，因此不管他们是否会特别有意识地关注对方，都能通过其身体在场而相互影响；（2）对局外人设定界限，因此参与者知道谁在参加，而谁被排除在外；（3）人们将其注意力在共同的对象或活动上，并通过相互传达该关注焦点，而彼此知道了关注的焦点；（4）人们分享共同的情绪或情感体验。由此观之，作为互动仪式的课堂教学，"身体在场"是互相关注的前提，所谓"身体在场"，指的是学生必须全身心投入当学活动之中。有了"身体在场"还不够，学生要意识到自己是活动中的主体，即是互动仪式中的人。实际上，在课堂教学里，根本不存在"局外人"，除非教师设定了局外人的界限或学生将自己认定为局外人。为此，教师在课堂上讲授的目标必须专注于一个相对集中的对象，否则学生的注意力就会偏移，让自己感觉到自己是"局外人"。在教学互动仪式中，师生"相互传达该关注，而彼此知道了关注的焦点"，这样才能"分享共同的情绪或情感体验"。"相互关注"是维护课堂 IR 的基础，在参与中获得信念、态度与情感，在体验中获取道德、精神与价值。"相互关注"是（定向或定式）注意的一种形式。对于许多教育学家而言，任何教育首先是注意与激励的教育。维果茨基（2003）在《教育心理学》中援引心理学家的名言说："由于注意，世界被感知时好像是一首诗。"它带来的结果正如柯林斯（2009）指出的那样，参与者能在 IRs 中体验：（1）群体团结，一种成员身份的感觉。（2）个体的情感量：一种采取行动的自信、兴高采烈、有力量、满腔热忱与主动进取的感觉。（3）代表群体的符号：标志或其他的代表物（形象化图标、

---

① ［英］达尔文：《人类和动物的表情》，周邦立译，科学出版社1958年版，第211—214页。

文字、姿势），使成员感到自己与集体相关；这些是涂尔干说的"神圣物"。充满集体团结的人格外尊重符号，并会捍卫符号以免其受到局外人的轻视，甚至内部成员的背弃。（4）道德感：维护群体中的正义感，尊重群体符号，防止受到违背者的侵害。与此相伴的是由于背弃了群体团结及其符号标志所带来的道德罪恶或不得体的感觉。在这些体验的结果中，群体身份是一种团结的记忆以及区分个体的标志，情感量是个体的心理积极力量，群体符号仪式的"信物"，道德感是维护群体的伦理与价值判断的符号。因此，这些体验有助于形成成熟的心理机能。

在神经认知科学视角，"情感连带"的建构能发挥学生认知大脑在推理、识别与记忆上的"优选权"。脑神经科学研究表明，大脑中多个脑区的协同工作是主体的推理、识别与记忆的特征；同时，情感（或情绪）对推理、识别与记忆具有明显影响。换言之，"情感连带"参与并制约推理、识别与记忆等全部认知过程。苏联生理学家巴甫洛夫用动物作为被试研究认为，学习过程即暂时神经联系的建立。在神经生理学意义上的"情感连带"，表现为神经/情感连带或条件反射。俗语"一朝被蛇咬，十年怕井绳"也显示：情绪对记忆的影响。脑神经生理科学实验研究表明：动物和人类的内侧颞叶（MTL，主要包括海马、内嗅皮质和嗅缘皮质）和前额叶（PFC）是学习—记忆的主要神经结构。[1] 20世纪90年代，神经科学家安东尼奥·R.达马西奥（Antonio Damasio）以中风、肿瘤或脑部遭受重击以致额叶皮层部分功能受损的病例研究表明：眼窝前额叶皮层（简称额皮层）专司情绪判断控制，额皮层损伤的病人情绪则会发生波动或削减。"皱眉头"一词道出了情绪波动于额皮层的关系。"眶额皮层眶额皮层（orbital prefrontal cortex，OFC）位于前额皮层（prefrontal cortex）的基底部，外侧眶额皮层腹内侧前额皮层与眼眶上部的颅骨毗邻，包括位于中间内侧的腹内侧前额皮层（ventromedial prefrontal cortex，VmPFC）和外侧的外侧眶额皮层（Lateral—orbital prefrontal cortex）。眶额皮层主要接受来自颞叶联络皮层的多模态感知信息，以及杏仁核、下丘脑和基底神经节边缘部的输入，是情绪信息的高级整合中心。"[2] 可见，脑神经认

---

[1] 转引自 Simons, J. S. and Spiers, H. J., Prefrontal and medial temporal lobe interactions in long-term memory. Nat Rev Neurosci, 2003 (4): 637-648。

[2] 蔡厚德：《生物心理学：认知神经科学的视角》，上海教育出版社2010年版，第222页。

知科学的研究表明,"情感连带"能有效提高记忆神经在信息整合中的作用。

总之,"相互关注/情感连带"是课堂教学在发挥学生心理功能与神经机制上的优势资源配置与设计。"相互关注"归因感性认知,"情感连带"走向理性认知。前者是对外部事物的直观感知,后者是主体内部状态的逻辑建构。因此,"相互关注"是"情感连带"的基础与条件,"情感连带"表现出大脑认知神经多区域的协同工作。

人本主义心理学家罗杰斯认为,教师授课不能撇开情感而不顾,知与情的结合才是有效的教学。在 IRs 理论视野下,课堂教学目的在于培养学生的情感,但很明显,柯林斯的互动情感论不同于罗杰斯的普通情感(喜、怒、好、恶等)论。换言之,互动仪式中的情感不是普通的情感,而是一种培养长期稳定的"情感能量",即社会情感。

就教育过程而言,课堂教学的"情感能量"是一个矫正向量,也是一个预防或发展的向量。英国学者彼得·L. F. 郎(Peter L. F. Lang)在《情感教育的国际视野》中援引理查德·杨(Richard Young)的观点:"最近,咨询者用发展的、预防的和治疗的术语来区别学校指导和咨询方案的目标。实际上,咨询者的工作重点一直在治疗方面。然而,这些方案潜在的理论依据是一种发展的观点。"[①] 据此,P. 郎将情感教育的模型分为反映(矫正)、前摄(预防)、发展(提高)三种,反映(矫正)模型主要针对"为在教育上遇到个人与社会性质的困难的学生提供帮助和个别指导",前摄(预防)主要针对"为帮助学生有效地处理共同面临的个人、社会以及教育方面的困难而设计的个别指导与计划/活动",发展(提高)主要针对"为提高学生的社会发展和个人成就而设计的个别指导、计划与课程"。

根据赖格卢斯在《教学设计的理论与模型》中的阐释,情感教育有"情感导向的教育"、"作为过程的情感发展"、"情感发展教育"等多种形式。赖格卢斯(2011)进一步阐释说:"'情感导向的教育'明确表示,教育事关一个人的成长,因此教育必须和情感有关,情感导向的教育不可能是另外的东西,它也不能够从课程的其他方面中割裂出来(Beane,

---

① [英] P. 郎:《情感教育的国际视野》,《华东师范大学学报》(教育科学版)1995 年第 3 期,第 27 页。

1990)。'作为过程的情感发展',指的是符合个体和社会最大利益的个体成长或内心改变。而'作为最终结果的情感发展'则指的是上述过程的结果:一个适应良好的或者情感得到发展的人(Education for Affective Develop – meilt: A Guidebook Oil Programines and Practice,1992)。'情感发展教育'指的是一个审慎地干预学生发展过程,它可能将情感作为特定的学科领域(比如英语或者政治)的一部分,也可能将情感整合到课程中去,或者作为一门独立的学程来实现情感发展的过程或结果。"据此,"情感教育"可以分为情感导向教育(AOE)、情感过程教育(APE)与情感发展教育(ADE)。就教学绩效而言,课堂教学的"情感能量"的培养指向是情感导向能量(AO 能量)、情感过程能量(AP 能量)与情感发展能量(AD 能量)。首先,在 IRs 教学中,AO 能量发生在集体情境之中,即在动态的互动中以教师为主导的 AOE 与学生在互动学习中形成的 AOE 共同发挥作用。其次,在 IRs 的教学过程中,"体验式"的 APE 能为知识转化为实践提供情感动力源,发展成为 AP 能量。20 世纪 70 年代,美国心理学家弗拉维尔(Flavell)在《认知发展》中认为,"元认知"是学习的基础策略。"元认知"与 IRs 理论的情感体验有一定关联,前者是对已有认知过程和结果的认知,包括元认知知识、体验与监控;后者是在互动参与中的情感体验。换句话说,元认知体验是对自己的体验,IR 体验是与他者的体验。比如在教学中,学生(a)掌握学习知识而产生愉快的轻松情感,反之会产生焦虑或压抑情绪,再比如学生(b)在全班知识互动学习中获得成就感,体验到自我在集体中的身份感。学生(a)属于元认知情感体验,而学生(b)则属于 IR 情感体验,也暗示元认知体验与 IR 体验在"情感体验"上有共同区间。根据 IRs 理论,情感能量的获得与另外一个人情感能量的丧失是相互联系在一起的,即"胜利者关注目标,失败者关注胜利者。"对于教学而言,主张"情感"在互动仪式中的核心地位,实际是否定教学是认知建构的过程,教学也不是通过灌输其意识使共享的情感和主体间的关注洗刷个体的过程。最后,在 IR 的教学中,"情感能量"ADE 的一种形式,它能培养学生对社会核心价值观的认同,"情感能量"是最终实现"立德树人"的保障。在柯林斯(2009)看来,"仪式能创造文化符号。"美学家苏珊·朗格(S. K. Langer,1895 – 1982)在《情感与形式》中指出,"要对情感进行处理而没有或多或少的固定符号是难以做到的。"① 在柯林斯看来,"情感"是互动仪式的核心要素和结果,在 IR 过程中,情感能量是一个类似于心理学中的"驱动力",它表现为一定的社会性特征与 AD 能量。柯林斯(2009)指出,"互动仪式中成功建立起情感协调的结果就是产生了团结感。作为 IR 要素的情感是短暂的;然而产生出的结果则是长期的情感,一种对此时聚集起来的群体的依恋感。"因此,一堂课的教学情感或许是短暂的,但对受教育者在教学仪式中产生的群体感却是长期的。

正如柯林斯(2009)所指出的,"道德团结感产生了利他主义与爱的具体行动;但也具有消极的一面。"比如,对不尊重团体感的受教育者而言,"忠诚的群体成员会感到震惊与愤慨",因此,这些人受到的"不公正待遇"或"迫害"成为一种可能。换言之,IRs 理论下的"情感教育"也存在一定的潜在风险。

在 IRs 框架下讨论情感与课堂教学问题,显然,课堂教学被设定为一种仪式。在人类学那里,"仪式"是一个秩序感、神圣性与崇高感很强的概念。因此,"教育仪式"概念要比"教育活动"更具社会性与伦理性。换言之,课堂教学作为社会实践活动的存在更具它独有的社会意义与价值,它不仅将学生作为准社会成员考察,还至少具有以下三个可以信赖的独特价值:

第一,课堂教学的出发点是情境,而非个体。团结和谐的集体情境有利于个体的全面发展,也有利于学生的全面发展的社会延展。同时,"情境化"课堂教学理念能有效地消解师生主体性的长期争论。研究表明,有身体参与的课堂教学是有效仪式诞生的前提,集体的情境是产生具有正义的、团结的符号文化的关键,特别是"情境"在个体的发展效价上的能量远比远程教学占有优势。

第二,课堂教学设计基于"相互关注/情感连带",能较好地发挥情感教育在心理功能(认知脑)与神经机制(情绪脑)的双重作用,从而有效提高课堂教学效果。在讨论中,我们借鉴了国内外认知神经科学研究的成果,引入社会学经典 IRs 理论的框架结构,从而能阐述出被我们信赖的基于"相互关注/情感连带"的课堂设计的合理性与合法性,也能看到

---

① [美]苏珊朗格:《情感与形式》,刘大基等译,中国社会科学出版社 1986 年版,第 441—449 页。

IRs框架下的课堂情感教学的有用性与有效性。

第三，课堂教学价值指归为"情感能量"，既能使个体产生反应的（矫正）能量与前摄的（预防）能量，又能产生发展的（提高）能量，从而生成长远的社会意义上的情感能量。如上所述，基于IRs框架下的课堂教学既是一个过程性活动，也是一种微观化仪式。因此，课堂教学的IRs过程和结果是最具有社会性的发展能量。

基于IRs框架下的课堂教学模式的探究引领我们迈向更为广阔的社会学维度，也昭示微观教育行为与宏观社会行为具有共享的被人信赖的互动区间。这意味着，教学是一种社会仪式，教育目的是通过个体在互动仪式中形成具有发展前途的社会化情感能量，从而最终为社会发展提供能融入社会的有用人才。

第六章 结语：现代性与心体符号

现代性作为现代人的心体结构及其意义呈现，在工具、文化与精神维度上不约而同地被设定在时间的感性变量上作跨越式发展。在工具层面，现代性工具从"物本身"的自恋跨越发展至"物感"之设计；在文化层面，现代性文化从"工具性"的诉求中跨越至"审美性"之偏向；在精神层面，现代性精神从"科学性"的批判转向"人本性"之追求。可见，现代性这个概念自始至终关涉"物感"、"审美性"、"人本性"等心体结构层面上最为普遍的文化范畴。尽管这一范畴在更广泛意义上被应用于现代社会的诸多领域，但作为艺术或审美意义上的心体结构及其感性符号呈现是一以贯之的。因为，"物感"、"审美性"、"人本性"这些感性范畴总是关涉"心性"或"心体"的内在性语境。换句话说，"心体"应当也必然成为考察现代性的一个重要切入点。

现代性作为心体结构的呈现领域是广阔的，诸如政治、经济、文化、社会等诸多层面均被"现代性"浸染。就审美文化现代性而言，偏向于语言符号的研究始终是现代性哲学研究的一个重要题域。或者说，现代社会以来的语言学转向研究一直成为哲学研究的聚焦点。"语言学转向"[①]不仅是用来标识西方传统哲学向西方20世纪现代哲学迈进的一个标志性范畴，还是20世纪科学主义与人文主义两大主流哲学派系的共同特征与

[①] 语言学转向的重要特征是把"语言"作为美学研究的核心对象，这种研究可分为两种基本类型：一是"以科学为本"的语言学转向，这类转向如维特根斯坦等人的分析哲学和美学研究，他们把语言作为表达思想和意图的根本工具和手段，对传统形而上学的哲学和美学予以语言的分析和批判。二是"以人为本"的语言学转向，这类转向如胡塞尔的现象学和海德格尔的存在主义把语言作为人的基本存在方式，随后的伽达默尔的解释学也强调理解的语言性。同时，在索绪尔《普通语言学教程》的影响下，俄国形式主义、结构主义把语言学转向推向深入。俄国形式主义和布拉格学派的诗学把传统修辞学和现代语言学的方法运用于美学研究，提出文学语言与实用语言的区别。结构主义美学则在索绪尔的语言/言语、能指/所指、共时/历时等二元对立的语言结构基础上建构结构主义美学原则，并在雅各布森、列维-施特劳斯、巴尔特等人推动下形成了一套几近完美的现代美学体系。

演进偏向。这表明,审美现代性是文化现代性的一种重要关节点。然而,审美与语言一直以来成为哲学家们关心的话题。早在克罗齐那里,他就提出了美学和语言学相统一的问题。他甚至直言道:"人们所孜孜寻求的语言的科学,普通语言学,就它的内容可以转化为哲学而言,其实就是美学。任何人研究普通语言学,或哲学的语言学,也就是研究美学问题;研究美学问题,也就是研究普通语言学。"① 克罗齐之后,对美学研究的语言学转向有较大影响的人物很多。如符号学家卡西尔和苏姗·朗格、存在主义者海德格尔、分析哲学家维特根斯坦、语言哲学家巴赫金、后现代思想家福柯和德里达、解释学美学家伽达默尔,等等。20世纪以来,对美学研究的语言学转向实质是将传统的美学机械论物本身研究转向人本身研究,或将作为心体的"审美意识"纳入审美现代性或更为广泛的社会领域去探讨,这种研究转向在方法论上突破了传统经院哲学或经院美学的阿喀琉斯之踵。

审美意识是个体成为个体的根本心性。在齐美尔那里,现代性的标志之一就是个体的生成。② 换言之,现代性以"人本身"为核心范畴展开,特别是人的"心体"(审美意识)及其结构是现代性的一个根本发展指向。这就是说,"心体"是把握现代性语境的一个根本性发展向量。自现代社会以来,人的社会精神、人的自由体验、人的艺术审美、人的文化信仰、人的审美意识等都被"现代性"迅速地卷入与传统的"斗争"或"革命"之中。"个体的生成"或人之现代性偏向的主体性欲望在非物质化"审美感性"中得以实现。"心体"成为呈现现代性本质特征的载体,这意味着"心理主义"必然成为现代社会的根本性特质。

那么,如何应付具有心理主义特征的现代性呢? 在维柯看来,命名与表达世界事实应当是"应付现实的一种方法"。维柯认为,符号是被人感知、认识世界事实的结果,也是"强加给世界的他自己的思想形式",它的意义在于"它在那种形式中找到了自己的位置"。对维柯而言,一切符号就是人的心体结构的"诗性智慧"。换言之,心体符号是阐释现代性心体结构及其意义的范畴之一。那么,结构又是什么? 让·皮亚杰认为,结构不仅是一个整体性的概念,还是一个转换性的与自我调节的概念。或者

---

① [意]克罗齐:《美学原理 美学纲要》,外国文学出版社1983年版,第153页。
② 周宪主编:《文化现代性与美学问题》,中国人民大学出版社2010年版,第7页。

说，符号结构是依赖自我感知到的内在自足的规律来结构的。因此，结构主义是在寻觅心体本身的结构或者是把本身没有意义的要素结构成我们需要的符号。结构主义对心体符号的探究在苏联心理学家维果茨基那里得到具体阐释，即维果茨基提出了具有符号意义层面的"内部言语"说。他认为，没有对内部言语的心理实质的正确理解就没有也不可能有在思维与言语关系的全部实际复杂性中分析这些关系的任何可能性。维果茨基意识到"内部言语"的存在性，并看到了内部言语的自我内化与自我生成、语法结构和词汇功能的特点。但在现代性文化层面，卡西尔将"内部言语"拓展到更深层次的文化领域去建构心体"符号。或者说，卡西尔以符号论为中心建构"人"及其文化。在卡西尔看来，在现代社会人作为"符号活动"表现尤为突出。卡西尔的文化哲学理论在库尔特·勒温那里呈现为："现实的为有影响的"。勒温认为，"现实的为有影响的"应当是心理生活空间存在的重要标准。这种有影响的现实，即福西永心目中的"形式的生命"。可见，福西永为维柯、维果茨基、卡西尔等符号学理论过渡到艺术（心体）符号学提供了一种实践的合理性原则，这一原则等同于约翰·迪利发现的维柯式"真实—事实"原则。就现代性而言，迪利符号理论的伟大发现在于：符号已然不只是一个符号学自身的问题，还是一个哲学的问题，更是一个社会性问题。比如被投入到社会洪流中的"审美"符号，几乎迅速地被市场"无限放大"与"彻底解放"，政治美、经济美、文化美、社会美等范畴彼此相互关切地活跃于全球每一个空间领域，而这些被拓展的审美符号走向日常符号的时候，它们的一个重要呈现载体就是真实的"心体"。换言之，在审美现代性里，心体符号或审美符号成为与政治立场、经济利益、文化思想、社会情怀具有数学意义上的情感或文化等价物。

在现代性视野下，心体符号必然遵循情感逻辑（理性逻辑）、具有审美功能（认识）与人文精神（科学精神），其要旨在于表现内心世界（非科学自然）与思想，并以情造文（以理造文）、义在言外（义在言内）的感性认识的手段完善（理性认识的完善）语言形态（非普通语言或非科学语言）。[①] 但问题难度在于：心体符号语言是一个不能完全证实，但又不能完全证伪的心体符号形态。或者说，心理符号语言是不可见的，又能

---

① 骆小所：《艺术语言再探索》，云南人民出版社2001年版，第17页。

如何符号化？这是我们研究的一个难点。心理符号语言是情感的体验系统，语言是理智的符号系统。如何将内在的体验系统符号化为外在的理智系统？这些问题涉及三个重要的也是所有人文科学必须要回答的议题。第一，论题的合法性是什么？第二，论证方法如何进行？第三，论题如何存在？总体而言，心理语言学、艺术语言学与现代美学原理等现代学术研究成果以及近现代以来的"心体符号"理论纲领就是本论题理论上的合法性依据。

在现代性语境下，实指与虚指界限变得十分模糊。实际上，人文科学里的许多概念并非实指，或只能是虚指。实指概念在自然科学是可以证实的，不能证实的就是伪证，而人文科学里的虚指概念其实既不能证实，也不能证伪。因为，我们看不到它，但绝不能否认它的存在。内符号或心体符号是虚指，我们不能追问它在实指范畴内的存在，它的存在只能在心理上，诸如意象、意识等都是心体语言存在的形态。比如审美意识语言是稳定的、稳固的、系统的内符号系统，它是艺术家"想要说的话"，也是内在"能量结构体"或"准语言"形态。如果内部艺术语言不能存在，那么，艺术语言就失去了它的依据。洪堡指出："语言不属于逻辑学而属于心理学"。另外，作为心理语言形态的"心体符号"，它的研究理论支撑点或生长点主要得益于桂诗春的《心理语言学》、朱曼殊的《心理语言学》与苏联心理学家维果茨基的《思维与语言》。这些语言学理论研究显示：心理语言是存在的，并有自己的一套心理规则与语法。克罗齐也指出："语言的哲学就是艺术的哲学。"骆小所的《艺术语言学》、《艺术语言再探索》等研究证明：艺术心理语言是存在的，有一套心理哲学发生机制与规律。李健夫的《美学的反思与辩证》、《现代美学原理》等一再告诫：内部艺术语言存在是事实。内部艺术语言就是内部审美意识语言，并明确指出，审美意识语言系统分为内部审美意识语言与外化艺术审美意识语言。在心理语言学、艺术语言学、内部语言学等研究先驱与成果的直接启示与引领下，心体符号研究是可能的，我们没有理由说符号与心体之间是说不清的。

在阐释中，本书得出以下新观点、新思想与新方法：心体符号或内部语言是语言学研究的一个独立分支对象。心体符号或内部语言是语言创造与表现的内在"能量结构体"，即是创作者"想要说的话"，它是存于心理世界的一种独特的"准语言"形态。心体符号不仅有自己的发生（模式、机理），建构（维度、机制），运行（方式、特征和使命）等语言活动性操作规律，还有自己的基本单位（意象），结构类型（单一结构与多元复合结构），修辞与语法、能指与所指等一套语言建构性操作修辞特征。另外，在研究思维方法上，本书有以下四方面的建设：

第一，从语言文本研究转向言语生成分析，较之于语言文本句法分析，意识生成分析能为言语行为寻找到心理发生源泉与机能。

第二，从外部语言研究转向内部言语建构性分析，选定意象内化为其理论的突破口，以探索内部语言的转换机制，为内部审美意识生发、内部审美意象建构与内部审美意识稳固找到合法依据。

第三，从传统的言语思维研究转向意识言语运行分析，洞悉语言行为与意识运行的关系，以探究内部语言在意识活动基础上的思维反应，为内部语言的营构策略与意指系统找到合理运行机制。

第四，从传统因素分解法研究转向科学整体方法研究，为维护意识系统整体研究提供整体分析方法。

这里需要补充说明的是，本书借用了自然科学以及普通语言学中的许多概念，这实质上是一种研究方法的基础性创新。学术创新离不开基础，这个"基础"就是前人长期实践和研究经验的总结，只有坚实可靠的专业知识基础，才能在此基础上有所创造、有所发展。心理语言学、艺术语言学、普通语言学、美学就是本论著的研究基础。学科交际性研究是学科边缘性、交叉性的运用，也是拓展各自学科发展的有效方法之一。当然，名词概念的借用或挪移并非是统统拿来为我所用，而是经过认真选择与配置。选择的标准是符合考察意识语言的特点、方法与阐释问题的有效性。在方法论上，"名词概念的借用或挪移"，抑或简称"移名"。[①] 学科间的"移名行为"虽然也如同"移民活动"一样会播下"矛盾的种子"，但不可否认，学科边界的开放总是有益的。本书的预期目标在于为语言符号寻

---

① 学术研究之"移名行为"类似于国家之间的"移民活动"。后者旨在国家间"共同发展"，但是其活动的明显特征是"试图攻破其防线"——"体现市场逻辑、国家罗家与人权概念的紧张关系"。因此，"有选择性的开启，且内部决定并不透明"——"加剧了地区发展差距及移民带来的关闭效应"。（参见［法］卡特琳娜·维托尔·德文登《国家边界的开放》，罗定蓉译，社会科学文献出版社 2010 年版，第 3—7 页）相比之下，"移名行为"旨在促进诸学科"共同发展"，并参与各学科之间的建设。同样，那些在"移名行为"活动中，但凡概念的"入境"也被视为"非法者"，尤其是对学科自足性及身份产生某种威胁。不过，20 世纪以来的学术研究表明，"移名行为"是致力于学科研究与发展的有效方式之一。

求心理上的发生依据，探寻语言符号的心理建构与生成规律，揭示艺术创作的心理运行奥秘，指示艺术语言符号的发生、运行与创作方向。在此，要强调的是：问道"心体"是符号心体空间研究的一项重要难题。研究认为，符号的心体空间哲学自古以来就是人类所关注与考察的领域，诸如哲学家、心理学家、美学家以及科学家，他们都不约而同地在"心体"研究领域不断推陈出新，提出解决符号的心体难题路径与方略。

在现代性立场下，随着现代科学的进步以及现代人的虚拟技术的发展与需求，心体符号学的价值越发明显。为此，我们必须明确以下视点：

首先，心体符号学是一门科学，它不是玄学。对于朱子哲学而言，心是体用之全体。为此，心体符号学要解决人类心体空间中的一般运行规律、动力机制与表现原理，特别是阐明心体运行的逻辑修辞与运行语法。随着语言科学、计算机虚拟技术以及新兴传感技术的不断成熟，心体空间符号学研究逐渐会进入人们的视野，心体意象将不再是文学、艺术、哲学的研究议题，它一定会成为科学研究的新宠。实际上，20世纪以来，现象学、阐释学、媒介学等学科已经初现研究心体空间的端倪。不仅如此，计算机虚拟科学更是心体空间研究的新面孔。现代脑神经科学与现代产品的结合研究新成果，也为心体符号学研究提供实验室数据。换言之，心体符号学的研究对指导具体科学具有重大作用，这不仅是哲学的责任，还是科学技术发展的需求。换言之，在现代性语境下，心体符号已经不是一个符号学问题，它已然成为一个社会性担当与发展的问题。

其次，符号的心体论是人的延伸研究。一切科学皆人学。所谓"人的延伸"，是指人的心与体感官向外的展开。20世纪媒介理论家马歇尔·麦克卢汉（Marshall Mcluhan，1911 – 1980）说："电子媒介是中枢神经系统的延伸，其余一切是人体个别器官的延伸。"人的心体感官有运动觉、视听觉、肤触觉等多种心体感觉，设计或符号创造不过是心体器官的向外展开。譬如运动觉在符号设计的最佳例子：交通工具就是人类步行速度有限性的展开；再如挖掘机是弥补人类手臂的有限性设计的。肤触觉在设计中的展开的最佳例子如空调设计，它的制冷设备是对肤觉刺激设计的。因此，可以说，符号心体论目的在于解决"人的延伸"问题。在现代性语境下，"人的延伸"问题是现代的根本。

复次，符号的心体维度是人的一个语言维度。语言维度关涉言语与思维关系。换句话说，符号在心体内部是如何建构、运行与表现的？对于艺术家而言，他们的作品就是心体的图像。比如漆器上髹的图画，就是漆艺家的心电图；对于医生而言，心电图是可以测定的，它是由一组心体生物电构成。或者说，它是由心电描述器从体表引出多种形式的心体电位频率的图形符号。对于信息传感而言，心体信号是由一组被测的数学函数符号转换成模拟电信号构成。可见，在科学领域，心体符号是可测的、可转换的与可感触的。2012年上映的日本动画片《心理测量者》预言未来人类心体是能够数值化的，心体的测量值常被称为"PSYCHO – PASS"（心理指数）。心体中的欲望、情感、审美、意志、动机等都是能系数化的。如"幸福指数"，即心体幸福感的 PSYCHO – PASS。实际上，在现代语境下，作为心理的语言向度是解决现代性内在矛盾的根本。

再次，符号的心体研究与审美时代关联很大。在后现代社会的今天，全球已经步入一个大审美时代。从鲍姆嘉通的美学定义看，美学即"感性科学"。符号的心体研究本质乃是"感性科学"研究。现代科技的进步与发展，美学近乎占据社会各个领域，这是一个奇怪的现象。如美成为产品营销的钥匙，美包裹政治、媒介、外表、信号与数据等。审美化生活成为资本工厂主对员工宣传的噱头，审美成为经济的助推器与政治的吹鼓手，这一切表明这是一个"审美感性时代"。因此，符号的心体研究是现代性的一种呼唤。

最后，符号的心体空间研究，其间包含一种方法论的革新：摒弃传统人文学科的机械论分析论，力图采用整体、科学与美学的分析论。这种方法论的革新理由在于：任何学科的指向最终是人本身，心体是一切学科之源。人类知识大致经历三大历程：神学—科学—人学。神学是人类早期的宗教科学的代表，神学也是心体空间的一种幻象；科学是非神学的方式认知自然与社会，特别是19世纪的细胞学、能量守恒定律与进化论，20世纪的相对论、量子学理论与DNA结构，这些科学成果显示人类的心体空间已在自然界与社会领域无限扩张。20世纪中期伊始，人学，特别是人的心体大脑科学开始走进"显学"位置。从美国第一台"电子数字积分计算机"（1946）问世到第一台"微处理器"（1971）的诞生以来，计算机技术改变了后现代社会人们对客观世界的认识以及人们的生活、生产方式。在信息技术空间里，美，抑或是一种传感信息，它近乎等同于数学的或几何的数值，甚或能准确测量它的物理的或化学的传感信号量。换言之，信息是通过先进的传感技术编织美、释放美与传播美。后现代社会的科学与研究发展显示：人之心体认知、经验、情绪、结构、传感等研究将成为未来现代性领域中的重大议题。总之，"心体论"作为方法论的科学性在于：心与体的双向度统一，在整体的科学考察中探究符号生成、运行与表达机制。符号之"心"侧重内心的情感、意志、意象、性灵等维度的考察。符合之"体"侧重由内心转换出的各种体觉，如感觉、温觉、肤觉、嗅觉、听觉等维度的研究。当然，这里的"体"不是孤立的。随着计算机科学、信息论与传感论的深入研究，特别是心体空间哲学研究将成为未来社会科学研究的重要领域。因为，传感技术日益成为通达计算机与通信的中坚捐客，它在物理、几何、拓扑、生化、艺术等参数设计上，它有智能化、心性化与情感化的心体特征。现代科技与心体的耦合研究出现了稳定的研究对象、研究内容与研究参数及其应用领域，心体空间哲学在未来科学中肯定有自己的合法席位。

从更深层次来说，在未来，人类无论怎样生活，享受审美的生活或有价值的生活必然是主流，"心体"必将成为我们最后的庇护神与栖息地。那么，符号化心体行为应当成为社会人最有价值实践的真实，它也必然成为庇护我们心体的审美活动。随着"审美"日益成为现代性人类的一种高尚追求，我相信："心体符号学"[①] 必将成为一门"显学"。它在引导美学、艺术学、传播学、设计学、语言学、计算机科学等诸学科发展上必将发挥其他学科不可替代的价值与作用。

总之，心体是现代性发展的要义，心体符号学正向我们走来。[②]

[①] "心体符号学"，作为一门独立学科的发现，本书主要基于中国心象论与西方心理语言学的理论的史实，率先提出并简要阐释"心体符号学"的基本理论事实、心理操作规律与内部修辞等内容。"心体符号学"作为一门独立学科的研究与发展，还有待于神经语言科学、心理语言科学、计算机语言学等实验科学的进步与发展，从而为"心体符号学"的理论框架建构提供实证基础。

[②] 本章等部分内容参见拙著《变化的传播偏向》（中国社会科学出版社2014年版），考虑其与心体符号的现代性应用密切相关，故引用之。

参考文献

一　国内文献

（汉）班固：《汉书》，中华书局1964年版。

（汉）司马迁：《史记》，中华书局1973年版。

（南朝·宋）范晔：《后汉书》，中华书局1965年版。

（唐）陆德明：《经典释文》，中华书局1983年版。

（清）阮元：《十三经注疏》，中华书局1980年版。

（清）刘熙载：《艺概》，上海古籍出版社1978年版。

陈莺、陈逸民：《神秘的面具》，百花文艺出版社2005年版。

胡潇：《意识的起源与结构》，中国社会科学院出版社2001年版。

胡玉康、潘天波：《设计的立场》，中国社会科学出版社2012年版。

罗继才：《欧洲心理学史》，华中师范大学出版社2002年版。

李健夫：《现代美学原理》（修订版），中国社会科学出版社2006年版。

李砚祖：《设计之维》，重庆大学出版社2007年版。

骆小所：《艺术语言学》，云南人民出版社1992年版。

李醒尘：《西方美学史教程》，北京大学出版社1997年版。

麻彦坤：《维果茨基与现代西方心理学》，黑龙江人民出版社2005年版。

钱冠连：《美学语言学》，高等教育出版社2004年版。

王远新：《语言理论与语言学方法论》，教育科学出版社2006年版。

徐放鸣：《审美文化新视野》，中国社会科学出版社2008年版。

徐恒醇：《设计符号学》，清华大学出版社2008年版。

余松：《语言的狂欢》，云南人民出版社2000年版。

袁鼎生：《审美生态学》，中国大百科全书出版社2002年版。

叶朗：《中国美学史大纲》，上海人民出版社1985年版。

尤西林：《心体与时间》，人民出版社2009年版。

朱曼殊：《心理语言学》，华东师范大学出版社1990年版。

张法：《20世纪西方美学史》，四川人民出版社2003年版。
周宪：《文化现代性与美学问题》，中国人民大学出版社2010年版。
赵毅衡：《符号学》，南京大学出版社2012年版。

二　国外文献

［法］阿尔贝特·施韦泽：《文化哲学》，陈环泽译，上海人民出版社2008年版。

［法］阿尔弗雷德·格罗塞：《身份认同的困境》，王鲲译，社会科学文献出版社2010年版。

［苏联］阿·尼·列昂捷夫：《活动　意识　个性》，李忻等译，上海译文出版社1980年版。

［法］A. J. 格雷马斯：《论意义》，冯学俊等译，百花文艺出版社2005年版。

［法］A. J. 格雷马斯：《符号学与社会科学》，徐伟民译，百花文艺出版社2009年版。

［英］奥斯汀·哈灵顿：《艺术与社会理论》，周计武等译，南京大学出版社2010年版。

［英］安东尼·吉登斯：《现代性的后果》，田禾译，译林出版社2011年版。

［日］安田武、多田道太郎：《日本古典美学》，曹允迪译，中国人民大学出版社1993年版。

［斯］阿莱斯·艾尔雅维茨：《全球化的美学与艺术》，刘悦笛、许中云译，四川人民出版社2010年版。

［英］保罗·科布利、莉莎·詹茨：《视读符号学》，许磊译，安徽文艺出版社2007年版。

［英］保罗·克罗塞：《批判美学与后现代主义》，钟国仕等译，广西师范大学出版社2005年版。

［法］丹纳：《艺术哲学》，傅雷译，安徽文艺出版社1991年版。

［美］达不尼·汤森德：《美学导论》，王柯平译，北京高等教育出版社2005年版。

［德］诺贝特·埃利亚斯：《个体的社会》，翟三江、陆兴华译，凤凰传媒集团·译林出版社2011年版。

［法］福西永：《形式的生命》，陈平译，北京大学出版社2011年版。

［奥］弗洛伊德：《精神分析引论》，高觉敷译，商务印书馆1988年版。
［法］古斯塔夫·勒庞：《乌合之众——大众心理研究》，冯克利译，广西师范大学出版社2007年版。
［德］黑格尔：《美学》第一卷，朱光潜译，商务印书馆1982年版。
［德］海因茨·佩茨沃德：《符号、文化、城市：文化批评哲学五题》，邓文华译，四川人民出版社2008年版。
［英］荷加斯：《美的分析》，杨成寅译，广西师范大学出版社2005年版。
［德］伽达默尔：《哲学解释学》，夏镇平、宋建平译，上海译文出版社2004年版。
［意］克罗齐：《美学的历史》，中国社会科学出版社1984年版。
［法］卡特琳娜·维托尔·德文登：《国家边界的开放》，罗定蓉译，社会科学文献出版社2010年版。
［德］卡西尔：《人伦》，甘阳译，上海译文出版社1985年版。
［德］卡西尔：《语言与神话》，于晓等译，上海三联书店1988年版。
［德］库尔特·勒温：《拓扑心理学原理》，高觉敷译，商务印书馆2005年版。
［俄］列夫·谢苗诺维奇·维果茨基：《思维与语言》，李维译，浙江教育出版社1999年版。
［美］理查德·桑内特：《新资本主义文化》，李继宏译，上海译文出版社2010年版。
［美］兰德尔·柯林斯：《互动仪式链》，林聚任、王鹏等译，商务印书馆2009年版。
［日］柳宗悦：《民艺四十年》，石建中、张鲁译，广西师范大学出版社2011年版。
［日］柳宗悦：《工艺之道》，徐艺乙译，广西师范大学出版社2011年版。
［法］马克·第亚尼编著：《非物质社会——后工业世界的设计、文化与技术》，滕守尧译，四川人民出版社2005年版。
［以］齐安·亚非塔：《艺术对非艺术》，王祖哲译，商务印书馆2009年版。
［英］齐格蒙特·鲍曼：《工作、消费、新穷人》，仇子明、李兰译，吉林出版集团有限责任公司2010年版。
［英］齐格蒙特·鲍曼：《现代性与大屠杀》，杨渝东、史建华译，译林出

版社 2011 年版。

［英］斯科特·拉什、约翰·厄里：《符号经济与空间经济》，王之光、商正译，商务印书馆 2006 年版。

［日］神林恒道：《"美学"事始——近代日本"美学"的诞生》，杨冰译，武汉大学出版社 2011 年版。

［英］特伦斯·霍克斯：《结构主义和符号学》，瞿铁鹏译，上海译文出版社 1987 年版。

［意］翁贝尔托·埃科：《符号学与语言哲学》，王天清译，百花文艺出版社 2006 年版。

［意］维柯：《新科学》，朱光潜译，人民文学出版社 1987 年版。

［美］沃尔夫、吉伊亘：《艺术批评与艺术教育》，滑明达译，四川人民出版社 1998 年版。

［德］沃尔冈·韦尔施：《重构美学》，陆扬、张岩冰译，上海世纪出版集团 2006 年版。

［日］五十岚太郎、菅野裕子：《建筑与音乐》，马林译，华中科技大学出版社 2012 年版。

［美］威托德·黎辛斯基：《建筑的表情》，杨惠君译，天津大学出版社 2007 年版。

［美］约翰·塞尔：《心、脑与科学》，杨音莱译，上海译文出版社 2006 年版。

［美］约翰·迪利：《符号学对哲学的冲击》，周劲松译，四川教育出版社 2011 年版。

［日］佐佐木健一：《美学入门》，赵京华、王成译，四川人民出版社 2008 年版。

后　　记

　　曾记得我读过德国学者阿克塞尔·霍耐特的著作《为承认而斗争》，作者根据青年黑格尔"为承认而斗争"的思想阐明一种具有批判性的社会理论。我要说的是，大约在10年前，我带着"艺术家凭什么意识信息流创作艺术作品"的疑问，踏上了艰辛的美学之途，开始接近审美意识语言研究。但这种"内语言"或"心体符号"既不能证实，也不能证伪。这种近乎异想天开的疑问与探索，抑或"为承认而书写"。

　　在理论层面，作为符号能量场的"心体"是一切文学艺术"传达"与"表现"的源泉。无论是西方文艺的心理语言科学研究，还是中国文艺之心象整体研究，均无法逃脱"心体符号"的研究。从古希腊的柏拉图到美国的诺姆·乔姆斯基，从中国的孟子到苏联的维果茨基，传统的心体符号或内语言研究无不为现代心体符号研究接通了一根根理论血脉。现代科学主体论美学研究者提出"内部意识语言"，并给予高度重视与研究，这也启示我们对心体符号进行深入思考与研究。同时，传统美学与心理语言学对心体语言这一重要范畴的研究之忽视，也增加了我们对心体符号研究的动力。

　　在方法层面，本书采用的研究方法可界定为"移名方法"，即开启艺术学、心理学、符号学、文学、美学、哲学、设计学、几何学、物理学等多学科的边界，挪用或互借多学科中的名词概念为自己研究服务。这种"移名行为"旨在打通各学科边界，进而谋求学科之发展。在本质上，"界"是学科自足的根本，"破界"又是学科发展使然。因此，学科之"界"是一个矛盾统一的范式。我们无论如何也难以否定对学科边界侵扰所带来的恐惧是小于其所产生的利益，学科体系的解体往往是在"移名活动"中迸发的，并拉响学科非自足的警报，从而再构一个相对完备的自足学科体系。很明显，学术迁徙或范式漂移是20世纪中后期以来，西方学术研究发展中最为明显的文化现象。诸如美学向心理学漂移、哲学往语言学迁徙、考古学借用情境社会学、艺术学借助市场学、心理学挪用物理学或拓扑几何学、广告学汲取新媒体技术学、经济学吸纳美学……这一切表现大规模的学术研究迁徙潮正向我们袭来，任何关闭学科边界的消极举措是行不通的。在未来，学科边界的任何逻辑紧张是"自然的"，也是必需的。任何试图关闭学科界限，或盲目限制"移名"而减少其活动所带来的风险也是徒劳的。换言之，任何学者妄图关闭学科边界线实施谨慎的"移名限制"或有选择开启学科边界，以期减小"移名活动"带来的风险或"关闭效应"，这都是不正确的态度或学术立场。

在未来的艺术文化研究中，我将上下求索。由于水平之限，书中恐有诸多不足之处，还请读者多加批评指正。

作者谨识
2015 年 3 月